JN087561

大谷翔平（2016 年）の球速の分布

多峰性を示すヒストグラムの例

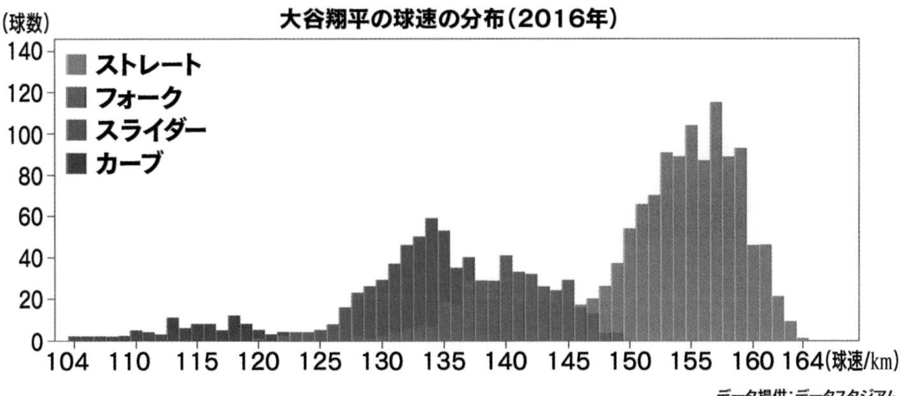

データ提供：データスタジアム

山の理由（分類基準）の探索

＊2016 年シーズン中に投げた大谷の全投球の球速（量的データ）のヒストグラムです。全体でみると多峰性を示していますが，球種に分けると単峰性の分布となるので，球速の傾向を下記のような基本統計で要約することができます。

大谷翔平投手の球種別の球速分布

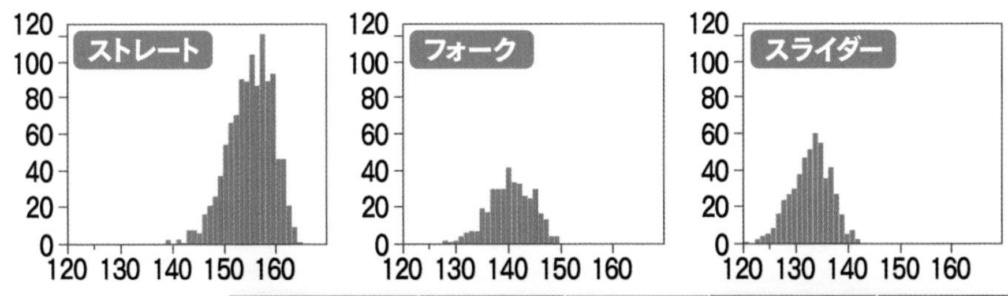

	データ（ケース）数	平均値 (km/h)	中央値 (km/h)	分 散	標準偏差 (km/h)
ストレート	1,106	154.7	155.0	17.60	4.2
フォーク	374	140.3	140.0	16.98	4.1
スライダー	493	133.1	133.0	14.51	3.8
ストレート（ダルビッシュ有）2010年	930	146.0	146.0	8.78	2.9
ストレート（佐々木朗希）2022年	970	158.3	158.0	6.45	2.5

※データ（ケース）数は球速を計測できた球のみ対象

データ提供：データスタジアム

＊大谷に加え，ダルビッシュ，佐々木のストレートの基本統計も加えています。基本統計の数値の意味や読み方は，第 4 章・第 5 章を参照してください。

時系列データのグラフと読み方

指数化による複数系列の変化パターンの比較

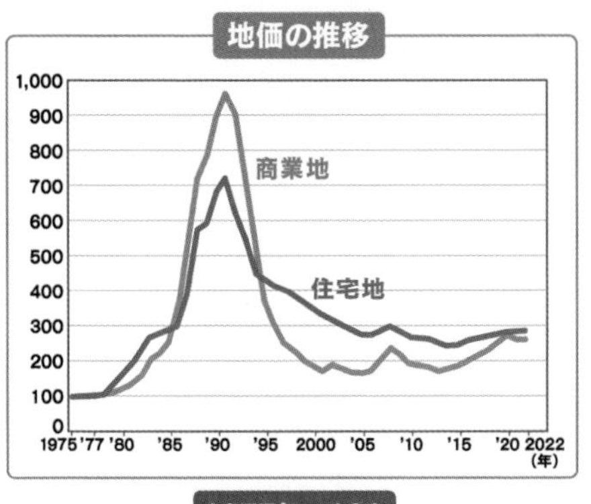

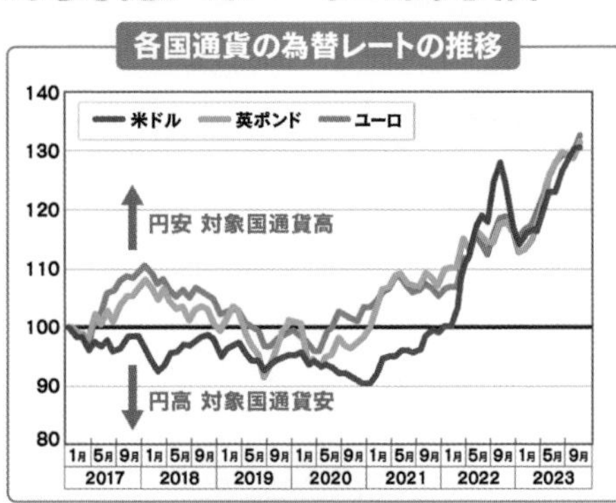

1977年＝100

2017年1月＝100

国土交通省 地価公示（2023年）を基に作成

みずほ銀行 外国為替公示相場ヒストリカルデータ（月中平均データ）を基に作成

＊時系列データは指数化することで，もとの値の大きさの違いに依らない変化の様子を比較することができます。

時系列データの構成要素

傾向変動 **トレンド：T**
Trend Component

循環変動 **サイクル：C**
Cyclical Component

季節変動 **シーズン：S**
Seasonal Component

不規則変動 **ノイズ：I**
Irregular Component

T, C, S, I 系列

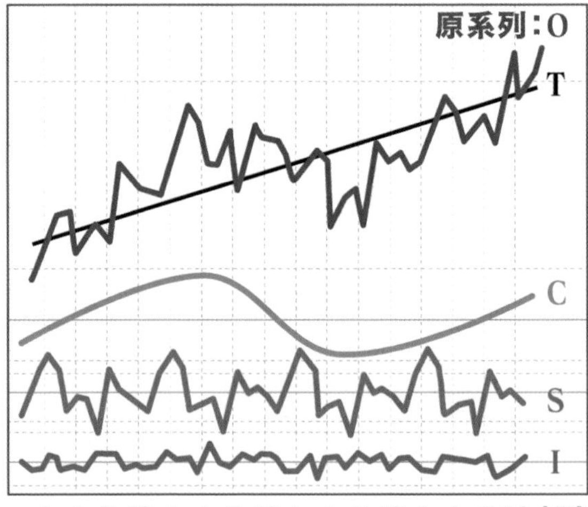

＊時系列データはその変動の構成要素に分解し理解することが大切です。詳しくは第 14 章を参照してください。

身近な統計

（新版）身近な統計（'24）

装丁デザイン：牧野剛士
本文デザイン：畑中　猛

s-76

まえがき

私たちの身の回りには，いろいろな統計情報があふれています。これらの統計情報の中には，例えば，天気予報の降水確率や野球選手の打率のように既によく慣れ親しんだものから，新聞の経済マクロ指標や金融情報のように，耳にはするけれども活用の仕方や意味が分からないと感じられるものまでさまざまです。日常の生活の場面以外にも，経済・行政・自然科学・ビジネス等の専門領域において，実に多くの統計情報が存在しています。そこでは，統計情報を科学的なエビデンス（証拠）として，企業や政府などで組織や個人の意思決定がなされ，諸種のプロジェクトにおける課題の発見と問題解決が行われています。

では一体，これらの数字はどうやって作られているのでしょうか？誰か専門家の個人的な見解（経験や勘）で決まっているのでしょうか？その数字にはどのくらい信頼性があるものなのでしょうか？

実際の統計数字は，慎重に計画を練って行われる統計調査や科学的な実験に加え，現象の注意深い観察を通して得られるデータを適切に統計分析した結果として求められています。ここでは統計学の知識や考え方がとても大切になってきます。降水確率や視聴率，野球の打率，株の利益率など，普段はまったく異なる数字のように思われているものも，ひとたび『統計』という枠組みで考えると，元になるデータの取られ方や指標の作り方，その数字の精度を測る誤差の読み方など，意外に共通した見方や読み方ができるものです。

とくに最近では，センサーやトラッキング（追跡）機能の付いた高精度カメラ等の計測とインターネット通信機能が融合したIOT（Internet of Things）技術の普及で，ビッグデータと呼ばれる大量のデータが私たちの日常の生活や行動から生成されています。そして，これらを背景にしたAIやデータサイエンスというデータ利活用サービスも身近になってきました。例えば，モバイル機器を通してオンラインでショッピングをしたり，クレジットカードを利用して買い物をしたりと，クラウド接続されたネットワークを介していろいろな取引の行動記録がデジタルデータとして蓄積されていきます。

このようにデジタル化が進んだ社会では，既に個々の企業や組織においてビッグデータの保有は当り前であり，それらは“21世紀の石油”と例えられるほど，大きな経済・ビジネスの資源と考えられています。ビッグデータを統計の知識を使って分析することで，中に隠されているある種の傾向（集団のルール）を読み取ることができます。実際，社会では，ビッグデータから発見されたビジネスルールを使って個人の嗜好に合った商品がお薦めされるなどのAIのサービスが実装化され，多くの利益や便益と価値が創出されています。

このように，統計は知識の発見と問題解決の道具として役立てられており，統計を知ることで，ビジネスや研究だけでなく，日常生活においてもより適切な意思決定ができるようになります。漠然とした身の回りの課題（issue）を，統計数字で客観的に示すことができる問題（problem）に落とし込み，データから解決策を練り上げていく，この一連の統計的問題解決能力は21世紀型のデータリテラシーとして，国際社会では，読み書きソロバンに次ぐ非常に重要なスキルとして認められています。

『論より数字，勘より統計！』の標語（平成15年統計の日）が示す統計思考力は，デジタル社会に生きる私たちの第3の腕（サードアーム）として，仕事や研究・日常の生活にきっと役に立ってくれるでしょう。本書は，身近な統計の活用の実際と基本的な統計の考え方を学習する教材です。統計は意外と使えることや分析は楽しいということが分かっていただけると幸いです。

2024年2月　著者

目 次

15 デジタル社会の意思決定を支える統計 259
～全体のまとめ～

1 論より数字，勘より統計

～私たちの身近で活躍する統計情報～

1.1 現象を捉え将来の不確実性を科学する統計学

統計学は，英語では statistics（スタティスティクス）と言い，もともとは，“State”＝「国家」に由来し，人口や農地面積など国力を正確に測る数字，といったような意味があります。つまり，現在の状態を客観的にかつより正確に捉えるためにデータを計測し，それらを目的に応じて集計・加工し，適切に記述することを意味しています。統計調査のひとつとしてよく知られている「国勢調査」は，「国の客観的な情勢を測るための調査」です。また，統計学は社会や自然現象，経済活動のあらゆる場面で遭遇する不確実性を科学的に計測する手段でもあります。明日，雨が降るのか降らないのか，株価は上がるのか下がるのか，新商品はヒットするのかしないのか，この治療で病気は治癒するのかしないのか，次の打席で大谷はヒットを打たれるのか打たれないのか，政府の打ち出した行政施策は効果を発揮するのかどうかなど，どういう事象が次に起こるのかが確実には分からない事柄（不確実性）に関して，データに基づく確率的な答えを導いてくれるのです。

降水確率や薬の有効率，治療の治癒率も，また，野球の打率や内閣の支持率も基本的には類似の統計的性質を持っています。統計学を使うことで，不確実なものが確実に分かるわけではありませんが，不確実性が和らぎ，目安が付けやすくなるのは事実です。主観的な議論や信頼性の

図表1－1　統計学が支える諸分野

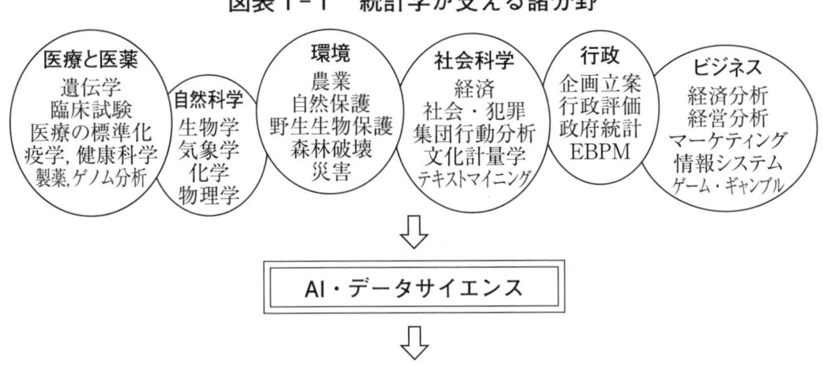

低い情報に惑わされることなく，統計学という科学的な方法で，データから客観的で実証可能な仮説や結論を導き出すことができるのです。

そのため，統計学は，科学における共通言語，“科学の文法（grammar of science）”として，社会科学，自然科学の諸領域，医療の現場，環境問題，行政やビジネスなど，データが係わるあらゆる現場で，多くの課題解決に使われています（図表1－1）。そして近年，ビッグデータ，IOT（Internet of Things），人工知能（AI），機械学習（ML），ロボット等の先端技術の中で，統計分析のアルゴリズムがデータサイエンスとして使用されることから，その活用領域は更に拡大し，社会全体のDX（デジタル革命）化を支える必須のリテラシーになっています。

1.2　統計学が支える諸分野

企業経営と統計的意思決定

～KKD（勘と経験と度胸）からFACT CONTROLへ～

近代的な経営理念の中心に，“FACT CONTROL（客観的事実に基づく管理）”という考え方があります。ここで言う“客観的事実”が，企業活動の中で日々蓄積されている“データ”そのものを指します。とくに，横並びの経済成長が望めなくなった今，ビジネスの現場は，まさに混沌とした中で判断を下すべき多くの課題と問題に囲まれています。このような状況で，従来の経験と勘に頼った商談や過剰な価格競争，シェア争いから脱皮し，いち早く市場の動向をつかんで効率的な経営戦略を展開していくには，市場データ，取引（トランザクション）データ，顧客データ，財務データ等を駆使して，ビジネスの意思決定を科学的により適切に導くことが鍵になります。企業のすべてのセクションで，統計的にデータを読む思考と方法論が必要とされています。

総合的品質管理と統計　～QC サークルと SQC～

企業活動の中でもとくに製造・生産管理の現場では，製品の品質保証・品質向上のため，**品質管理**（Quality Control；**QC**）技術の適用によるプロセス改善活動が日常的に行われています。日本の品質管理技術は，第二次世界大戦後の日本の製造業の復興を支え，今日の世界に誇る日本製品の高い品質水準を導いてきました。その特徴の1つが，統計的品質管理（Statistical Quality Control；SQC）と呼ばれるデータに基づく工程管理です。ここでは，工程能力指数，管理図，実験計画法，重回帰分析による要因分析などの統計分析手法が主に使用されています。近年では，製造業と非製造業の区別なく，全社的品質経営または**総合的品質経営**（Total Quality Management；**TQM**）技術として，新商品の企画・開発，設計，購買，生産，検査，営業，アフターサービスなど企業活動の全領域にわたって実施され，日本企業の高水準な経営を支えています。

具体的に全社的な統計的品質経営を推進している企業を例にとると，製造部門では，24 時間無人運転システムで部品加工ラインが動き，そこでは管理限界値や工程能力指数と呼ばれる統計数値が，製品のばらつきの管理に使われています。また，品質保証部門では，市場における故障データを分析し，製品の信頼性を評価しています。製品開発部門では，市場データや消費者アンケートデータ，官能検査データから新商品の品質設計を行い，マーケティング部門では，**顧客満足度**（Customer Satisfaction；**CS**）調査データの分析及び県別の販売量と地域特性の関連性などを分析しています。総務・人事部門でも，**従業員満足度**調査結果を定期的に分析しマネジメントの見直しをするなど，ほぼ企業活動の全部門を通して，統計分析に基づく組織の意思決定が日常化しています。

マーケティングと統計　～ビジネスでの顧客データの徹底活用～

マーケティングの基本的な役割には，消費者ニーズの把握，消費動向の変化の探索，新製品の開発と企画管理，広告効果の測定および販売戦略の策定，配給経路の管理および物流，価格設定，需要の予測等があります。近代的なマーケティングでは，科学的なエビデンスに基づく意思決定への要請からマーケティング・リサーチの比重が高まっています。マーケティング・リサーチにおいて，市場データおよび社会・経済環境データの収集と統計分析は，必須要件となっています。また，コンピュータ・ネットワークを介しての電子商取引が日常化した現代社会では，**POS**（Point of Sales：販売時点情報管理）データ，**EOS**（Electronic Ordering System：電子受発注システム）データ，いわゆるカード使用から得られる**FSP**（Frequent Shoppers Program：顧客 ID 付き POS）データなど，顧客の購買履歴データの蓄積が進んでおり，これらの大規模データからビジネスルールを発見するビッグデータ解析の新しい領域が**データマイニング**や**データサイエンス**として誕生しています。更に，インターネット商取引における自動レコメンデーション機能など，サービス産業全体のイノベーションの背景にも，顧客分類，購入確率の推定など，統計分析のアルゴリズムが使用されています。

情報公開と EBPM 時代における公的統計の役割

政府や地方自治体に対して「行政サービスの向上」，「行政評価における説明責任」，「情報公開」が問われる中で，社会福祉や育児支援，国土開発や地方自治体マスタープランの策定など，各種の施策決定の基盤となる公的統計の役割はますます重要になってきています。また，近年は，民間におけるコミュニティの意思決定を支える社会の情報基盤，国民の共有財産としての公的統計へのニーズも高まっています。人口・世帯の情勢を示す国勢調査，就業状況を表す労働力調査，経済と産業の実態を示す経済センサス，家計や物価の情況を表す家計調査・消費実態調査など，公的統計の調査結果は，公民を問わず広く活用されています。

統計学は，このような公的統計を作成するための基礎となる標本調査法などの方法論を提供すると同時に，公的統計を活用した経済分析や政策分析のための方法論も提供しています。公的統計は，国や社会の姿を映し出す「鏡」であり，同時に，将来の進むべき方向を示す「羅針盤」でもあり，また，経済や社会の内部構造に迫りそのメカニズムを解明する「内視鏡」でもある，と言われる通り，複雑な現代社会にあって，重要な情報基盤となっています。更に，「官民データ活用推進基本法」（平成 28 年法律第 103 号）が制定され，国民一人一人が今まで以上にきめ細かいサービスを享受できる社会の実現に向けて，官公庁及び民間における多様かつ大量のデータの適正かつ効果的な利活用が行政施策として積極的に推進されてきています。その中では，統計に基づくエビデンスを重視した，いわゆる EBPM（Evidence Based Policy Making）が基本理念となっています。

医学・薬学・健康科学と統計

医療効果の測定や薬効の評価など，医学・薬学の分野で統計分析の役割は非常に重要です。例えば，医学の分野では，個別の症例研究からある程度の規模の症例を対象に実験計画に基づいた統計分析が重視され，喫煙と肺がんの関係や新薬の効果の評価，血圧や血中コレステロール値の計量的変化の分析，治療法と生存時間との因果関係の分析などが行われています。

新薬開発の過程では，薬のモトとなる新規物質の発見と創製にかかわる基礎研究の段階，新規物質の有効性と安全性を主に動物で研究する非臨床試験の段階，ヒトを対象とした有効性と安全性のテストを行う臨床試験の段階，発売後の安全性を分析する市販後の調査データの分析の段階のすべての過程で，統計分析は欠かせない要素です。

また，1990年以降世界中で，エビデンス（証拠）に基づく医療への社会的要請が高まり，医学研究において，計画・データの管理・データの解析を行う上で統計学の重要性が認識されています。他にも，公衆衛生・環境科学の分野で，疾患の原因探求と予防のための疫学データの分析や放射線や環境汚染化学物質等のリスク分析，また最新の基礎生命科学・情報技術の発展を踏まえた遺伝子情報解析の分野で，統計的方法が活用されています。最近ではとくに，臨床研究に加えて成人病重症化予防など未病（病気を発症する前段階）の段階から効果的な生活習慣など介入策を規定する予防医療・健康科学の領域での統計活用が活発になってきています。そのために，電子レセプト（診療報酬明細書），健康診断情報，電子カルテデータなどが突合され，地方自治体等信頼できる機関でビッグデータとして活用されています。

以上のようにいろいろな場面で異なるデータに対して統計分析が有効に役立っていますが，それぞれまったく異なる種類の分析方法が適用されているわけではありません。統計分析の考え方はどのような文脈のデータにも共通で，しかも基本となる手法は，データと適用場面を変えても広く応用ができます。このような統計学の基本を学ぶことを本書のテーマとしています。

1.3　統計学の構成

「**統計**」と言うとき，生成，集計・分析，解釈まで含めた一連のデータ分析の方法論を指す場合と，**政府統計**，財務統計，スポーツ統計などのように，元のデータを集計し指標的な意味を持たせた統計数字自身を指す場合があります。ここでは，前者のデータ分析の方法論としての統計の基礎を解説します。方法論として統計の働きは，大きく以下の３つに分かれます。

① データの記述
② データに基づく推測
③ データの生成

①は，いわゆる「**記述統計学**」と呼ばれ，データを集計し，度数分布表やグラフに表示することで，ばらつくデータの中心傾向や散らばりの大きさなど，データの特徴をまとめる方法です。つまり，データの背景である具体的な現象の傾向を端的に把握するための方法です。データが２次元であれば現象と現象の間の関係の傾向を，データに時間経過が含まれていれば，現象の時間推移の傾向を要約する手法も含まれます。

②は，標本データに基づいて，標本データが取られた背景の現象全体（母集団）を推測する「**推測統計学**」を指します。ここでは，推定や仮説検定と呼ばれる方法があり，確率をベースにした推定誤差の評価や誤った判断を下す誤確率の数理的な評価が重要になってきます。

③は，**標本調査**や**実験計画**と言われる，データを取るための調査や実験の方法論（デザイン）の総称です。とくに，②の標本データに基づく

統計的推測の結果が妥当性を持つためには，データの取り方・作り方が統計的に正しいことがとても重要になってきます。どんなに数学的に高度で難しい分析の手法を駆使してもゴミからはゴミしか生まれない，と言われるように，データ生成の手順がそもそも間違っていれば，その後の分析をいくら頑張っても結果は意味のないものになってしまうからです。

1.4　本書の構成

本書では，統計学の考え方と基礎的なデータ分析の方法を事例を交えて解説します。具体的には，第２章と第３章のデータのばらつきの記述で，統計データの特徴と分布の意味，質的データと量的データに対する度数分布表とそのグラフ（パレート図とヒストグラム）の作り方と読み方を解説し，ばらつきのあるデータのまとめ方と分布という視点を学びます。

第４章では，データのばらつきの記述（基本統計量と箱ひげ図）として，分布の特徴を数値で表すことの意味を理解し，代表値としての平均値，中央値，最頻値（モード）の特徴を解説します。ここでは，目的やデータの状況に応じてそれらの使い分けができるようになることが重要です。第５章と第６章では，ばらつきの大きさの尺度である分散と標準偏差を解説します。とくに，標準偏差の活用として，１シグマ２シグマ３シグマの法則，偏差値，変動係数の意味と活用の方法を知ることが重要になってきます。また，格差の尺度としても使用されるジニ係数や分布の形状を表す歪度や尖度などの統計量を学び，分布の特徴を総合的に捉えるスキルを学ぶことを目標にします。

第７章と第８章では，確率の定義と身近な確率の使われ方，理論分布としての２項分布や正規分布を解説し，どのような場面でそれらが活用されているのかを示します。第９章と第10章では，母集団と標本，全数調査と標本調査，標本調査におけるランダムサンプリングの考え方を解説します。第11章では，統計的仮説検定のロジックと方法を解説します。

第12章と第13章では，２つの現象（項目）に関するデータからそれらの間の関係を探る分析方法として，質的データに対してはクロス表の読み方と連関係数，量的データに対しては散布図・相関係数を解説し，その活用方法を示します。第14章では，時間に依存して取られるデータの記述の方法として，指数，成長率と寄与度，移動平均と季節調整の考え方を解説します。第15章は，第２章から第14章までの理解を深めるための練習問題と解答を与えています。

本書の達成目標には，Excel 操作の習得までは含んではいませんが，実際に統計的なデータ分析を行う上で，Excel は有用なツールになります。興味のある読者は，「身近な統計」Web 版補助教材（https://www.ouj.ac.jp/mijika/）を使って勉強してみて下さい。

また，「身近な統計」Web 版補助教材から，印刷教材購入者用のダウンロード教材へリンクが張ってあります。パスワードは「mijika2024」です。実際の計算やグラフの作成を Excel で実践するためのデータファイルや講義スライドファイルが収録してあります（図表１-３を参照）。

最後に，放送授業では各回に「統計と社会との接点」というコーナーを設けて，統計を活用する各分野の実務家のミニレクチャーをお願いしました（図表１-２参照）。また放送授業のインターネット配信により視聴できますので，その中で「統計と社会との接点」もご覧頂けます。

図表1-2　統計と社会との接点

No.	出演団体	内　容
1	プロ野球独立リーグ埼玉武蔵ヒートベアーズ・立正大学データサイエンス学部 他	プロスポーツにおける選手のパフォーマンス向上には，データを統計分析によって活用し価値に結び付けるデータサイエンスの実装が欠かせないものになってきている。この回では，埼玉県内初のプロ野球独立リーグである埼玉武蔵ヒートベアーズの選手が走力を如何に可視化しチームの盗塁記録の塗り替えに成功したのか，それを支える光学式走行分析機器やトレーニングツールによる最新の測定データと科学的な野球コーチングの取り組みを立正大学データサイエンス学部永田聡典准教授が解説する。
2	内閣府内閣官房デジタル田園都市国家構想実現会議事務局	政府は地域の個性を生かしながら，データとデジタルの力によって地域課題を解決し地方創生を効果的・効率的に推進するため，地域経済分析システム RESAS を開発しその利活用の促進を行っている。RESAS で取得できる統計データとはどのようなものなのか，また，それらを自治体は地方創生にどのように役立てているのかを具体的な事例で紹介する。
3	佐賀市政策推進部DX 推進課	佐賀市は，政策推進の柱に市行政の DX 化を設けている。とくに，「介護予防 DX」として生活習慣病予防の健診・医療・介護データに加え高齢者実態調査などのビッグデータを有効活用した取り組みは，「地方公共団体における統計データ利活用表彰」で総務大臣賞を受賞するなど評価が高い。データの活用がどう介護や住民の健康施策の DX 化に結び付くのか，また，その先にある佐賀市のスマートシティプロジェクトの概要を紹介する。
4	総務省統計局	政府の政策立案や国民の情報基盤としての公的統計の役割を国勢調査・労働力調査・家計調査など代表的な政府統計に関して統計作成過程と活用を解説する。
5・6	DENSOデンソー	国内最大手，世界第2位の自動車部品メーカーのデンソーにおける製品製造工程で生成されるビッグデータの活用の実際に関して，自社で開発されたデータ分析・可視化ツール DN7 によって，従来の品質管理技法が如何に進化し，生産工程の改善に活かされているのか，不良原因の発見プロセスを例に解説する。
7	気象庁	気象庁が公表する気象予報の仕組み，降水確率や週間天気予測，気温ガイダンスの求め方を気象アナリストが解説する。
8	JMDC	政府は現在，健康づくりにデータを活用する「データヘルス計画」を推進している。1600 万人のレセプト（診療報酬）データと健康診断のビッグデータを保有する医療データカンパニーである JMDC は，これらのビッグデータをもとに，医療の効率化と健康増進を目指すサービスを展開している。その概要を紹介する。
9	総務省統計局	政府が行う統計調査の多くは，標本調査で実施されている。総務省統計局による労働力調査と家計調査を例に，具体的な標本調査の設計と方法，集計結果に付随する誤差の評価について解説する。
10	読売新聞編集局世論調査部	140 年以上の歴史を有し国内有数の発行部数を誇る読売新聞。紙上には，政治を中心に，経済，国際問題等の世論調査の結果も記事としてまとめられている。世論調査は実際にどのような方法で行われているのか，世論調査部の記者が解説する。
11	日本マイクロソフト	日本マイクロソフトは，巨大 IT 系グローバル企業群の一翼であるマイクロソフトコーポレーションの日本法人である。マイクロソフトが世界中のユーザーの IT 端末から収集するビッグデータを如何に社会課題の解決とユーザーの利便性向上に活用しているのか，その事例をサイバーセキュリティーの視点で解説する。
12	立正大学女子ラグビー部	スポーツにおける選手のトレーニングの方法改善や試合の戦術立案に選手個人個人に装着する GPS デバイスから取得される運動負荷データが如何に寄与するのか，女子ラグビー 15 人制・セブンズ日本代表ナショナルチームディレクターでもあるデータサイエンス学部宮﨑善幸講師が解説する。
13	NTT コムオンライン・マーケティング・ソリューション	デジタルマーケティングの進化は，現在多くの企業で注目を集めている。データに基づいて顧客のロイヤルティを高め，如何に再来店の機会を創出していくのか，顧客ロイヤルティの可視化指標である Net Promoter Score（ネットプロモータースコア）の仕組みと計測，活用を例に，マーケティングアナリストが解説する。
14	鈴茂器工	1981 年に世界で最初に寿司ロボットを開発し，国内外の回転ずしチェーン店でトップのシェアを有する鈴茂器工において，データ分析の結果に基づく寿司の需要予測や経営戦略の策定・実行および意思決定の仕様を事業企画課のアナリストが解説する。
15	気象庁 他	現在，様々なオープンデータと諸種のビジネスデータとの連携が進んでいる。オープンデータの代表例である気象データに関しても，農業，アパレル，小売業界とのデータ連携によって，DX 化の新しいサービスが生まれている。多業種がデータを中心に繋がるデータ駆動型社会の様相を紹介する。

図表 1-3　Web 版「身近な統計」

2 データのばらつきの記述(質的データ)

～度数分布表とパレート図～

《目標＆ポイント》 この章では，統計データの特徴と分布の意味，質的データに対する度数分布表とそのグラフ（パレート図）の作り方および読み方を解説します。
《キーワード》 ケースと変数，データのばらつきと分布，質的データ，量的データ，度数分布表と相対度数・累積度数，パレート図

2.1 データの特徴

2.1.1 ケースと変数

データは，通常，そのデータが取られた**観測対象（ケース）**と**観測項目（変数）**によって，表の形式でまとめられています。これを**データ行列**と言っています。

統計分析の対象となるデータの特徴は，同種の集団に対して観測された同じ観測項目のデータでも，そのデータ値が観測対象ごとにばらついていて一定でないことです。例えば，図表2-1の中のデータはある年の日本の証券関連企業のデータを表しているとします。このとき，売上も資本金も決して一定ではなく，大きい企業，小さい企業がある，というのが，ばらつきの意味です。

つまり，統計分析が必要となるデータとは，観測対象ごとにばらつきを持っている値の集合ということになります。

図表2-1　データ行列（変数とケース）

データ行列　　変数（観測項目）

企業名	資本金（万円）	従業員数（人）	売上（百万円）
A 証券（株）	20,000	76	7,277
B 投資信託（株）	80,000	87	16,408
C 証券（株）	13,000	140	3,970
D 証券（株）	1,215,000	2,789	97,134
E 証券（株）	25,020	105	3,972
F 証券（株）	20,000	128	3,420
G 証券（株）	200,000	401	9,768
H 証券（株）	1,855,000	3,820	139,913
I 証券（株）	3,080,600	5,183	172,762

ケース（観測対象）

ケース（観測対象）の方向に，データ値がばらつくことが特徴！

2.1.2　データのばらつきと分布

いろいろな値を取り得るという意味で，一般に観測項目を**変数**または変量と言っていますが，単にいろいろな値を取り得るという意味だけではなく，その値の出方（値の生じる可能性）に起こり易い起こりにくいの確率的な規則性が想定できることも意味しています。

例えば，図表2-1の日本の証券会社のデータの場合，「資本金」や「従業員数」，「売上」の観測項目が変数に相当しますが，資本金や売上が？？億円以下というのは，証券業界全般から見て少ない（まれにしか見受けられない，珍しい）方だとか，？？円から？？円くらいが普通ではないかというように，資本金とか売上という現象にその値の起こり易さの程度が考えられるということです。

このように，値が一定では決まらない，不確実性を伴う現象を確率的現象（probabilistic phenomenon）と言っています。

この不確実性を測るため，データの任意の値や値の区間に対して，それが生じる可能性を対応させた概念を**分布**と言い，その可能性を比較的単純な確率（関数）でモデル化したものを**確率分布**と呼んでいます。値の出現の起こり易さとして具体的な確率分布が対応する変数を**確率変数**と言い，現実社会に存在するあらゆる「ばらつくデータの起こり易さ」のモデル化に使用されます（第７章，第８章参照）。

2.1.3　データの種類　～質的データと量的データ～

統計分析の対象となっているデータは，取り得るデータ値が数直線上の値である数量的なデータ（**量的データ** quantitative data）と，あらかじめいくつかの少数個のカテゴリーに分けられる，カテゴリー型のデータ（**質的データ** qualitative data）の２種類に大きく分けられます。肉か野菜かによって調理方法が変わるように，データも種類の違いによって，分析の視点が同じでも具体的な手法が異なってきます。

図表２-１での「資本金」，「従業員数」，「売上」のデータは，量的データです。これに対して，図表２-２のようなアンケートの回答データの中の「性別」や「スポーツをよくみますか？」，「ドラマをよくみますか？」といった変数のデータは，それぞれ「"男"か"女"」や「"み

図表２-２　テレビ番組視聴のアンケート結果

性別	スポーツ	ドラマ
男	みる	みない
男	みる	みない
男	みる	みない
女	みない	みる
女	みる	みる
男	みる	みる
女	みない	みる
男	みない	みる
男	みる	みる
女	みない	みる
⋮	⋮	⋮

る”か“みない”」など，２つのカテゴリーしかデータ値としては取り得ない質的データです。降水確率や野球のバッターの打率の計算の基になる「雨が降ったか降らなかったか」や「ヒットを打ったか打たなかったか」などのデータも質的データです。その他にも，サービスや製品に関する満足度調査の場合の５段階での回答，「“満足”，“やや満足”，“どちらでもない”，“やや不満”，“不満”」なども，５つのカテゴリーを有する質的データになります。２つのカテゴリーを有する質的データを**２値型データ**，３つ以上のカテゴリーを有するデータを，**多値型データ**と言うこともあります。

【注意】数字だからと言って量的データとは限りません。例えば，学校のクラス番号である１組，２組というのは単なるグループを表しているだけなので，質的なデータです。都道府県の番号なども同様です。また，同じデータであっても利用する情報によっては，量的データとして分析する場合もあれば，質的データとして分析する場合もあります。例えば，学年というデータは，それを単なる区別と考えれば質的データですが，経験年数と考えれば量的データです。分析する際には，どういう視点で分析しているのかをしっかりと意識する必要があります。

2.1.4　データが測定されているモノサシの区別

データがどのようなモノサシ（尺度またはスケール）で測られたものか，その区別はデータを分析する際に意識する必要があります。このモノサシには，精密さの順に次の４種類があります。

- **名義（名目）尺度**（nominal scale）
- **順序尺度**（ordinal scale）

- **間隔尺度**（interval scale）
- **比率尺度**（ratio scale）

名義（名目）尺度と順序尺度は，質的データに関係するものです。とくに，カテゴリーが区別の意味しか持たない場合，名義尺度で測られたデータであると言います。また，区別に加えて順序の意味も持っている場合に，順序尺度で測られたデータと言います。例えば，男か女かの性別のデータや，事業所を対象とした調査における「産業分類；農業，林業，漁業，建設業，製造業，…」などのデータは，区別はあるけれども順序の情報はないので，これは名義尺度で測られたデータになります。A，B，C，D の4段階で評価された成績データや“満足”，“やや満足”，“どちらでもない”，“やや不満”，“不満”などの5段階で評価された満足度調査のデータなどは，区別の意味に加えて，ある方向での順序性が仮定できるので，順序尺度で測られたデータと言います。ただし，順序尺度のデータの場合，順序は付くけれどもカテゴリー間の差は意味を持ちません。つまり，“満足”と“やや満足”の差の程度が，“やや不満”と“不満”との差の程度と同じくらいであることは意味していません。これを等単位性がないと言います。

一方，間隔尺度は，順序に加えて等しい単位（目盛り）もあるモノサシで，データの値の間隔（差）が意味を持ってきます。ただし，絶対ゼロ（0）の基準がないので，間隔尺度のモノサシでは，差は意味を持つけれども比率は意味を持ちません。間隔尺度の例としては，気温や知能指数があります。摂氏で20℃と25℃の差は，15℃と20℃の差と同じ5度となり，これは同じ気温を華氏で表しても変わりません。したがって，「気温が5度ほど上昇した」という表現は適切です。しかし，「10℃は5℃の2倍の暑さである」と言うことはできません。なぜなら，華氏で同じ気温を表せば，もはや2倍の関係ではなくなります。知能指数も同様で，３倍知能が高いなどの割合を使った表現はできません。一方，体重や長さなどは，０g や０cm という絶対的な基準０があるので，差に加えて割合も意味を持ってきます。このようなデータは，比率尺度で測られたデータと言います。間隔尺度や比率尺度で測定されたデータは，量的データとして取り扱います。

尺度の違いによって，データ分析としてどこまでの演算が許されるのかが違ってくるので，最初に注意しておきましょう（図表２-３）。

図表２-３　データが測定された物差し（尺度）の違い

	尺度	性質	例	使用できる演算
質的	**名義尺度** **(名目)**	区別のみ 順序はない	性別，居住地，職業区分， ハイ・イイエ	分類
質的	**順序尺度**	区別に加えて 順序もある 差は取れない	5段階の評価 （満足・やや満足・どちら でもない・やや不満・不満）	分類 クラスの併合 累積
量的	**間隔尺度**	差の大きさに意味がある（等単位性） 比には意味がない	摂氏（華氏）温度， 知能指数，偏差値，…	足し算や引き算が可 （合計，平均）
量的	**比率尺度**	差も比も意味がある (絶対ゼロがある)	身長，体重，得点，…	足し算や引き算，掛け算や割り算が可

2.2　データのばらつき（分布）の記述

統計的なデータ分析では，**分布**（distribution）という概念が基本となります。分布とは，データのばらつきの形状（データの起こり易さ）を数量的につかむための道具です。つまり，データの値や値の区間をいろいろ指定したとき，そこに全体のデータのどれくらいが含まれるのか，その構成割合（比率）を教えてくれるものです。例えば，銘柄 A の株価の収益率の分布とは，収益率が２％から３％の区間，もしくは１％以下というように，具体的に収益率の区間を指定したときに，その区間に入るデータの割合を教えてくれるものです。収益率に関して任意の区間を指定したとき，この情報が正確に分かれば，投資計画を立てる場合，収益率が２％から３％見込める確率は何％ぐらいと予測できます。このように分布を知ることは，不確実な将来の出来事を予測する際に役立ちます。そのため，分布を扱う数理を不確実性の数理と言うこともあります。

実際には将来にわたる銘柄Ａの収益率の分布というのは，だれにも正確には分からないものです。統計ではこの仮想的な分布（確率分布）への知見を，いま集めたデータを整理することで経験的に得ようと考えます。そのために，これから紹介する度数分布表やパレート図，ヒストグラムという表やグラフをデータから作成します。これらは，収益率や売上高などの会社の現状を正確に把握し，そこから将来の計画を策定するために役立つ資料となります。

2.3　質的データの分布の記述

2.3.1　度数分布表（度数・相対度数・累積度数）

質的データのばらつきを分布として記述するためには，一般に，**度数分布表**やパレート図と言われるグラフを作成します。度数分布表とは，起こり得るデータの値（カテゴリー）に応じて，その値が生じたケースの数（**度数**）をデータから数え上げ，累積度数，構成割合（構成比率），累積構成割合（累積構成比率）などを求めて表に整理したものです。

図表２-４は，学生 40 人の成績データのばらつき方を示す度数分布表です。この場合，成績は順序尺度で測定されているので，成績がＢ以上，あるいは，Ｃ以下というように，ある方向でまとめることが可能です。したがって，カテゴリーに対応した度数だけではなく，度数を上方向に足し上げた**累積度数**も計算しておくことで，成績Ａの学生が 10

人，成績Ｂ以上が 26 人，Ｃ以下は 40－26＝14（人），… というように，ある値以上もしくは以下の度数を分かり易く提示することができます。

また，40 人のデータから，さらに学生全体の成績の分布（成績の起こり易さ）を類推するために，全体を 100％にした構成割合（**相対度数**と言います）や累積構成割合（**累積相対度数**）の列も表に付け加えます。構成割合（相対度数）の列からは，最もよく見られる，いわゆる普通の成績（最頻値またはモード）*は，全体の 40％を占める成績Ｂであること，累積構成割合の列からは，成績Ｂ以上の学生は全体で 65％を占めることなどを読み取ることができます。

図表２-４は，さらに図表２-５のようにグラフ表示することができま

図表２-４　度数分布表（質的データの場合）

データ値　ケースの数　度数を上方向に足し上げた数

成績	学生数（度数）	累積度数	構成割合（相対度数）	累積構成割合（累積相対度数）
A	10	10	25%	25%
B	16	26	40%	65%
C	10	36	25%	90%
D	4	40	10%	100%
合計	40		100%	

図表２-５　成績分布（グラフ表示）

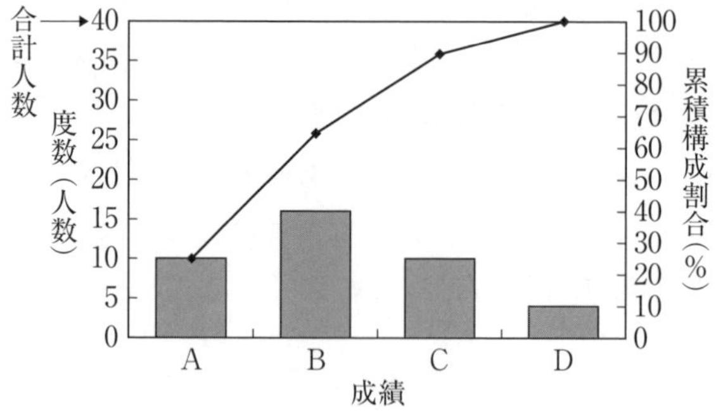

＊最頻値（モード）については第４章を参照。

す。この場合，縦軸（左）に人数（棒グラフ），縦軸（右）に累積構成割合（折れ線グラフ）を対応させます。とくに，縦軸（左）の目盛りの最大値を人数の合計（40人）に設定すると，棒も折れ線も左右の両方の軸で，度数と構成割合，累積度数と累積構成割合を読み取ることができ，より情報量の多いグラフになります。図表２－６は同様な効果を円グラフで表したものです。円の面積を読むことで，それぞれの成績の構成割合と累積構成割合の大きさを読み取ることができます。

図表２－６　円グラフによる成績分布の記述

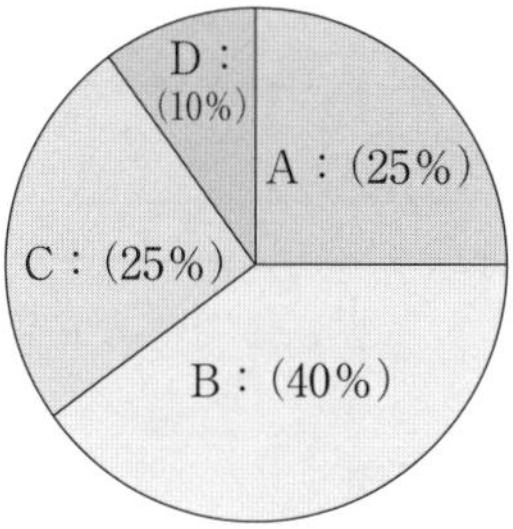

D：(10%)
A：(25%)
C：(25%)
B：(40%)

2.3.2　累積相対度数によるグループ比較（順序尺度データの場合）

いま男子と女子，それぞれ100人と50人の成績データの度数分布が図表２－７のように得られたとします。グループ全体の大きさが異なるので，度数だけを見て比較すると，すぐにはどちらのグループが成績が良いのか読み取ることができませんが，相対度数（構成割合）や累積度数を見れば，女子のグループの方が男子のグループよりも全体的に成績が良いことが分かります。とくに，順序尺度データの場合は，累積の相対度数を求めておくと，分布の比較がより容易になります。B以上の成績者の割合は，男子の場合で50%，女子で76%であるというコメントができます。

図表２−７　成績に関する男女別の度数分布表

	男子			女子		
成績	度数	構成割合 (相対度数)	累積構成割合 (累積相対度数)	度数	構成割合 (相対度数)	累積構成割合 (累積相対度数)
A	20	20%	20%	18	36%	36%
B	30	30%	50%	20	40%	76%
C	30	30%	80%	10	20%	96%
D	20	20%	100%	2	4%	100%
合計	100	100%		50	100%	

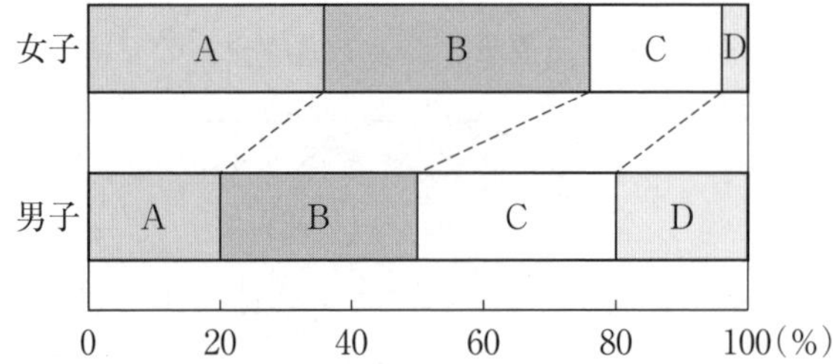

2.3.3　パレート図　～重点志向～

質的データのカテゴリーの値が名義尺度で順序を考慮しなくてもよいのであれば，度数分布表の値の並びは，度数の大きな順に並び替えると解釈しやすい表ができます。図表２−８は，日本人の海外旅行先別訪問

図表２−８　2019年日本人の海外旅行先別訪問者数

訪問地域	度数 (訪問者数)	構成割合 (相対度数)	累積構成割合 (累積相対度数)
アジア	15,184,627	56.84%	56.84%
南北アメリカ	5,936,323	22.22%	79.06%
ヨーロッパ	4,049,466	15.16%	94.22%
オセアニア	1,365,465	5.11%	99.33%
アフリカ	178,005	0.67%	100.00%
合計	26,713,886	100%	

出典：日本政府観光局（JNTO）より作成。

者数のばらつき（分布）をまとめた度数分布表です。旅行先は，度数（この場合は，旅行者数）の多い順に並べています。これをグラフに表したものが，**パレート図**（図表２-９）です。

図表２-９　2019年日本人の海外旅行先別訪問者数

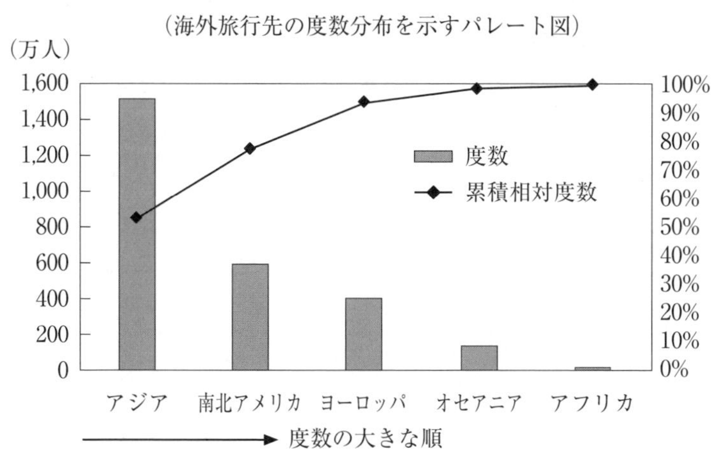

出典：日本政府観光局（JNTO）より作成。

2.4　分布を解釈する２つの視点

データの統計的な分析の目標は表やグラフを作成することではなく，そこから分布に関する傾向（情報）を読み取ることです。表やグラフはそのための手段であり，また，読み取った情報を他の人に分かり易く伝えるための道具にすぎません。

データの分布を度数分布表やパレート図で表した後，どこに着目してそれらを解釈すべきかに関して，次の２つの視点が重要です。

- 集団の中の多数（過半数以上）が従う平均的な傾向をつかむ

• 集団の中の多数と異なる動きをする少数のケースの正体を探る

前者は，集団の特徴を100％正確につかむのではなく，大体の中心的もしくは平均的な傾向をおさえるという，まさに集団を記述する統計学の基本姿勢です。

後者は，集団の中に潜むきわめて少数個の異質性を探ることで，思いもよらない発見と改善の可能性があることを示しています。

この2つの視点で図表2－9の結果を解釈すると，まず，度数（構成割合）の最も大きなところから，累積構成割合で過半数を超えるところまでをコメントします。つまり，「海外旅行先で最も大きな割合を占めるのはアジアで，それは全体の約57％，半数以上を占める。次いで南北アメリカが約22％，ヨーロッパが約15％を占め，これら3地域で全体の約94％を占める」とコメントしていきます。言い換えると，「アジアは，海外旅行先の最も一般的な傾向であり，アジア，南北アメリカ，ヨーロッパで旅行先の9割以上がカバーできる」ことを意味します。

次に，構成割合が最も小さい箇所を指摘します。「旅行先で最も割合が小さいのはアフリカで，全体の1％にも満たない。ここで，アフリカ旅行者の特徴や旅行目的として，アジア・アメリカ・ヨーロッパ旅行者と大きく異なる点は…」とコメントしていきます。例えば，アフリカ旅行者には海外旅行経験5回以上の人の割合が他の旅行先を選ぶ集団より大きいなど，その特徴が分かれば，旅行社は海外旅行経験が4度目，5度目と重なってきた顧客グループには，アフリカ旅行を中心とした販売促進活動をするなどの有効なターゲットマーケティングの方向性が見出せることになります。

2.5　ABC分析（パレート分析）

ABC分析（パレート分析）とは，販売管理や顧客管理などにおいて重点項目を絞る場合によく使用される手法です。その背景には，「成果の80%は全体の20%から生じる」という，いわゆる「20：80」のパレートの法則があります。つまり，全体の売上の80%は，売れ筋上位20%の商品の売上累計で占められる，というような意味です。実際には，常に「20：80」で説明がつくわけではありませんが，分布の形状のメリハリ（データが集中するところ，少ないところ）を利用し，2.3.2項，2.3.3項での累積構成割合やパレート図によって，何が重点項目（Aランク）で，何がその予備群（Bランク）か，何が切捨て対象項目（Cランク）かを計量的に決定しようというわけです。このランク分けに際し，目的となる評価指標（取引件数や金額など）の累積構成割合のどこで区切るのかについては，「20：80」の法則をうのみにするのではなく，データから計算された構成割合や累積構成割合，パレート図を眺めて，合理的に決めることが肝心です。

例えば，海外旅行先のパレート図からは，次のようなランク付けも考えられます。

- 最も大きな割合を占める「アジア」……………………………Aランク
- 「南北アメリカ」と「ヨーロッパ」の2カテゴリー……Bランク
- 「オセアニア」…………………………………………………Cランク
- 「アフリカ」……………………………………………………Dランク

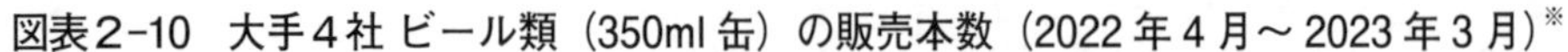

図表2-10　大手4社 ビール類（350ml 缶）の販売本数（2022年4月～2023年3月）※

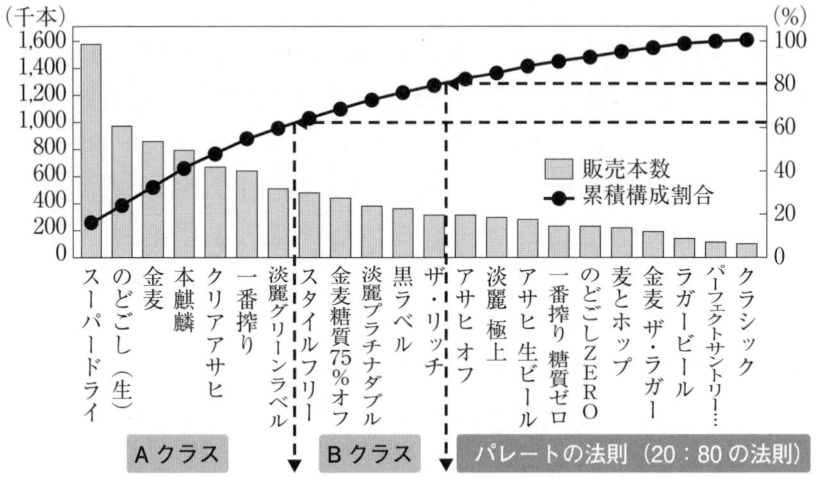

※ RDSPOS：マーチャンダイジング・オン社が偏りのないように集計した約150社1,250店のPOSデータ（100店舗当たり推計）

出典：マーチャンダイジング・オン社　RDSスーパー全国2022年4月～2023年3月を基に作成。

図表2-10は，全国スーパー100店舗当たりのビール銘柄別販売本数（推計）データをパレート図に示したものです。「全体の6～8割の売上は，少数の銘柄で占められる」というパレートの法則がここでも成立することが分かります。

＜作成してみよう！＞

※「身近な統計」Web 版補助教材（https://www.ouj.ac.jp/mijika/）内の「エクセル操作」で作成用 Excel データと作成手順を公開しています。

・度数分布表（図表２－４）

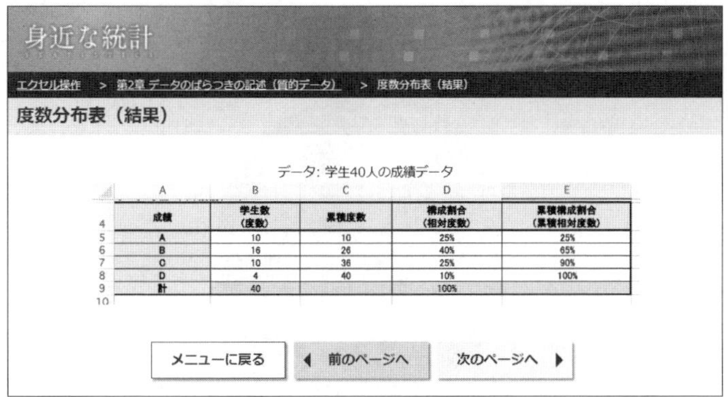

成績	学生数（度数）	累積度数	構成割合（相対度数）	累積構成割合（累積相対度数）
A	10	10	25%	25%
B	16	26	40%	65%
C	10	36	25%	90%
D	4	40	10%	100%
計	40		100%	

・成績分布（図表２－５）

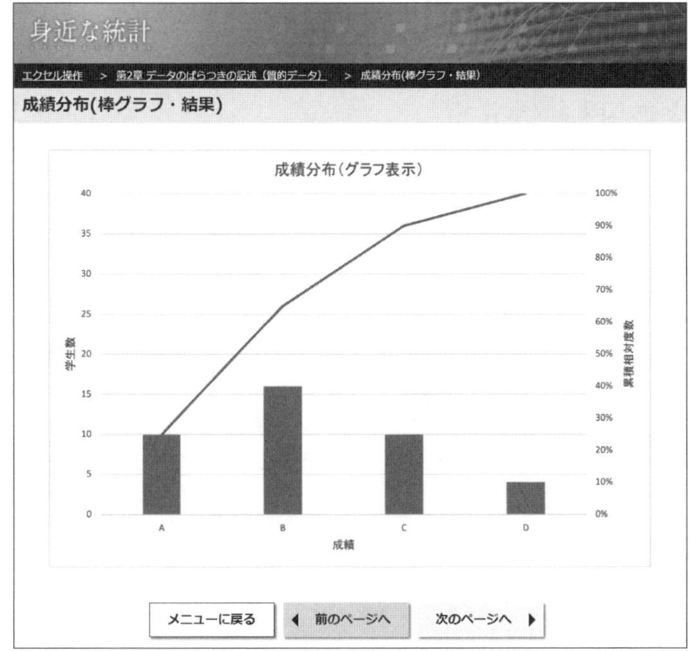

・成績分布（図表2－6）

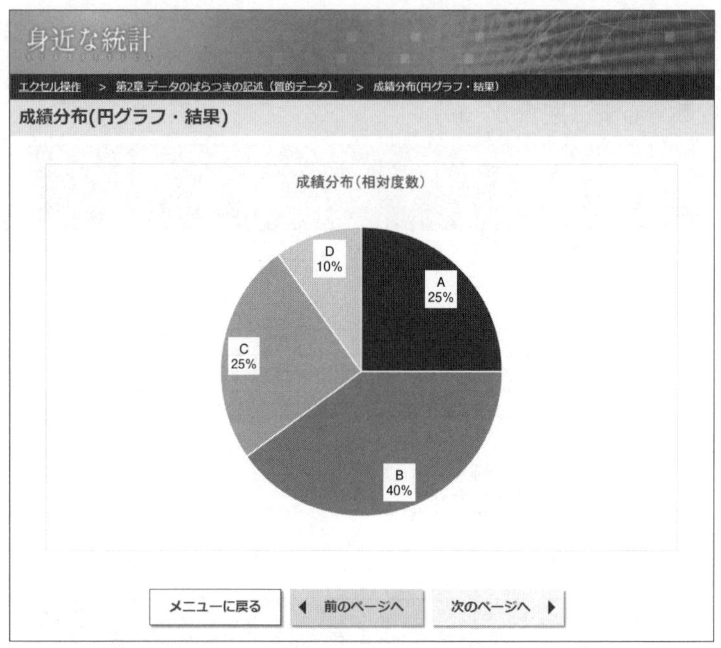

・パレート図（図表2－9）

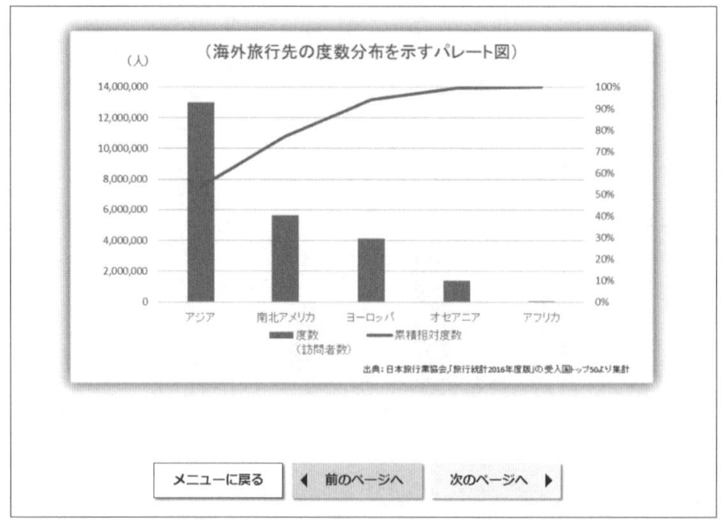

3　データのばらつきの記述(量的データ)
～度数分布表とヒストグラム～

《目標＆ポイント》　この章では，量的データのばらつきの様子（分布）を記述する方法と，そこからの情報の読み取り方を解説します。量的データのばらつきを記述するためには，度数分布表とヒストグラムを作成します。
《キーワード》　度数分布表（量的データ），階級・階級値・階級幅，ヒストグラム，単峰性・多峰性，歪んだ分布，外れ値，人口ピラミッド，幹葉図

3.1　度数分布表

3.1.1　階級（クラス）で分ける（度数分布表）

質的データのばらつきを記述する場合は，起こり得る値がいくつかのカテゴリーに最初から限られているので，そのカテゴリーごとに，どのくらいの頻度でそれが生じるのかを数え上げれば度数分布表を作成できました。ところが，第２章の図表２-１に示した証券会社の資本金や売上高，従業員数のような量的データの場合には，取り得るデータの値の種類が多く，データの値の細かい違いまで区別して数え上げても，分布の集中度（どの値の付近にデータが集まっているのか？）が分かりません。そこで，量的データのばらつきを記述するためには，データの起こり得る値の区間をいくつかの区間に分けて，その中に入るデータの個数（度数）を数える作業が必要になります。

このための区切られた区間を**階級**と言い，階級の幅を**階級幅**，階級を

代表する値（中央の値）を**階級値**と言います。図表3－1は，ある店舗の取引金額を記述した度数分布表です。量的データの場合は，データの並びにもともとの順序があるので，累積度数，累積相対度数の累積を取る方向は数値の大小の方向に決まっています。パレート図と異なり度数の大きな順に並び換えないことを注意してください。

3.1.2　度数分布表からデータを読むポイント

（1）データの中心傾向

量的データの分布を読む第1のポイントは，データが集中する中心から見て過半数をつかむデータの範囲を特定することです。これを分布の中心傾向と言います。中心傾向は集団のトレンド（最も普通の状態）を意味します。図表3－1の場合，相対度数の最も大きな“80 ～ 100”の階級から上下の階級を合わせて60 ～ 120の階級で全体の約51%をつかむことがわかります。したがって，取引金額60千円から120千円くらいまでがこの集団を代表する平均的な取引金額ということになります。

図表3－1　取引金額の度数分布表（量的データ）

取引金額の階級 単位（千円）	階級値＝（階級下限＋階級上限）/2	取引件数 （度数）	累積件数 （累積度数）	構成割合（%） （相対度数）	累積構成割合（%） （累積相対度数）
0 ～ 20	10	3	3	3.23	3.23
20 ～ 40	30	7	10	7.53	10.75
40 ～ 60	50	11	21	11.83	22.58
60 ～ 80	70	12	33	12.90	35.48
80 ～ 100	90	19	52	20.43	55.91
100 ～ 120	110	16	68	17.20	73.12
120 ～ 140	130	10	78	10.75	83.87
140 ～ 160	150	6	84	6.45	90.32
160 ～ 180	170	5	89	5.38	95.70
180 ～ 200	190	4	93	4.30	100.00
合計		93		100	

この区間で全体の50.53%

（2）過半数，ほとんど，ほとんどすべて，全体をカバーする区間

データの全体のばらつき（分布）は，全体の過半数（50％強），ほとんど（90％前後），ほとんどすべて（99％位），全体（100％）のデータが収まるデータ値の区間をおさえることで特定されます。

3.2 ヒストグラム

3.2.1 ヒストグラム

ヒストグラムは量的データの度数分布を棒グラフで表したものです。箱ひげ図，散布図と並んで，統計３大グラフの１つとして，統計では最も基本的なグラフです。ヒストグラムでは，横軸がデータ値，横軸の階級幅がすべて等しければ縦軸が度数や相対度数に対応します*。またデータの値が連続的なつながりを持つので，ヒストグラムの棒の間隔はつぶして表示します。図表３-１の取引金額の度数分布表をヒストグラムで表したものが，図表３-２です。データ全体のばらつき方や過半数

図表３-２　取引金額の分布を表すヒストグラム

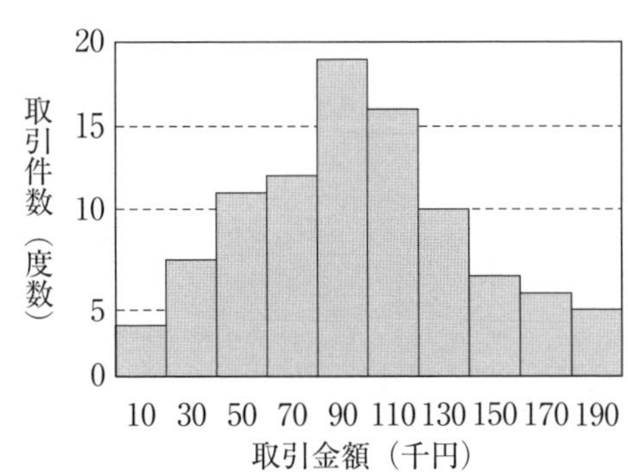

＊ヒストグラムでは，正確にはその階級に対応する棒の面積が度数に対応する。階級がすべて等間隔であれば，棒の面積をそのまま縦軸の高さで表すことができるが，階級幅が不等間隔の場合は，縦軸は度数の集中度を表す度数密度又は相対度数密度に対応させ，棒の面積がちょうどその階級の度数になるように調整する。（3.3.6 参照）

をつかむ中心の範囲が，60千円から120千円であることなどがグラフから分かります。

3.2.2 階級幅の取り方

量的データに対して，度数分布表やヒストグラムを作成する場合，一般には，すべてのデータが含まれる区間を等間隔に分けて，階級を作ります。ここでどの程度の区間幅を採用するかによって，表やヒストグラムの持つ情報が変わってきます。例えば，区間幅を広くとりすぎると，データの総数に比べて階級の数が少なくなり，データがかたまりすぎて分布のパターンが見えなくなります（図表3-3の（ア））。また逆に，区間幅を狭くして，データの総数に比べて階級の数を多く取りすぎても，一様に小さい度数の意味のないでこぼこのある広がったグラフができてしまい，分布の集中が読めないヒストグラムとなります（図表3-3の（イ））。

データの総数を n としたとき，どの程度の階級数 C を取ればよいのかの目安として，スタージェスの公式があります。

図表3-3　階級幅の取り方によるヒストグラムの違い

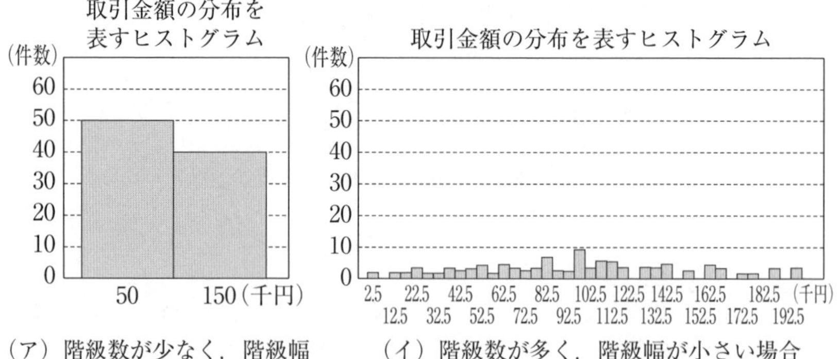

（ア）階級数が少なく，階級幅が大きな場合

（イ）階級数が多く，階級幅が小さい場合

$$C = 1 + \frac{\log n}{\log 2} \fallingdotseq 1 + 3.3 \log_{10} n$$

この公式に従えば，一応，図表３‐４のような階級数に関する対応表が作成できますが，あくまでも目安程度に考えてください。大事なことは，データがどの区間に集中して起こり，どの区間からはあまり起こらないのか，その分布のメリハリが分かる度数分布表やヒストグラムを作成することです。

表計算ソフト Excel の分析ツールのメニュー「ヒストグラム」や，「ピボットテーブル・グラフ機能」を使えば，度数の集計からグラフ作成まで比較的簡単にできるので，出力されるグラフの形状を確認しながら，適切な階級幅を決めるとよいでしょう。

図表３‐４　スタージェスの公式による階級数の目安

データの総数 n	20	40	80	150	300	500	1000	2000
階級数 C	5	6	7	8	9	10	11	12

3.3　ヒストグラムのチェックポイント

3.3.1　代表的な形状

データによってさまざまな形のヒストグラムが出力されますが，その形からどのようなことが分かるのでしょうか。ここでは，“集団の中の異質性の発見”をキーに，ヒストグラムの読み方を説明します。

データから実際に得られるヒストグラムの形状としては，以下の４つのパターンが代表的です（図表３‐５）。

（A）単峰性（山が１つ）で左右対称な形

（B）多峰性（山が２つ以上）を示す形

（C）非対称（左右対称でない）な形

（D）外れ値のある形

3.3.2　単峰性（山が１つ）で左右対称な形

この形状は，ヒストグラムの基本となる形です。もし，データのとられた集団（観測対象集団）が同質な集団であるなら，観測されるデータ

図表３-５　代表的なヒストグラムの形状

(A)　単峰で左右対称なヒストグラム
データが集中している部分
(峰，山)が１つ

(B)　２峰性のヒストグラム
データが集中している部分
(峰，山)が２つ

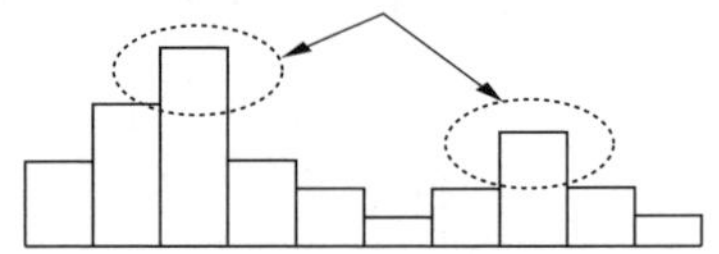

(C)非対称なヒストグラム

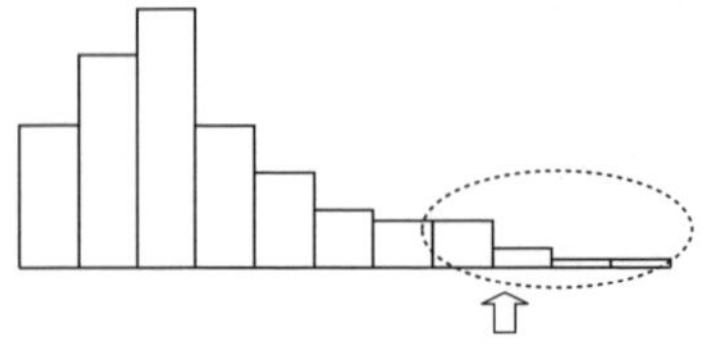

右方向に裾をひく分布（右に歪んだ分布）

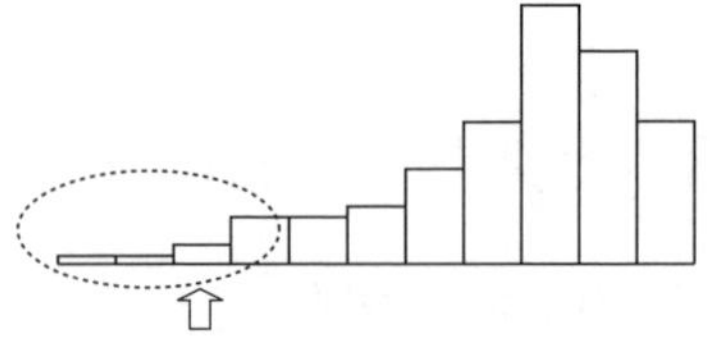

左方向に裾をひく分布（左に歪んだ分布）

(D)外れ値があるヒストグラム

データの大部分が含まれるデータ値の区間からかけ離れたところに位置するデータ

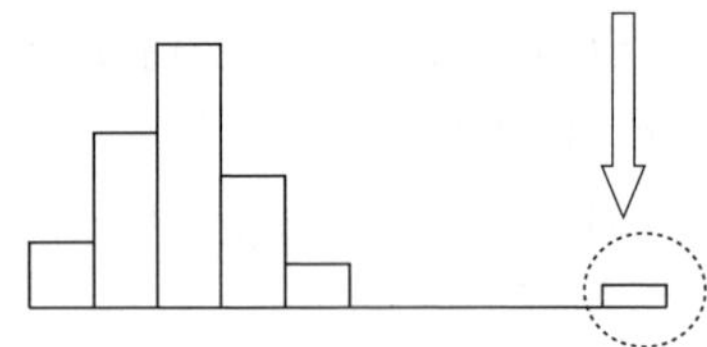

値のばらつきは単なる個体差と考えることができるので，その場合，標準的なデータの値の区間に過半数のデータが集中して起こり，分布の山が1つできます。中心の値から小さな方向や大きな方向に値が離れる（偏る）につれて，だんだんそのようなデータは起こりにくくなり，山の高さが低くなります。同質な集団のデータ値のヒストグラムは多くの場合，この形状を示します。

図表3-6は，2022年に規定数以上の打席に立った日本のプロ野球の打者の打率分布です。打率2割4分から3割の間に，約77%の選手が入っており，そこを1つの山，すなわちデータの集中する中心傾向として，それ以下もしくはそれ以上の打率を示す選手の割合は少なくなる，山が1つの対称な分布になっています。

このような分布の形状を示すデータに対しては，過半数のデータが含まれる中心傾向の区間を特定したり，中心から80%，90%又は95%近くのデータが含まれる区間を特定し，分布の傾向としてコメントします。

図表3-6　2022年プロ野球の打者の打率分布

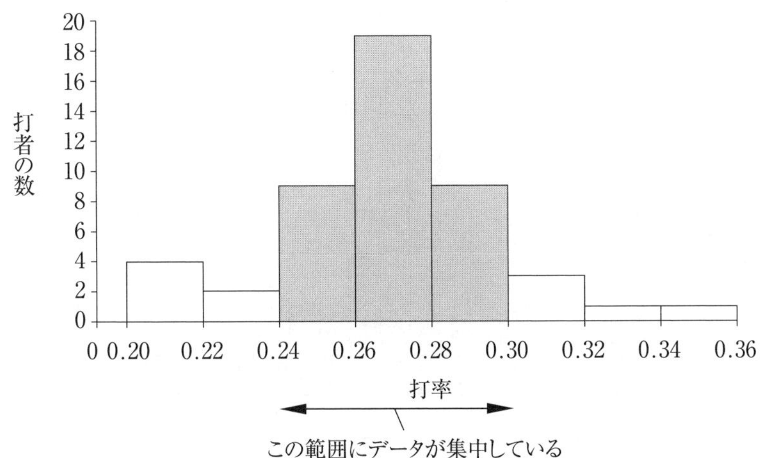

出典：日本野球機構

3.3.3 多峰性（山が２つ以上）を示す形

多峰性を示すヒストグラムとは，周りに比較してデータが多く集中する部分が２つ以上ある形状を言います。この場合，一般に同質な集団ではトレンド（中心傾向）は１つだけ存在すると考えれば，山（峰）の数だけ異質な集団が混在している可能性が想定できます。

図表３-７のヒストグラムは，スイス銀行から発行されていた実際の古い紙幣に関して，真札（200 枚）とその偽札（200 枚）のそれぞれの紙幣の絵柄の部分の「対角線」の長さの分布を表したものです。真札と偽札が混じった 400 枚のお札のデータでは，図のように明らかに２つの山が見られます。このような場合は，集団を分けて単峰性にした上で，それぞれの集団の中心傾向に言及する必要があります。

ここでは初めから真札と偽札という集団の異質性の原因が分かっていますが，実際には多峰性を示すというだけで，その原因 は分かりません。したがって，多峰性を示すヒストグラムが得られたら，データを諸

図表３-７　真札・偽札の混じった２峰性を示すヒストグラム

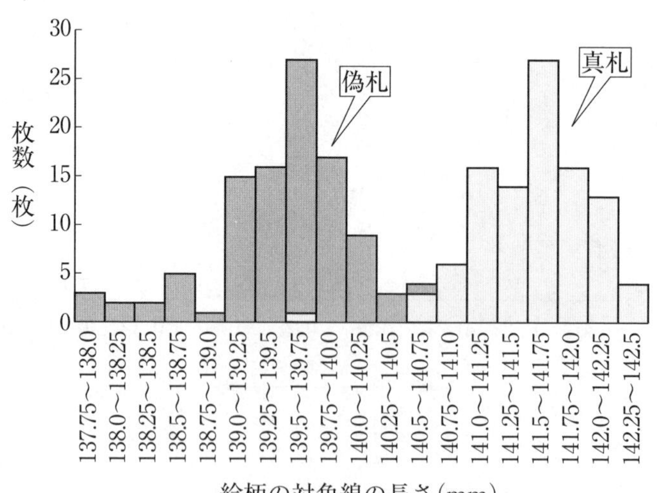

資料：Flury, B. and Riedwyl, H. (1988). Multivariate Statistics, A Practical Approach, Cambridge University Press. より

種の要因で層別（グループ分け）しながら，最も良く判別できる要因を探索することが必要になります。一般にはどの要因でグループが分かれているのかを探ることは難しいのですが，試行錯誤を通してその要因を見つけることが大きな情報の発見につながります。Excelのピボットグラフの機能を使い，図表3-7のような層別ヒストグラム（グループの違いに応じて，ヒストグラムの棒が色分けされたグラフ）を作成してみるとよいでしょう。

1989年に大阪証券取引所で株式オプション（選択権売買）取引が始まった直後，オプション価格形成で重要な指標となる“ボラティリティ”が着目され，その実態が分析されました。ボラティリティとは，簡単に言えば，日経平均株価が将来どの程度変動するかの予想を表す変動率（実質的な変化の大きさ）を表しています。

当時の日経新聞紙上で公表された分析では，昭和24年から40年間分の月別平均ボラティリティ（HV）のデータ（480ケース）の度数分布を求め，それをヒストグラムで表現し，その形状からボラティリティ内での異質性の可能性を発見しています（図表3-8）。そこでは，値上が

図表3-8　日経平均ヒストリカル・ボラティリティ（HV）の分布（1949～1988年の月末値ベース）

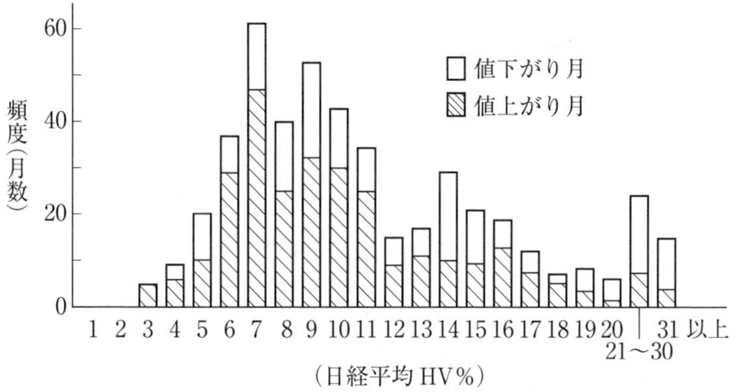

出典：日本経済新聞（1989年6月14日付）

り月か値下がり月かの区別を下の層別ヒストグラムで示し，ボラティリティを予想するには，値下がり傾向か値上がり傾向かの情報を使うことが有効であるとしています。

3.3.4　非対称（左右対称でない）な形

単峰性のヒストグラムに対しては，まずデータが集中する大体の中心の位置を特定し，次に，データがその中心からどのようにばらつくのかをチェックします。ここで，もし同質な集団であれば，山を中心にして対称に中心から離れたデータ値は起こりにくくなるはずです。ところが，左に比べて右方向（値の大きな方向）に裾をひく（より広がる）ような場合は，この余分に裾をひいた部分のデータは，やはり山を形成している多くのデータとは本質的に異なる，何か偏ったデータであると考えられます（図表3-9）。

このように，非対称なヒストグラムでは，裾の方向が異質なデータの存在を教えてくれる情報となるので，どちらの方向に裾をひくかをきちんと特定しておく必要があります。ここで，右方向に裾の長いヒストグラムを**右に（正の方向に）歪んだ分布**，反対に左方向に裾をひく分布を**左に（負の方向に）歪んだ分布**と言います（図表3-5(C)）。

企業の資本金の分布，世帯の貯蓄額の分布など，とくに金額に関係す

図表3-9　非対称なヒストグラム

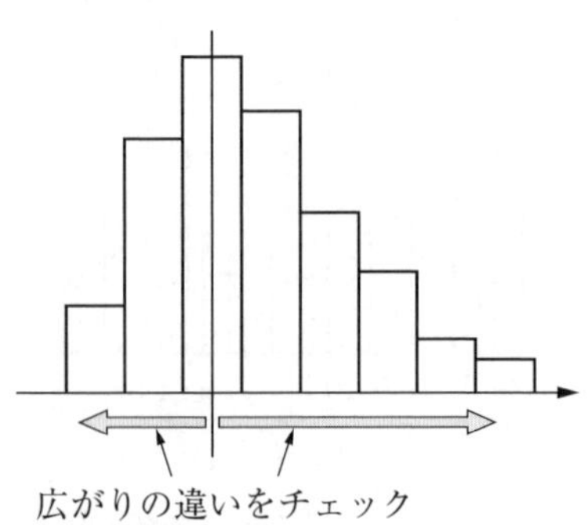

るデータには，右に歪んだヒストグラムを示す場合が多く見受けられます。企業の資本金のような場合，極端に右にずれた（資本金の大きい）企業は一部の大企業であって他の多くの中小企業との異質性は明らかなので，集団として全体の中心傾向やばらつきを見る場合は，やはり分類して分析すべきでしょう。ただし，どうしても異質性が証明できない場合に，データを分けることなくその影響力を弱める手段として，データの値に適当な変換（例えば対数変換など）を施して，対称性を確保することもあります（8.3節参照）。

図表3-10は，右に（貯蓄の大きな方向に）世帯数は極端に少ないけれど偏ったデータ（世帯）があることを示した2022年の日本の世帯の貯蓄分布です。この場合，平均貯蓄額1,901万円は，貯蓄額が極端に大きい少数の世帯による影響を受けているため，集団を代表する値とはなっていません（4.2節参照）。分布の裾の影響を受けない**中央値**1,168万円が，この場合は世帯の代表値として適していることになります。

図表3-10　貯蓄現在高階級別世帯分布（2022年）

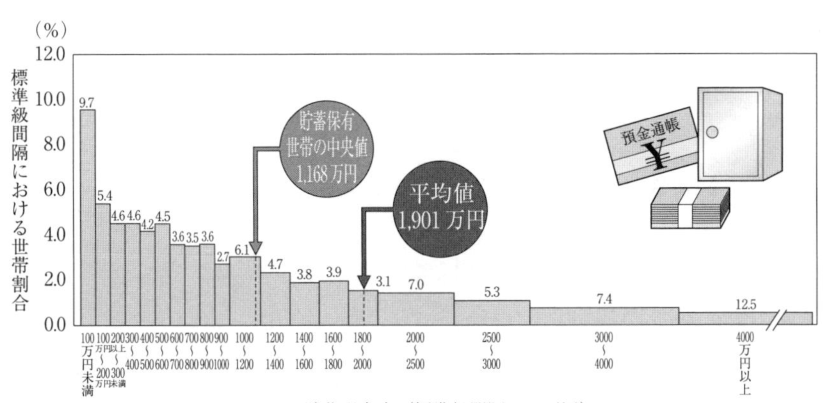

出典：家計調査（総務省統計局）

このように，平均値は非対称な分布を示すデータに対しては，代表値としては不適切となることに注意しましょう。非対称な分布を示すデータに対しては，一般に中央値を中心として中心傾向をみたり，最大の度数を示す階級（最頻階級，modal class）に注目して傾向を判断します。

3.3.5　外れ値のある形

この形状を示すヒストグラムも，対象データの中に他の多くのデータとは明らかに異質なデータが含まれていることを意味します（図表3-5（D））。このように多くの集団が示す値とは離れたところにある少数個のデータを**外れ値**（outlier）と言います。外れ値があれば，原因（入力ミスや異質データの混入など）の探索が必要です。

図表3-11は，2000年のデータで作成したプロ野球の打者の打率分布を表すヒストグラムです。このヒストグラムでは，右端（打率の大きなところ）に1つだけ離れたデータ（外れ値）があります。これは，2000年時点で，オリックスに在籍していたイチローの打率で，0.387です。イチローが，打率の上で，他の選手集団のばらつきから外れた異なる存在であることが分かります。外れ値の存在は，一般に何らかの重要な“発見”にも結びつく大事な要素です。

図表3-11 プロ野球打者の打率ヒストグラム（2000年）

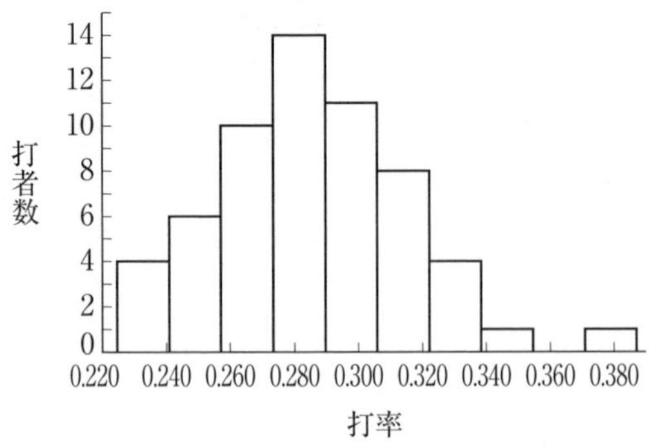

データベース出典：日本野球機構

一般に外れ値がある場合，それを含めて平均値を求めると，平均値が中心を示さなくなるなど，後の分析に大きな影響を与えるので，とり除くか他のデータと同様にとり扱うのかをきちんと見きわめる必要があります。

3.3.6　階級幅が等間隔に取られていない場合のヒストグラム

図表3-10の貯蓄分布を表すヒストグラムでは，各階級の縦棒の上に記載されている相対度数（世帯割合）が，縦軸の高さと一致していない箇所があります。例えば，貯蓄額2,000万円から2,500万円のクラスの世帯割合7.0%は，その左隣の1,800万円から2,000万円のクラスの世帯割合3.1%よりも棒の高さが低くなっています。他にも4,000万円以上のクラスの12.5%は，その近辺の他のクラスの世帯割合よりも大きいにもかかわらず，棒の高さは低く表示されています。これは，階級幅が異なることへの調整が行われているためです。

ヒストグラムでは，棒の面積が度数もしくは相対度数に対応しているため，階級幅が2倍になれば，高さは実際の度数もしくは相対度数の1/2で調整されます。階級幅が同じであればこの調整は必要ありませんが，階級幅が異なればグラフに表す際の棒の高さの調整は必要です。もし，4,000万円以上の世帯割合をそのまま12.5%の高さで表示してしまうと，4,000万円近辺の貯蓄額が，世帯の中でより普通に生じ易いような錯覚を見る人に与えてしまうからです。

ヒストグラムは，あくまでも横軸の目盛りに沿って，その値の起こり易さ・起こり難さを連続的なイメージで記述するグラフになっていなければなりません。

そのため，不等間隔を含むヒストグラムでは，**標準級間隔**（図表3-10の貯蓄分布の例では100万円）を定めて，標準級間隔に対する度数又は相対度数を**度数密度**（frequency density）又は相対度数密度（relative frequency density）として縦軸の棒の高さとします。

3.4 分布を表すその他のグラフ

3.4.1 人口ピラミッド

人口ピラミッドは，年齢分布を表したヒストグラムです。縦軸にデータの値，両横に異なった集団での人口（度数）を配することで，左右両グループでの年齢分布（年齢構成）の違いを比較することができます（図表 3-12）。

図表3-12 平成7年および将来の日本の人口構成

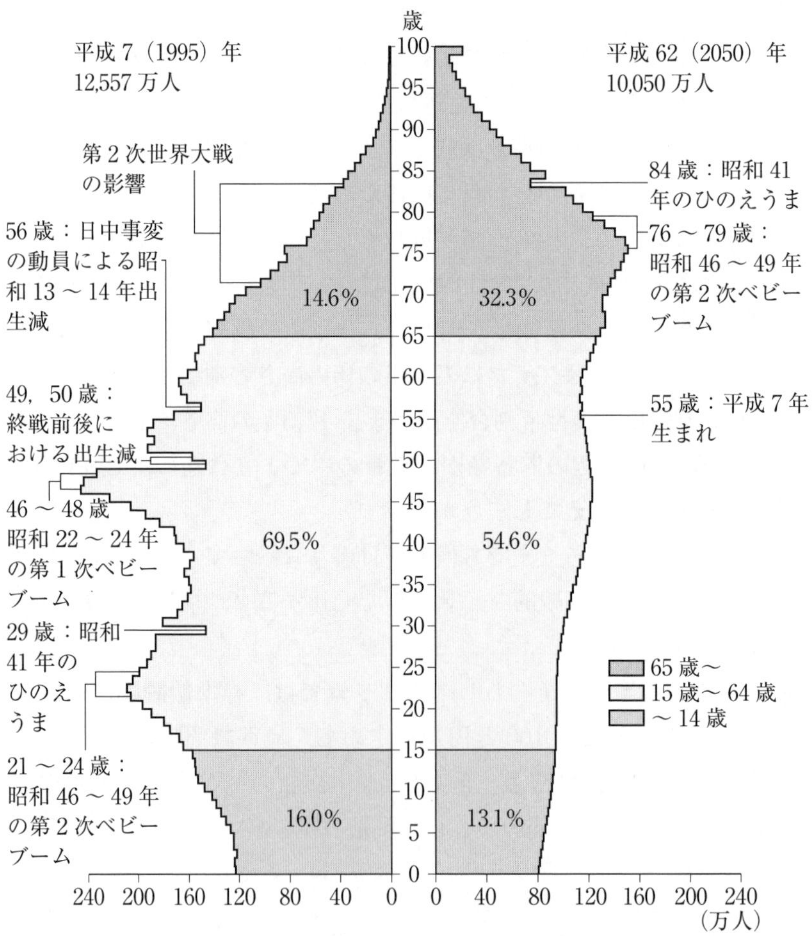

出典：第 78 回人口問題審議会報告書『少子化と人口減少社会を考える』より

このように２つのグループの分布の比較を左右の軸で対比させたヒストグラムを comparative histogram と言います。

3.4.2　幹葉図（stem and leaf plot）

図表３-６で示した2022年プロ野球打率データを幹葉図で表すと次ページの図表３-13のようになります。幹葉図とは，縦軸をデータの値の軸とし，データの値の下１桁（この場合は，小数第３位）をその右横に併記していくグラフです。ヒストグラムでは，階級幅より小さな個別の詳しいデータの値の情報は失われていますが，幹葉図では，個々の打者の打率の数値がグラフの中に残っています。

幹葉図は，データが比較的少数個であれば，ヒストグラムより情報量の多いグラフです。私たちの身の回りにある列車やバスの時刻表も，どの時間帯に列車やバスが多く運行しているのか，運行時間帯の分布を見る幹葉図とみなすことができます。また，幹葉図は，人口ピラミッド同様，１つの幹に対して左右両側に葉を繁らせることで，２つのグループのデータの分布を比較する便利なグラフとなります。

図表３-14は，同じく2022年のプロ野球打者の打率成績の分布をセパ両リーグで比較した幹葉図です。パ・リーグの選手では，打率の中心が２割６分から２割７分であるのに対して，セ・リーグでは，２割９分から３割であることや，パ・リーグの打率分布は値の大きな方向にやや歪んでいること，逆に，セ・リーグの打率分布は値の小さな方向に歪んでいることが読み取れます。

図表３-13　プロ野球選手全体の打率の分布（2022 年）

幹	葉
0.19	
0.20	
0.21	3 5 8 9
0.22	4
0.23	
0.24	0 1 3 6 7
0.25	2 2 7 7 7
0.26	2 4 6 6 6 7 7 8
0.27	0 1 1 2 2 2 4 5 6 6 7
0.28	3 8
0.29	1 1 3 4 6 8
0.30	0 6
0.31	4 8
0.32	
0.33	5
0.34	7
0.35	
0.36	

図表３-14　セパ両リーグ別選手の打率の分布の比較(2022 年)

パ・リーグ		セ・リーグ
	0.19	
	0.20	
9 8 5 3	0.21	
4	0.22	
	0.23	
	0.24	0 1 3 6 7
7 7	0.25	2 7
8 7 6 6	0.26	2 4 6 7
5 4 1 1	0.27	0 2 2 6 6 7
3	0.28	8
8 6	0.29	1 1 3 4
	0.30	0 6
	0.31	4 8
	0.32	
5	0.33	
7	0.34	
	0.35	
	0.36	

オリックス
吉田正尚
0.335

日本ハム
松本剛
0.347

出典：日本野球機構

3.5　統計数字は全体のばらつきの中で相対的に評価する

図表３-14 から，パ・リーグはセ・リーグよりも打者の打率の分布のばらつきが大きいことが分かります。また，その中で，オリックス吉田選手，日本ハム松本選手の打率は，中心からの傾向から見ても高い値と言えます。このように，個々のデータの値は，全体のばらつき（分布）を基準に，その位置付けを客観的に評価します。

図表３-15 を見てください。例えば，テストで，A 君の「算数」の点数が 92 点だったとか，わが社の今月の売上は先月に比べて，200％アップしたとか，また，ある新生児の母親の母乳から，ダイオキシンが 18 ピコグラム*検出されたとか，私たちは日常よくこのような会話をして

＊ピコは１兆分の１。

観察される数字に一喜一憂しています。

上記の結果からどのような印象を持つでしょうか？ 算数のテストも売上も高くて良かった，と簡単に判断してはいけません。それぞれの数値は全体集団の中でばらついている値の1つが取り上げられたものなので，その集団の中の相対的な位置付けで評価されるべきものなのです。

例えば，「算数のテストで，A 君の点数が 92 点！」では，「92 点以上の生徒は，クラスの何％を占めているのか？」，また，「わが社の今月の売上は先月に比べて，200％アップ！」では，「業界の平均売上伸び率はどうなっているのか？」，「某地区の新生児の母親の母乳から，ダイオキシンが 18 ピコグラム検出された！」では，「もともと，母乳に含まれているダイオキシンの量のばらつきの状況は？」といったように，背景の全体集団でのばらつきの様相（分布）が分かって初めて，その数字が示す実質的な重要度が分かるのです。そのために，データ全体のばらつきを分布という概念で記述する統計的な表やグラフ，代表値や散布度などのいろいろな指標が重要になってきます。

図表3-15　個々のデータの値の意味

全体のばらつきの中で相対的に評価

・テストで「算数」の点数が 92 点 ！
　→ 92 点以上はクラスの何％？
・わが社の今月の売上は，先月にくらべて 200％ アップ！
　→業界の平均売上伸び率は？
・某地区の新生児の母親の母乳には，ダイオキシンが 18 ピコグラム 検出された！
　→もともと母乳に含まれているダイオキシンの量のばらつきは？
・ピンポイント攻撃といっていたのに 誤爆 だった！
　→ミサイル攻撃の誤爆率は？

<シミュレーションを動かして確認してみよう！>

「身近な統計」Web 版補助教材（https://www.ouj.ac.jp/mijika/）内の「シミュレーション統計グラフ」でシミュレーションを学習することができます。

・ヒストグラム

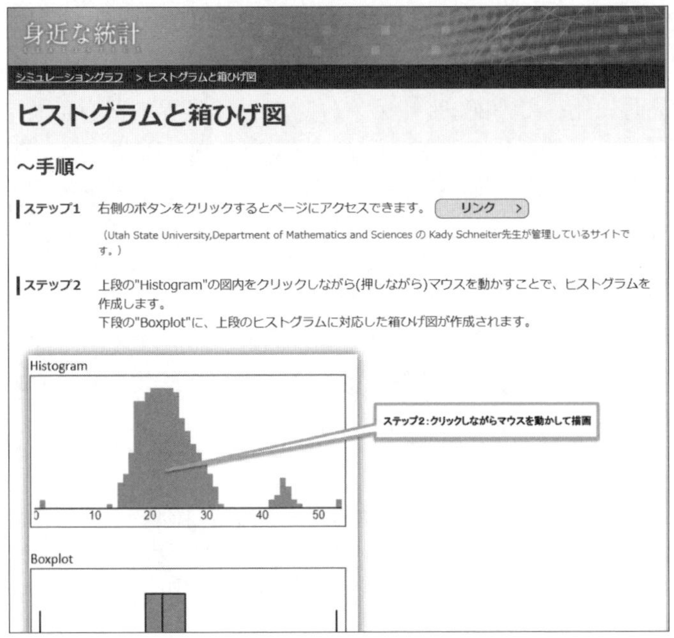

<作成してみよう！>

※「身近な統計」Web 版補助教材（https://www.ouj.ac.jp/mijika/）内の「エクセル操作」で作成用 Excel データと作成手順を公開しています。

・度数分布表（取引金額データ）

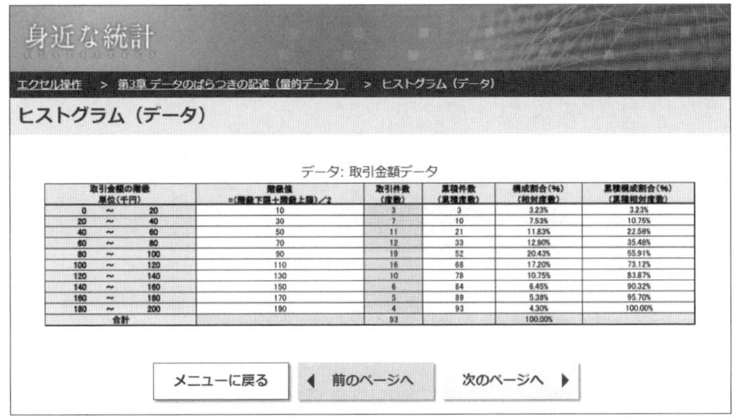

データ: 取引金額データ

取引金額の階級 単位(千円)	階級値 =(階級下限＋階級上限)／2	取引件数 (度数)	累積件数 (累積度数)	構成割合(%) (相対度数)	累積構成割合(%) (累積相対度数)
0 ～ 20	10	3	3	3.23%	3.23%
20 ～ 40	30	7	10	7.53%	10.75%
40 ～ 60	50	11	21	11.83%	22.58%
60 ～ 80	70	12	33	12.90%	35.48%
80 ～ 100	90	19	52	20.43%	55.91%
100 ～ 120	110	16	68	17.20%	73.12%
120 ～ 140	130	10	78	10.75%	83.87%
140 ～ 160	150	6	84	6.45%	90.32%
160 ～ 180	170	5	89	5.38%	95.70%
180 ～ 200	190	4	93	4.30%	100.00%
合計		93		100.00%	

・ヒストグラム（取引金額データ）

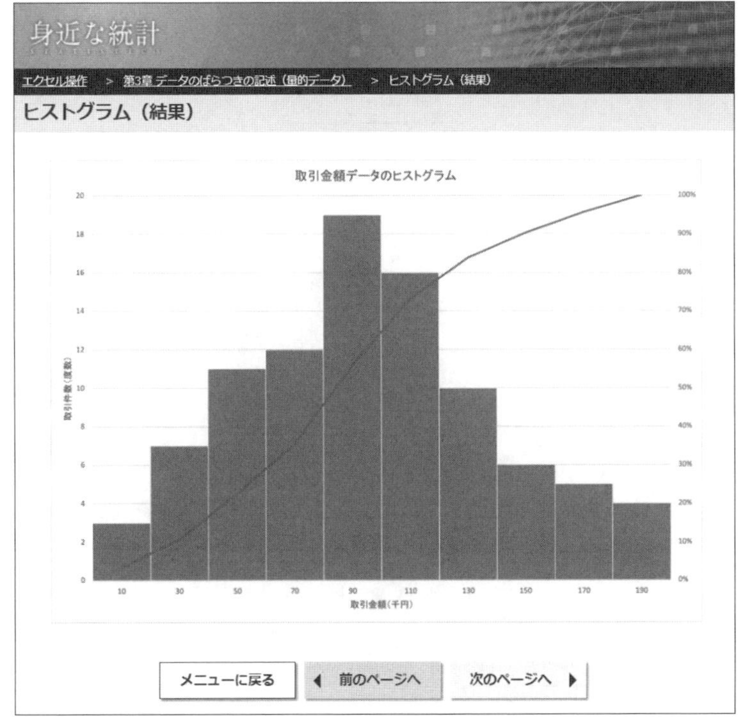

・ヒストグラム（打率分布）

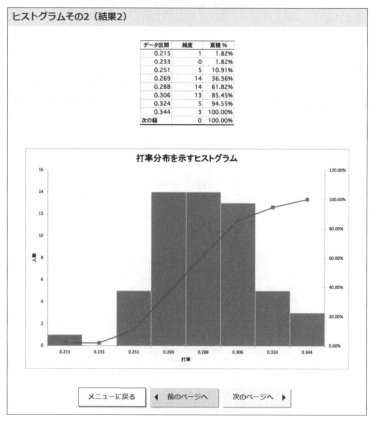

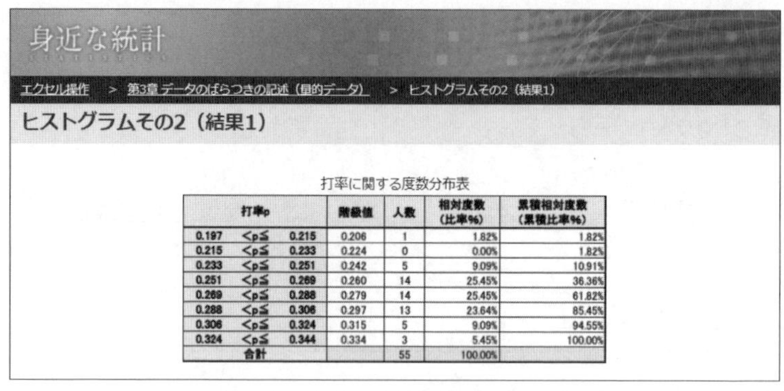

身近な統計

エクセル操作 > 第3章 データのばらつきの記述（量的データ） > ヒストグラムその2（結果1）

ヒストグラムその2（結果1）

打率に関する度数分布表

打率p			階級値	人数	相対度数（比率%）	累積相対度数（累積比率%）
0.197	<p≦	0.215	0.206	1	1.82%	1.82%
0.215	<p≦	0.233	0.224	0	0.00%	1.82%
0.233	<p≦	0.251	0.242	5	9.09%	10.91%
0.251	<p≦	0.269	0.260	14	25.45%	36.36%
0.269	<p≦	0.288	0.279	14	25.45%	61.82%
0.288	<p≦	0.306	0.297	13	23.64%	85.45%
0.306	<p≦	0.324	0.315	5	9.09%	94.55%
0.324	<p≦	0.344	0.334	3	5.45%	100.00%
合計				55	100.00%	

ヒストグラムその2（結果2）

データ区間	頻度	累積 %
0.215	1	1.82%
0.233	0	1.82%
0.251	5	10.91%
0.269	14	36.36%
0.288	14	61.82%
0.306	13	85.45%
0.324	5	94.55%
0.344	3	100.00%
次の級	0	100.00%

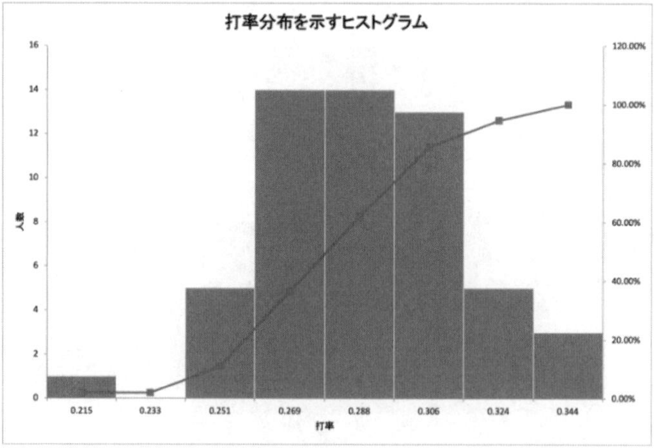

打率分布を示すヒストグラム

メニューに戻る　◀ 前のページへ　次のページへ ▶

ここではダルビッシュ投手と佐々木投手の球速分布について，エクセルを利用して，次のようなグラフを作成してみました。横軸の目盛の違いに着目して，両選手の各球種の球速の特徴を比べてみて下さい。

・ヒストグラム（ダルビッシュ投手の球速分布）2010年

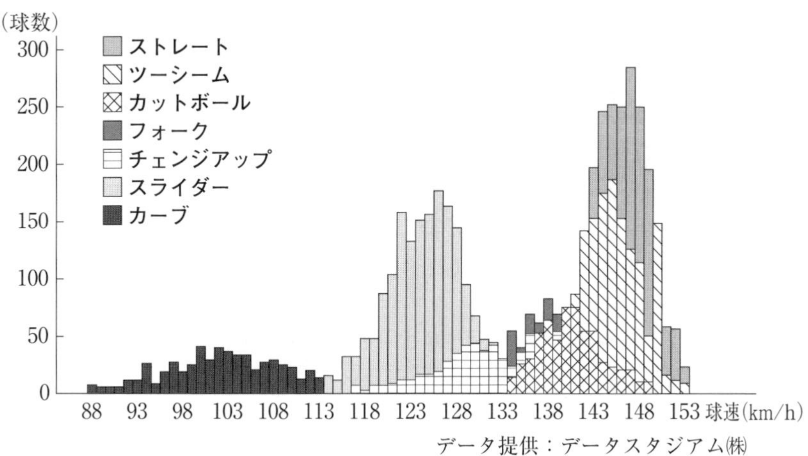

・ヒストグラム（佐々木投手の球速分布）2022年

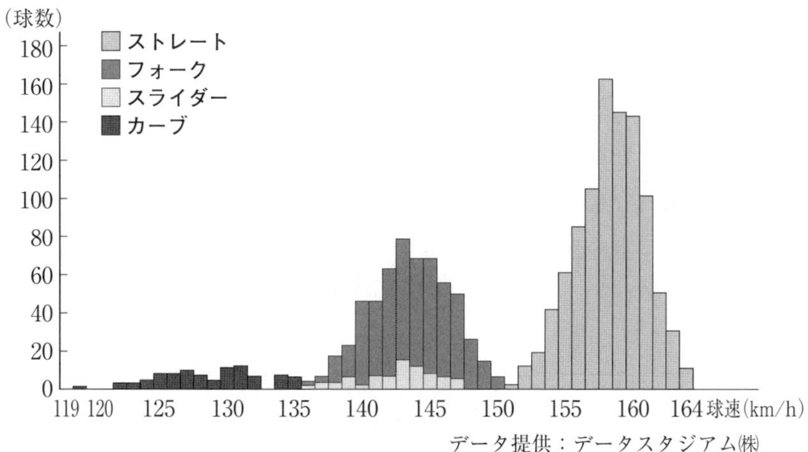

4 データのばらつきを数字でまとめる
～平均値・中央値と箱ひげ図～

《目標＆ポイント》 この章では，分布の特徴を数値で表すいろいろな指標（基本統計量）を解説します。最初に，分布の中心の位置を表す代表値としての平均値と中央値に関して，それぞれの意味と特徴，使い分けを知り，次に，分布のばらつきの大きさ（散布度）を測る指標として四分位数と四分位範囲を解説します。また，四分位数を使って分布全体を記述する箱ひげ図を紹介します。
《キーワード》 基本統計量，平均値と中央値，最頻値，四分位数，四分位範囲，箱ひげ図

4.1 分布の特徴を表す基本統計量

数量タイプのデータに対して，度数分布表やヒストグラムは階級幅の取り方によって印象が変わり，客観的評価がしづらい場合があります。そのため，度数分布表やヒストグラムによる視覚的な分析に加えて，ばらつきの形状（分布）の特徴をさまざまな視点から数値で表現した**基本統計量**を同時に求めます。基本統計量は，分布を数値からイメージするための道具です。先述のヒストグラムの解釈のポイントを思い出してください。

基本統計量には，上記の中で単峰か多峰かに関してチェックする指標はありませんが，それ以外の視点には計量的に答えを出してくれる指標

図表4－1　単峰か多峰か？

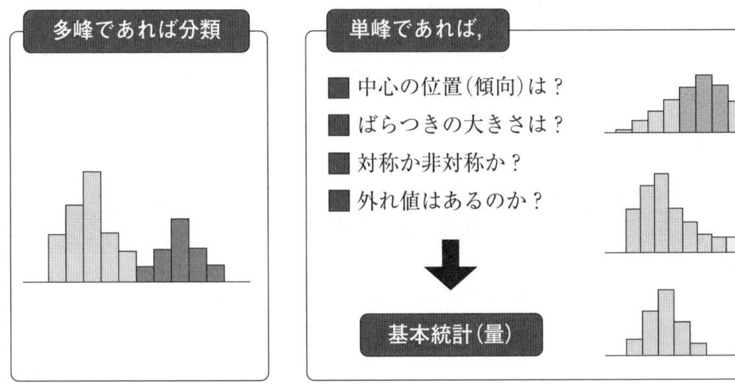

があります。基本統計量のそれぞれの項目で何が具体的にチェックできるのかについては，図表4－2を参照してください。この表は，Excelの分析ツール「基本統計量」で，データ範囲を指定すると計算されて表示される基本統計量です。

これら以外にも，四分位数やパーセント点などExcelの関数を使って簡単に計算できる基本統計量があります。このようにデータさえ指定すれば，たくさんの基本統計量が一度に計算できる環境にある現在，これらの値の意味を理解することは，とても重要です。

4.2　分布の中心の位置を示す指標 ～平均値・中央値・最頻値～

もともと統計はばらついている集団を記述する道具なので，最も大事なポイントは，データの度数が集中する集団の中心傾向を押さえることです。このための指標として，平均値・中央値・最頻値という3種類の統計量があります。

図表4-2　基本統計量（Excel の「データ分析」メニュー*表示）

名称	読み方
平均	ばらつきの中心傾向を示す（量的データ）
標準誤差	平均を母平均（未知）の推定値として見た場合の誤差の大きさを表す
中央値（メディアン）	ばらつきの中心傾向を示す（量的データ）
最頻値（モード）	ばらつきの中心傾向を示す（量的データ）
標準偏差	ばらつきの大きさを示す（分散の平方根）
分散	ばらつきの大きさを示す（標準偏差の２乗）
尖度	外れ値の検出
歪度	分布のゆがみ（非対称度）の検出
範囲	ばらつきの大きさを示す（最大値－最小値）
最小	データの最小値
最大	データの最大値
合計	データの合計値
標本数	データの数（ケースの数）

平均値

n 個の観測データを x_1, x_2, …, x_n とすると，平均値 $\bar{x}$（エックスバー）は，算術平均として求められます**：

$$\bar{x}=\frac{1}{n}(x_1+x_2+\cdots+x_n)=\frac{1}{n}\sum_{i=1}^{n}x_i$$

＊「データ分析」メニューは，「データ」タブの「分析」のグループメニューとして出てくる。表示するためには，アドインで追加する必要があるので，詳しくは章末の付録を参照のこと。

＊＊Σ（シグマ）は，指定された範囲の総和をとる操作を表す数学記号。Excel のオート sum ボタンに対応する。

中央値（メディアン）

n 個の観測データ x_1，x_2，…，x_n を大きさの順に並べ替えたときに，ちょうど真ん中（中央）に位置する値を中央値（メディアンまたは中位数）と言い，$\tilde{x}$（エックスチルダ）で表します。

$x_{[1]}$，$x_{[2]}$，…，$x_{[n]}$ を n 個のデータを大きさの順に並べたものとするとき（$x_{[1]} \leqq x_{[2]} \leqq \cdots \leqq x_{[n]}$）は以下のようになります。

$$\tilde{x} = \begin{cases} x_{\left[\frac{n+1}{2}\right]}, & n\text{が奇数}, \\ \dfrac{x_{\left[\frac{n}{2}\right]} + x_{\left[\frac{n}{2}+1\right]}}{2}, & n\text{が偶数} \end{cases}$$

簡単のために少ないデータ（x_1，x_2，x_3，x_4，x_5）＝（5，7，3，38，7）で，平均値と中央値を実際に求めてみましょう。平均値は，以下で計算されます。

$$\bar{x} = \frac{5+7+3+38+7}{5} = \frac{60}{5} = 12$$

中央値はデータを大きさの順に並べたときにちょうど真ん中にくる値なので，この場合，データの個数 $n=5$ が奇数なので，$\tilde{x}=x_{[3]}=7$ となります。

＊データが偶数個，例えば $n=4$ として，（3，5，7，38）のときは，$\tilde{x} = \dfrac{x_{[2]}+x_{[3]}}{2} = \dfrac{5+7}{2} = 6$ となります。

図表4-3　データの個数が奇数（n＝5）の場合

図表4-4　データの個数が偶数（n＝4）の場合

最頻値（モード）

データの中で最も頻繁に現れる値で，質的データの場合は，最大度数を示す応答カテゴリーがモードとなります。量的データの場合，とびとびの値をとる離散型のデータの場合は最も度数の大きなデータ値がモードとなり，連続型データの場合は，度数分布表で度数の最も大きい階級が最頻階級（modal class）となります。量的データに対して，Excel の「基本統計量」で出力される最頻値の値には意味がない場合があるので注意してください（図表4-5）。

図表4-5　最頻値

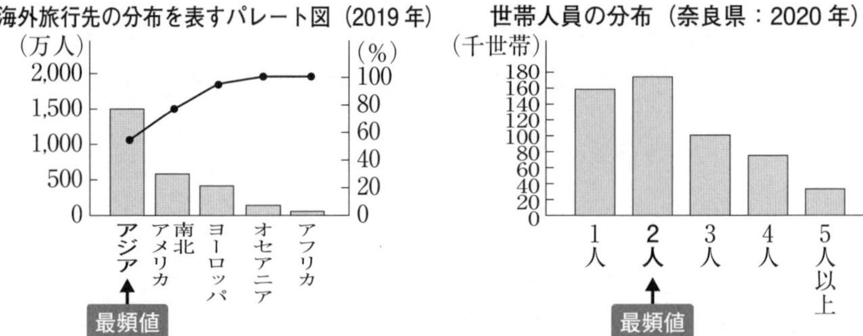

出典：日本政府観光局（JNTO）より作成。　出典：国勢調査結果（総務省統計局）

4.3　平均値と中央値の性質と読み方

平均値と中央値は，ばらつくデータの中心（代表）を表すという同じ目的を持った指標ですが，前節の5つのデータの数値例では，平均値12，中央値は7と大きく違ってきています。では，どのようなときに，平均値と中央値は同じような値をとり，どのようなときに，かけ離れた値をとるのでしょうか？　また，値が異なるとき，どちらの値をデータの代表値（分布の中心）と考えたらよいのでしょうか？

図表4－6は，横軸（数値軸）上に，個々のデータ（黒丸）がばらついている状態を示しています。平均値とは，データ値の場所に同じ重さのおもりを置いたときに，ちょうど釣り合う場所になります。ちょうどバランスのとれる重心の位置と考えてもよいでしょう。一方，中央値は，図表4－7のように，その値より大きい観測値の数と小さい観測値の数が同じになる場所です。つまり，その値を境にその値以下と以上になる可能性がちょうど50：50（フィフティ・フィフティ）になる点，つまり可能性でバランスをとる位置と考えてもいいでしょう。

もし，データが左右対称に分布していれば，平均値と中央値は同じ位置になります（図表4－8(ア)）が，対称性が崩れて全体から外れたデータが出てくると，平均値はその値に引き寄せられて，外れ値のある方向（分布の歪んだ方向）に偏った値となります（図表4－8(イ)）。一

図表4－6　平均値は，データが釣り合う位置

図表4－7　中央値は，データを半分に分ける

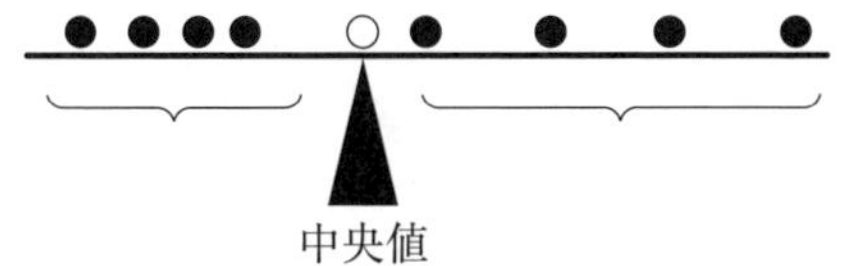

図表4－8　外れ値により集団の代表性を失う平均値

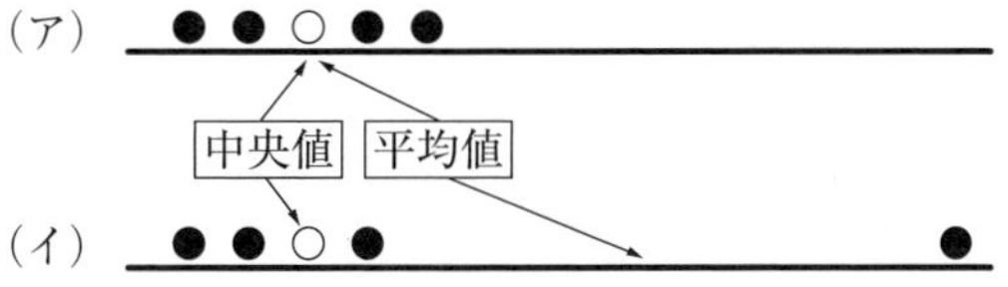

方，中央値はデータの値そのものの情報というよりは順位情報を利用しているため，分布の両端の値には依存せず，常にデータを半分に分ける位置を示します。つまり，中央値は外れ値や分布の歪みに対して頑健（ロバスト）であるのに対して，平均値は外れ値や歪みに対して頑健ではないということです。したがって，外れ値があったり，歪んだ分布では，もはや平均値で分布の中心傾向を測ることはできないので，中央値で測るほうが適切です。先の 61 ページのデータ例では，データの中に，“38” という他の値とかけ離れた値（外れ値）があるため，平均値の 12 は中心傾向より大きめに出ており，中央値の 7 の方がよりデータの代表値としてはふさわしいということです。

＜シミュレーションを動かして確認してみよう！＞

「身近な統計」Web 版補助教材（https://www.ouj.ac.jp/mijika/）内の補助教材メニューの「シミュレーション統計グラフ」と「平均値と中央値の関係」です。

・平均値と中央値

平均値と中央値の関係

●手順

・ステップ 1　右側のボタンをクリックするとページにアクセスできます。 リンク ＞
（Utah State University, Department of Mathematics and Sciences の Kady Schneiter 先生が管理しているサイトです。）

・ステップ 2　図内をクリックすることで，3 点以上値を追加します。

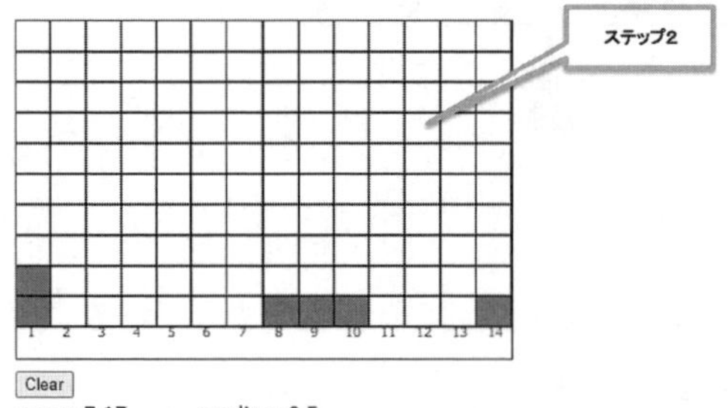

mean: 7.17　　median: 8.5
Show mean: □ Show median: □

参照：Utah State University,「Center」,
URL: https://www.usu.edu/math/schneit/Statlets/center/center.html

4.4　分布の形と中心を測る指標との関係

図表4-9は，左右の方向に歪んだ分布と左右対称な分布に対して，中心を測る3つの指標の位置関係を示しています。真ん中の図のように，データのばらつきが単峰で左右対称であれば，平均値も中央値も最頻値（分布を曲線で示した場合の理論的なモード（峰）の位置）も同じ値をとり，ともに分布の中心を示します。一方，両端の図のように，データのばらつき方が歪んでいる場合は，平均値はデータ値の大きさでバランスをとるため，外れた大きな値に引きずられて大きめの値や小さめの値となってしまいます。一方，中央値は，分布の面積（度数）を半分に分ける位置として，歪みの方向にかかわらず真ん中を示しています。この図からも，平均値が集団の代表値として信用できるのは，データのばらつきが単峰で左右対称な分布のときのみであること，中央値は，対称な分布のときはもちろん，歪んでいたり，外れ値が含まれるデータに対しても，常に集団の中心傾向を教えてくれる大事な指標であることが分かります。

実際のデータ分析では，Excelなどのソフトウェアが平均値も中央値

図表4-9　分布の形と中心傾向を測る3つの指標

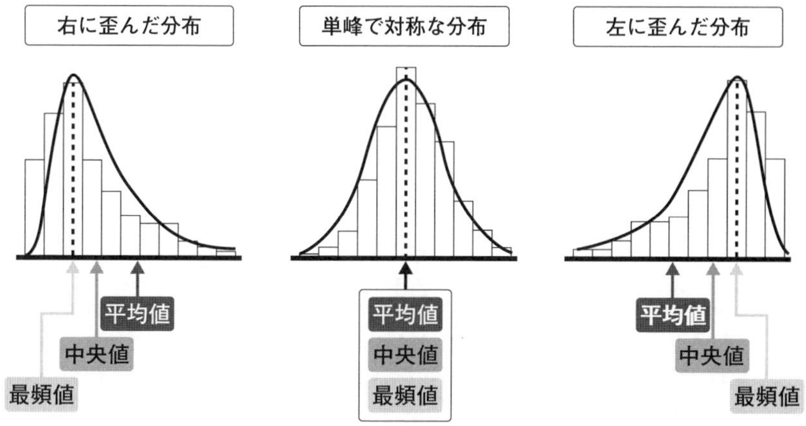

も両方を簡単に計算してくれるので，その大小関係を読んで分布の全体の形状への知見を得ることが重要になります。つまり，計算された双方の値が近い値であれば，平均値（中央値）を中心にデータが対称にばらついていること，平均値が中央値よりも大きければ，右方向に（値の大きな方向に）偏ったいくつかのデータが存在すること，逆に，平均値が中央値よりも小さければ，左方向に（値の小さな方向に）偏ったいくつかのデータが存在することが想定できます。

世帯の所得額や貯蓄額など資産や金額にかかわる経済統計データの多くは，右に歪んだ分布を示します。したがって，一般的な世帯の所得や貯蓄額を知りたいときには，平均値よりも中央値に注目する必要があります。前章の図表 3-10 で見た一般世帯の貯蓄の分布は，明らかに値の大きな方向に歪んでいます。このため，平均値は 1,901 万円と実質的な一般世帯の貯蓄額の傾向より大きな金額となっています。このため，平均以下の世帯割合は全体の 70% 近くにもなり，過半数を超えていますが，中央値（中位数，1,168 万円）より下の世帯割合は常に 50% となります。つまり，一般世帯の貯蓄額の傾向と言うときは，中央値の 1,168 万円を見る方が適切と言えます*。相対貧困率のような指標の算出に中央値が使われるのはこの為です。

＊去年と今年の所得もしくは貯蓄の総額の時系列推移を見ることが目的であるような場合には，膨大な総額ではイメージがつかみにくいので，総額を直接比較するかわりに，総数が変わらない下では総額と連動する平均値を時系列比較することがある。

4.5　四分位範囲と箱ひげ図

4.5.1　四分位数と四分位範囲

データのばらつき方が非対称で，右（プラス）の方向もしくは左（マイナス）の方向に歪んでいる場合や，外れ値が存在する可能性がある場合に，中央値はデータを半分（50%）に分割する位置を示します。この考え方を4分割（25%ずつ）に拡張した値が**四分位数**（quartile points）です。四分位数は，中央値を求めるときと同様に，データを大きさの順に並び替えてちょうど4等分（25%ずつに区分）する3つの値を言い，小さい順から**第1四分位数**（25%点），**第2四分位数**（50%点），**第3四分位数**（75%点）と言います（図表4-10）。第2四分位数は中央値のことです。ここで，中央値以下のデータは全体の50%，中央値以上のデータも全体の50%であることと同様に，第1四分位数以下のデータは全体の25%，第3四分位数以下のデータは全体の75%に当たります。

図表4-11のような大きさの順に並べられた19個のデータがある場合，中央値（50%点，第2四分位数）は，ちょうど10番目のデータの値45になります。第1四分位数は，中央値より小さなデータのグループをさらに半分に分ける中央値，すなわち5番目のデータの値40にな

図表4-10　四分位数：データを大きさの順に並べて4つに分ける点（quartile points）

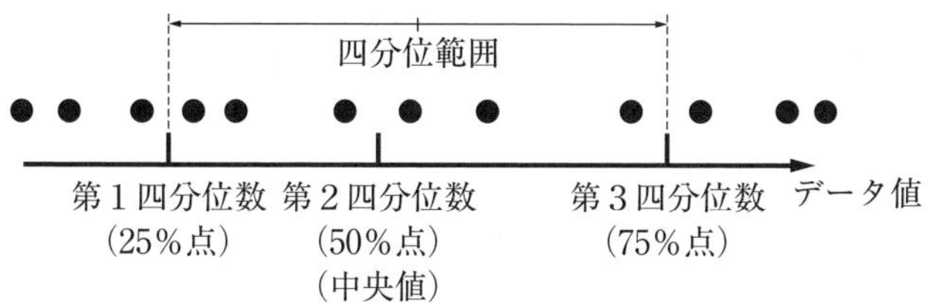

り，第３四分位数は中央値より大きなデータのグループを半分に分ける中央値，すなわち15番目のデータの値80になります。四分位数は，中央値同様，両端の極端な値には影響されず，第１四分位数から第３四分位数を見ることで，分布の中心の50%が入る区間が分かるようになっています。

四分位数は，ExcelのQUARTILE関数を利用すれば，データ範囲を指定するだけで簡単に求めることができます。QUARTILE関数では，異なる方法で四分位数が計算されるため，ここでの求め方と違う値が出ることがありますが，データ数が多くなるとその差はほとんどなくなりますので，値の小さな違いは無視して，データの全体の傾向をつかむために用いるとよいでしょう。四分位数を利用すると，例えば，顧客の年間購買金額に関して全体の上位25%を占めるグループの抽出などもできます。

中心付近のデータのばらつきの幅を示す指標として，四分位数から以下の**四分位範囲**を計算します。異なる集団で四分位範囲の大きさを比較することで，中心付近のデータのばらつきの大きさの比較が可能になります。

四分位範囲＝第３四分位数－第１四分位数

図表４-11

順番	1	2	3	4	5	6	7	8	9	10	11	12	13	14	15	16	17	18	19
データ	0	30	35	35	40	40	40	45	45	45	50	60	65	80	80	100	150	500	1000

範囲＝最大値－最小値

データの全体の広がりの幅を示す指標です。範囲と四分位範囲の定義と解釈の違いに注意しましょう。

4.5.2　度数分布表から四分位数を求める　～男女の給与格差の実態～

国税庁「令和2年分民間給与実態統計調査」の中で，以下の男女別の給与分布に対する度数分布表が公表されています（図表4-12)。

この表から男女別に年収分布を見たヒストグラム（階級間隔の調整なし）は，図表4-13のようになります。男女とも値の大きな方向（右方向）に分布の裾をひく歪んだ分布になっていることがわかります。そのため，男女の給与格差を示したい場合に，平均給与を比較しても実態に

図表4-12　男女別給与分布に対する度数分布表

給与階級	令和2年（男）			令和2年（女）		
	（千人）	（%）	累積（%）	（千人）	（%）	累積（%）
100万円以下	1,122	3.6	3.6	3,298	15.2	15.2
100万円超200万円以下	2,144	7.0	10.6	5,081	23.4	38.7
200万円超300万円以下	3,525	11.5	22.1	4,617	21.3	59.9
300万円超400万円以下	5,381	17.5	39.6	3,749	17.3	77.2
400万円超500万円以下	5,331	17.3	56.9	2,312	10.7	87.9
500万円超600万円以下	4,138	13.5	70.3	1,228	5.7	93.6
600万円超700万円以下	2,821	9.2	79.5	574	2.6	96.2
700万円超800万円以下	1,994	6.5	86.0	319	1.5	97.7
800万円超900万円以下	1,276	4.1	90.1	176	0.8	98.5
900万円超1,000万円以下	863	2.8	92.9	89	0.4	98.9
1,000万円超1,500万円以下	1,589	5.2	98.1	164	0.8	99.7
1,500万円超2,000万円以下	335	1.1	99.2	49	0.2	99.9
2,000万円超2,500万円以下	112	0.4	99.6	12	0.1	99.9
2,500万円超	133	0.4	100.0	12	0.1	100.0
総計	30,767	100.0		21,679	100.0	

出典：令和2年民間給与実態統計調査*

*表中の構成比率(%)，累積(%)は，給与階級別人数から再計算している。表示桁による丸め誤差により，部分的に一番下の桁の不整合が生じることがある。

図表4-13　年収別性別給与所得者数の割合（棒グラフ）*

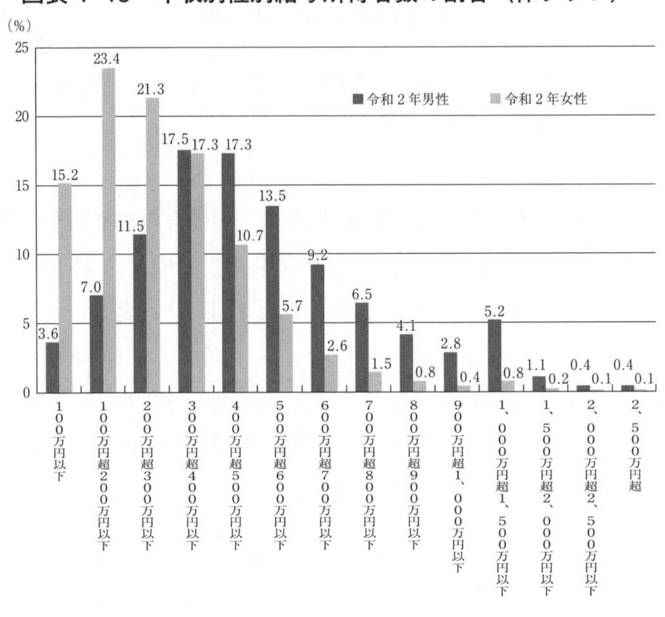

即した比較分析にはなりません。そこで，四分位数による比較をします。

度数分布表としてまとめられた図表4-12から四分位数を求めるには，補間式を用います。例えば，25%点 $Q_{0.25}$ は，以下の式で計算されます。

$$Q_{0.25} = L_i + w_i \times \frac{0.25 - p_{i-1}}{p_i - p_{i-1}}$$

ただし，

L_i　：累積比率が25%を含む階級の下限値

w_i　：累積比率が25%を含む階級の区間幅

p_i　：累積比率が25%を含む階級までの累積比率

p_{i-1}：累積比率が25%を含む階級の１つ前の階級までの累積比率

＊給与階級の級間隔が一定でない部分の棒の高さの調整はしていないので，厳密に言えば，このグラフはヒストグラムではなく棒グラフとなる。

女の給与分布の25%点は，表の累積（%）の列から数値を読み取り，次のように求めます。

$$Q_{0.25}=100+100\times\frac{0.25-0.152}{0.386-0.152}=\text{約 }141.7\text{ 万円}$$

同様に，男女別で給与の四分位数を求めたものが，図表4-14です。表から，女性の75%の年収が387.3万円以下であるのに対し，男性の75%は年収が316.6万円以上であることなどが分かります。これを箱図（ボックスプロット）に表すと，図表4-16のようになり，男女間での普通の給与（中心付近50%の人の給与）の比較ができます。箱図とは，図表4-16のように，数値軸に沿って，箱の上限と下限，箱の中央線に四分位数を対応させたグラフで，箱の長さが**四分位範囲**になります。

図表4-14　男女別給与の四分位数*

	男	女
下側%	パーセント点	パーセント点
25	316.6	141.7
50	460.1	253.3
75	651.1	387.3

図表4-15　箱図

	対応する値
箱の中の線	中央値
箱の上限	第3四分位数（75%点）
箱の下限	第1四分位数（25%点）

箱図でグループ比較する場合，まず各グループのデータのばらつきの位置関係（箱の位置）とばらつきの幅（箱の長さ）を比較してコメントし，次に，各グループの箱の中でのばらつき方の非対称性の度合いをコメントします。ここでは，箱の中央線が箱の中心にきていれば，この中でのデータのばらつきは，中央値を中心として高い方と低い方に対称に分布していることになり，中央線がどちらかに偏っていれば，ばらつき方が中央値をはさんで非対称になっています。

* 計算結果は途中の丸め誤差の影響を受けるので，後ろの桁の数値が微妙に異なることがあります。

図表4-16　箱図による男女の給与分布の比較

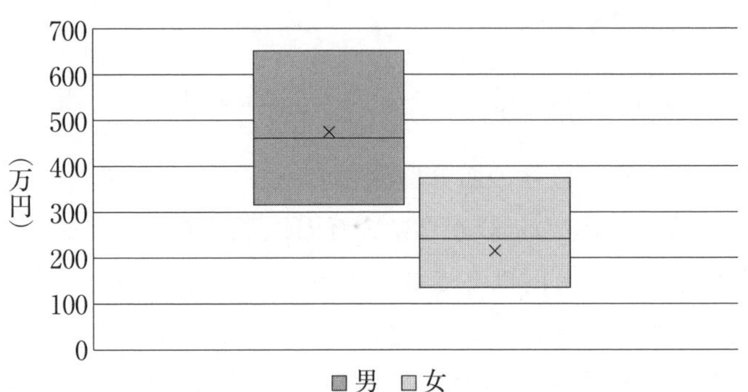

このデータの場合，明らかに男性グループの箱と女性グループの箱がずれており，年収に関する男女の集団（中心の半数の集団）給与格差が顕著なことが分かります。また，箱の長さに関しても男性が女性に比べて長いことから，中心付近の年収のばらつきの大きさは男性の方が大きいことがわかります。また，男性は中央値を挟んで値の大きな方向に歪んでいることもわかります。

4.5.3　分布の５数要約と箱ひげ図

データのばらつき方から情報を読むための２つの大事なポイントは，中心傾向（集団の中心から過半数の集団の傾向）の把握と集団から外れた少数個のデータの特定です。四分位数は前者の目的と合致しますが，四分位数だけでは，後者の外れたデータ，中心から偏ったデータに関しての情報がつかめません。そこで，３つの四分位数にデータの最大値と最小値を加えた５つの数字で，データ全体のばらつきを要約する方法があり，これを**５数要約**（five-number summary）と言います。

2022年のプロ野球打率成績分布の５数要約を示したものが，図表

４-17です。５数要約で，集団の中心付近の半数の打者の傾向（打率0.264から0.301の間）が分かると同時に，そこから離れた最小打率と最大打率の値が分かります。

図表４-17　プロ野球打者の打率分布（2022年）（５数要約）

最小値	第１四分位数	第２四分位数（中央値）	第３四分位数	最大値
0.213（西武オグレディ）	0.256	0.271	0.289	0.347（日ハム松本）

出典：日本野球機構オフィシャルサイトより作成。

この５数要約をグラフに表したものが，**箱ひげ図**（box and whisker-plot）です。箱ひげ図は，前節の箱図の両端からひげを最大値と最小値まで伸ばして，中心傾向だけではなく分布の両端までの広がりを表現するグラフです。箱ひげ図は，ヒストグラムよりも簡易にデータの分布を要約しているので，データを対象の属性（職業別や性別など）によってグループに分け，それぞれのグループ別に分布を比較する場合に適しています。

図表４-18は，図表３-７の真札と偽札の対角線の長さに関する比較を示す箱ひげ図です。箱の長さ（四分位範囲）を比較すると，中心付近のデータのばらつきは真札の方が大きいことや，偽札は真札に比べて対角線の長さが短い傾向にあることが読み取れます。

図表４-18　真札と偽札の比較を示す箱ひげ図

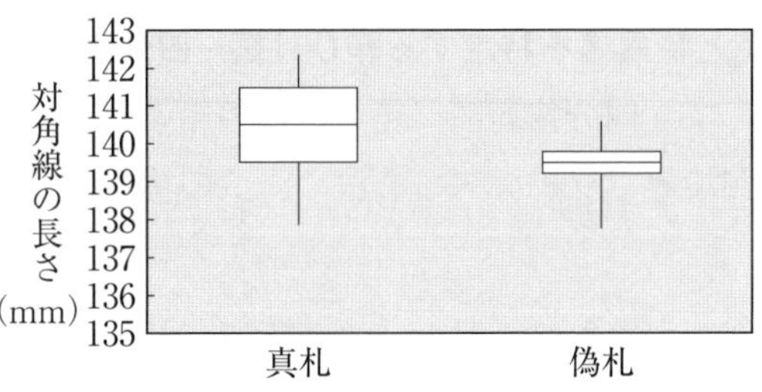

＜シミュレーションを動かして確認してみよう！＞

「身近な統計」Web 版補助教材（https://www.ouj.ac.jp/mijika/）には，「シミュレーション統計グラフ」および「ヒストグラムと箱ひげ図」があります。

・ヒストグラムと箱ひげ図

●手順

・ステップ１　右側のボタンをクリックするとページにアクセスできます。［リンク　>］
（Utah State University, Department of Mathematics and Sciences の Kady Schneiter 先生が管理しているサイトです。）

・ステップ２　上段の “Histogram” の図内をクリックしながら（押しながら）マウスを動かすことで、ヒストグラムを作成します。
下段の “Boxplot” に，上段のヒストグラムに対応した箱ひげ図が作成されます。

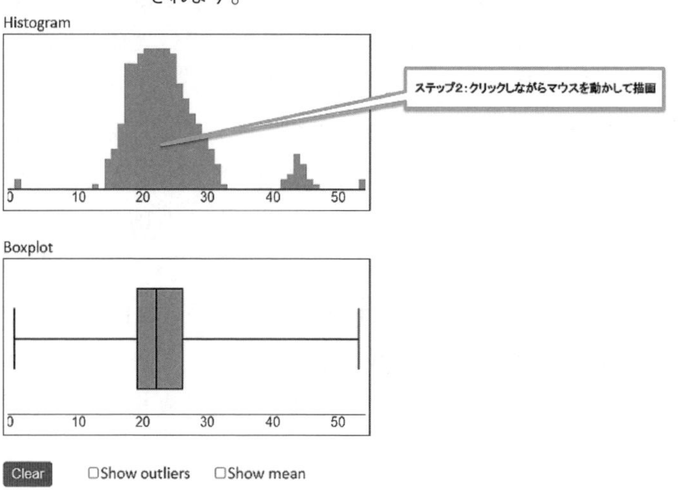

4.5.4　外れ値と特異値を特定する箱ひげ図～四分位範囲の活用～

外れ値に関して，四分位範囲（箱ひげ図の箱の長さ）の 1.5 倍を利用した上（下）側境界（フェンス）を決め，この境界から外れるデータを

外れ値（outlier）として検出する基準があります。

下側の外れ値	＜	第１四分位数－1.5×四分位範囲
	＝	下側境界（lower fence）
上側の外れ値	＞	第３四分位数＋1.5×四分位範囲
	＝	上側境界（upper fence）

さらに，次の基準を満たすような極端に外れたデータを特異値（singular value）とする基準もあります。

下側の特異値	＜	第１四分位数－３×四分位範囲
上側の特異値	＞	第３四分位数＋３×四分位範囲

図表4-19は，箱ひげ図とこの外れ値と特異値の関係を示したものです。この基準は，あくまでもデータから探索的に外れ値や特異値の可能性が高いものを検出するためのツールで，これらのデータを異質としてデータ集団から除外するための絶対的な基準ではありません。外れ値や特異値が検出された場合，それらの取扱いに関しては，各データの背景を十分吟味し，除外するに足る要因を見つけ出す必要があります。

図表4-19　箱ひげ図と外れ値と特異値の関係

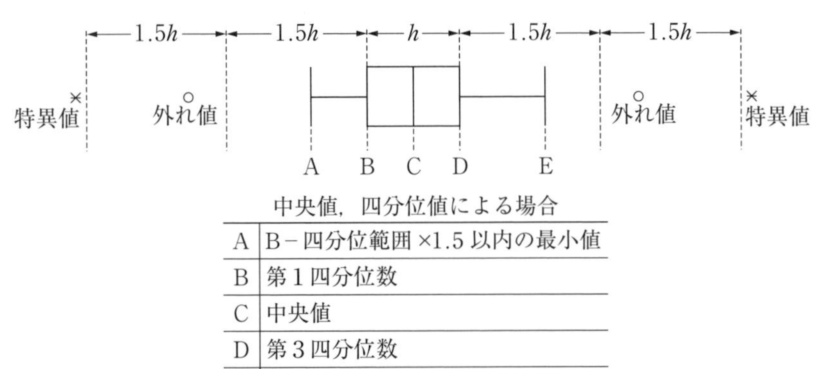

中央値，四分位値による場合

A	B－四分位範囲×1.5以内の最小値
B	第１四分位数
C	中央値
D	第３四分位数
E	D＋四分位範囲×1.5以内の最大値

4.6 パーセント点（百分位数）

四分位数と同様の考え方で，**十分位数**（データを値の大小で 10 個のグループに分ける点）や**五分位数**（5 個のグループに分ける点）などもよく使用されます。この場合も，

十分位範囲＝第 9 十分位数－第 1 十分位数
五分位範囲＝第 4 五分位数－第 1 五分位数

など分布の幅を示す指標があります。

また，これらを一般化した上側（もしくは下側）**パーセント点**（percentile point，百分位数）があり，これは，データを大きさの順に並べたときに，上から（下から）数えてちょうどその割合（%）にデータが分かれる値を言います。第 1 十分位数は，下側 10% 点であると同時に上側 90% 点でもあります。

＜作成してみよう！＞

※「身近な統計」Web版補助教材（https://www.ouj.ac.jp/mijika/）内の「エクセル操作」で作成用Excelデータと作成手順を公開しています。

・四分位数（大谷選手の投球データ）

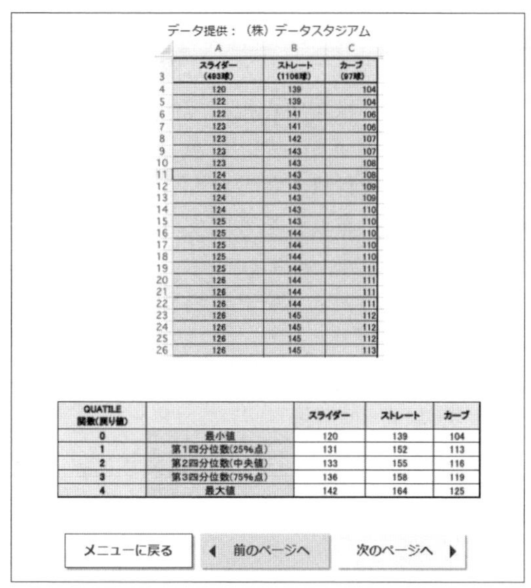

データ提供：（株）データスタジアム

	A	B	C
3	スライダー（493球）	ストレート（1106球）	カーブ（97球）
4	120	139	104
5	122	139	104
6	122	141	106
7	123	141	106
8	123	142	107
9	123	143	107
10	123	143	108
11	124	143	108
12	124	143	109
13	124	143	109
14	124	143	110
15	125	143	110
16	125	144	110
17	125	144	110
18	125	144	110
19	125	144	111
20	126	144	111
21	126	144	111
22	126	144	111
23	126	145	112
24	126	145	112
25	126	145	112
26	126	145	113

QUATILE関数(戻り値)		スライダー	ストレート	カーブ
0	最小値	120	139	104
1	第1四分位数(25%点)	131	152	113
2	第2四分位数(中央値)	133	155	116
3	第3四分位数(75%点)	136	158	119
4	最大値	142	164	125

メニューに戻る　◀ 前のページへ　次のページへ ▶

・箱ひげ図（大谷選手の投球データ）

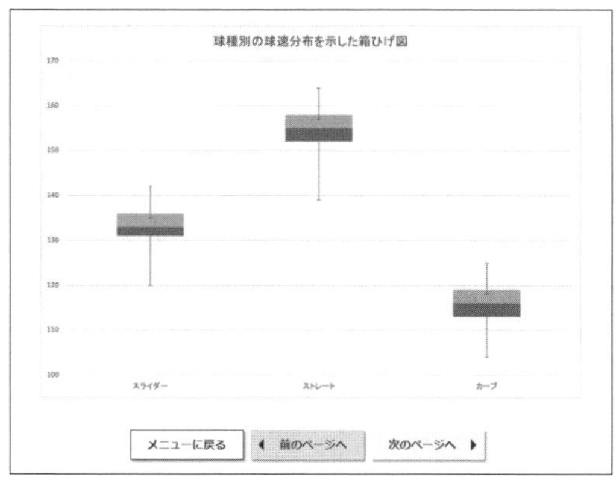

5　ばらつきの大きさを測る
～シグマ（標準偏差）の活用～

《目標＆ポイント》 データのばらつき方を記述する際に，全体を代表する，いわゆる分布の中心位置を測ることは重要な視点です。そのため，前章で，平均値や中央値，最頻値に関して学びました。しかし，分布の全体の形状や中心傾向を，中心の位置だけで特徴付けることはできません。中心の位置に加えて，分布の広がりの大きさ（散布度）を考慮することが，データから情報を読み取る上で欠かせない視点と言えます。

この章では，この分布の広がりの大きさを計量的に測る指標として，分散と標準偏差を勉強します。

《キーワード》 偏差，分散，標準偏差，不偏分散，標本標準偏差，偏差値，１シグマ２シグマ３シグマの法則，標準得点（z スコア）

5.1　偏差

データ分析の基本は，まず，ばらつくデータの全体を把握する，つまり，分布を知るということです。そこから集団の過半数が従う標準的な傾向，いわゆる分布の中心傾向を特定します。そのため，前章では四分位数を使って，中央値（第２四分位数）を挟んで第１四分位数と第３四分位数でちょうど中心50％のデータが収まる範囲を特定する方法を勉強しました。しかし，もし，データの分布が単峰で左右対称な形を示すのであれば，平均値を中心に標準偏差（シグマ）を使って，データの中心傾向を要約することができます（図表５-１）。

図表5-1　単峰で左右対称な分布

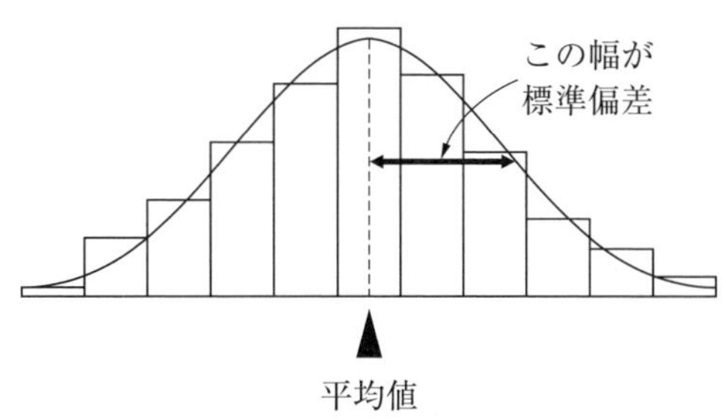

標準偏差を理解するためには，まず，偏差を知ることが重要です。数学のテストの点数を例に考えてみます。クラスの生徒の点数はばらついていて，みんな同じというわけではありません。クラス全体の点数の平均値が，例えば40点だった場合，60点という点数の評価を考えてみましょう。私たちは，普通，点数の良し悪しを平均値と比較して判断しています。60点と平均値40点との差+20点を，（平均からの）**偏差**もしくは**偏差得点**と言い，個々のデータの値の位置付けを知る上で大切な情報となります。しかし，偏差得点だけでは，全体の点数の分布の中でどのような位置付けなのかを特定することはできません。全体の点数のばらつきの大きさによって，+20点の偏差得点（60点の成績）は違った意味を持ってきます。

図表5-2は，2つのクラスの点数のばらつきを示したヒストグラムです。どちらのクラスも全体の平均値は同じ40点ですが，点数のばらつきの幅が違います。右側のヒストグラムでは，平均値40点の近くにみんなの成績が寄ってきて全体の点数のばらつきが小さいのですが，左側のヒストグラムでは点数の広がりが大きくなっています。つまり，ばらつきの大きな左側のクラスでは右側のばらつきの小さなクラスに比べて，平均からの偏差の絶対値が大きな生徒が多いということです。偏差

図表5-2　ばらつきの異なる２つのヒストグラム

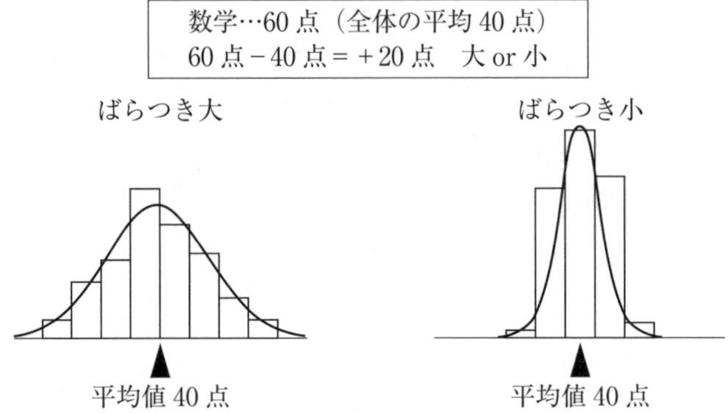

得点＋20 点の値がその集団の中で相対的に大きいか小さいかは，他の多くの生徒の偏差得点との比較で判断されます。ここでもし，その集団の中での偏差得点の標準的な値が１つ決まっていれば，その値と比較して，偏差得点が大きいのか小さいのか，すなわち，集団の中で成績が相対的に良かったのかどうかが判断できるので便利です。そのための指標が標準偏差で，平均値と並んで大事な基本統計量の１つです。標準偏差は，全体のばらつきの大きさを測る分散という指標を介して計算されます。

5.2　分散と標準偏差

データから標準偏差を計算するためには，まず，**分散**を求めなければいけません。分散は，すべてのデータの値の偏差の２乗（**偏差平方**）の平均値として，以下の式で定義されます。

$$s^2=\frac{(x_1-\bar{x})^2+(x_2-\bar{x})^2+\cdots+(x_n-\bar{x})^2}{n}$$

$$=\frac{1}{n}\sum_{i=1}^{n}(x_i-\bar{x})^2$$

この式を表計算シートで表現すると，図表5-3のようになります。まず平均値$\bar{x}$を求め，次に偏差の列と偏差平方の列を計算し，それから偏差平方の合計（**偏差平方和**）を求め，それをデータの数nで割ると，分散になります。

図表5-3　偏差・偏差平方・分散

ケース番号	データの値	平均からの偏差	偏差の2乗（偏差平方）
1	x_1	$x_1-\bar{x}$	$(x_1-\bar{x})^2$
2	x_2	$x_2-\bar{x}$	$(x_2-\bar{x})^2$
3	x_3	$x_3-\bar{x}$	$(x_3-\bar{x})^2$
⋮	⋮	⋮	⋮
n	x_n	$x_n-\bar{x}$	$(x_n-\bar{x})^2$
合計	$x.$	0	$\sum_{i=1}^{n}(x_i-\bar{x})^2$
平均	$\bar{x}$	0	分散 $\sum_{i=1}^{n}(x_i-\bar{x})^2/n$

分散は，各データ値と平均との距離の2乗の平均に相当しますが，この平方根（ルート）をとって，データが平均から1個あたりどれくらい離れているかの距離のイメージに戻したものを標準偏差（standard deviation；SD）と言い，次式で定義されます。

$$s=\sqrt{分散}=\sqrt{\frac{1}{n}\sum_{i=1}^{n}(x_i-\bar{x})^2}$$

分散には単位がありませんが，標準偏差は，平均値と同様にデータと同じ単位（円，cm，kg など）を持ちます。標準偏差は**シグマ**と呼ばれたり，σ と表記されることもあります。簡単な例（万円で観測された5つのデータ）で，具体的に分散と標準偏差の計算を確かめてみましょう（図表5-4）。

図表5-4　偏差・分散・標準偏差

ケース番号	データの値（万円）	平均からの偏差（万円）	偏差の2乗（偏差平方）
1	9	−2	4
2	6	−5	25
3	12	+1	1
4	18	+7	49
5	10	−1	1
合計	55	0	偏差平方和　80
平均	11	0	分散　16

$$標準偏差=\sqrt{分散}=4万円$$

分散や標準偏差は，0か正の値をとります。0となるのは，すべてのデータの値が同じである状態を指します。データのばらつきが大きくなれば，平均より離れた位置に個々のデータが散らばっているため，分散や標準偏差は大きな値をとります。逆に，データのばらつきが小さければ，平均の近くに個々のデータが集まっているため，分散や標準偏差は小さな値になります（図表5-5）。

さて，最初の例に戻りましょう。もし，点数のばらつきの大きなクラスの標準偏差が30点，ばらつきの小さなクラスの標準偏差が10点と具体的に求められていたら，60点の成績，すなわち，+20点の偏差得点は，それぞれのクラスの標準偏差と比較して評価できます。つまり，ばらつきの大きなクラスでは標準偏差以内ということで，標準的な得点と

図表5-5　データのばらつきと分散・標準偏差の大小

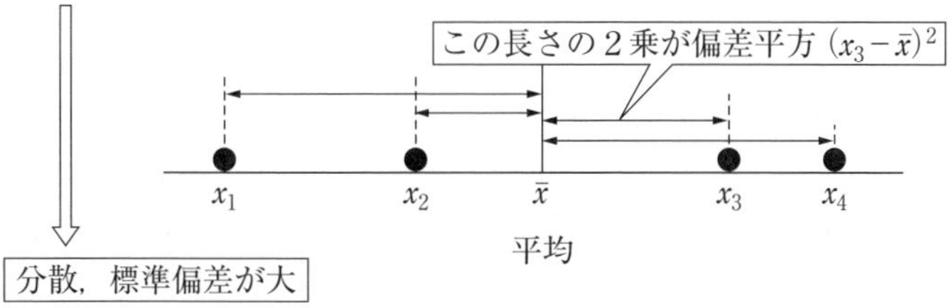

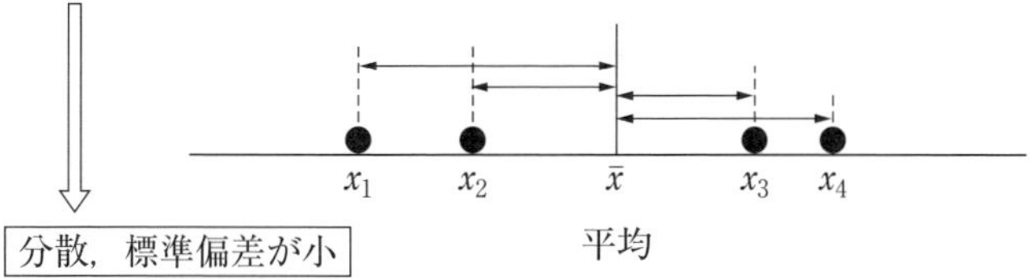

いうことになりますが，ばらつきの小さなクラスでは，平均から＋の方向に標準偏差の2倍も離れた点数になり，その点数以上の生徒は少ないという意味でかなり良い点数という評価になります。

このように，個別のデータの値は，全体のばらつきに対する相対的な位置付けで意味が変わってくるので，データの数字を読む上で，平均値だけではなく標準偏差を意識することはとても大切です。

不偏分散

分散を求める際に，偏差平方和をデータの数 n で割らずに，$(n-1)$ で割ったもの，$s^2=\frac{1}{n-1}\sum_{i=1}^{n}(x_i-\bar{x})^2$ をとくに，**不偏分散**，または**標本分散**と言っています。不偏分散から求められた標準偏差を**標本標準偏差**と言います。不偏分散は，いま手にしているデータのばらつきの大きさを表しているのではなく，そのデータから一般化される集団（母集団）のばらつきの大きさを表しています。つまり，データが母集団の一部（標本）であり，その一部分から背後の全体集団（母集団）のばらつきの大きさを見積もりたい場合に，不偏分散を使用します*。母集団の中には標本に含まれなかったより平均から外れた値が存在し，一般には，母集団の分布の分散は，標本のデータを母集団とみたてて計算される分散より大き目になると考えられます。そこで，分散の値が小さめに偏って推定されることを避け，大きめに補正し偏りのない（不偏な）分散の値を推定するという意味で，データ数nではなく，$(n-1)$で割った値を標本分散として使用します。

一般に，母集団の全数調査が行われることはまれなので，ほとんどのデータは標本データと考えられ，そのため分散，標準偏差というときは，とくに断らなければ不偏分散，標本標準偏差が求められています。Excel の関数の場合$(n-1)$で割った不偏分散がVAR関数，nで割った分散がVARP関数で計算されます。標準偏差についても，不偏分散から求められる標本標準偏差がSTDEV関数，nで割った分散から求められる標準偏差がSTDEVP関数で計算されます。データがどういう状況で取られていて何を求めたいのかを意識して，使い分けるようにしてください。

5.3 1シグマ2シグマ3シグマの法則

データのばらつき方が単峰で左右対称に近いヒストグラムを形成するような場合，平均値を中心として標準偏差（シグマ）を単位に，データのばらつきを大ざっぱに把握することができます。

単峰で左右対称に近いヒストグラムになだらかな曲線（正規分布の形状，図表5-6）を当てはめた場合に，

- 平均値±１×標準偏差（シグマ）の範囲に，データ全体の過半数（約 68.3%もしくは約 2/3）
- 平均値±２×標準偏差（シグマ）の範囲に，データ全体のほとんど（約 95.4%）
- 平均値±３×シグマの範囲に，データ全体のほとんどすべて（約 99.7%）

＊母集団と標本については，第９章を参照のこと。

のデータがそれぞれ含まれることが分かっています（図表５-７）。これを**１シグマ２シグマ３シグマの法則**と言います。

正規分布とは，単峰で左右対称な釣鐘型をした曲線です。ある区間にデータが生じる確率が，その区間と正規分布の曲線が囲む面積に対応する確率分布モデルの代表的な１つです。

正規分布は，平均値と標準偏差の２つの値でその曲線の形状が１つに決まります。すなわち，データの持つばらつきの情報が２つの数字で要約できることになります。平均値と標準偏差が対で使用される理由は，

図表５-６　正規分布の曲線

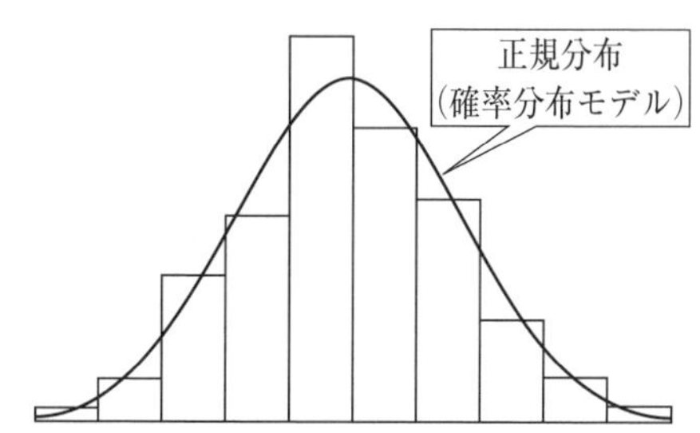

図表５-７　１シグマ２シグマ３シグマの法則

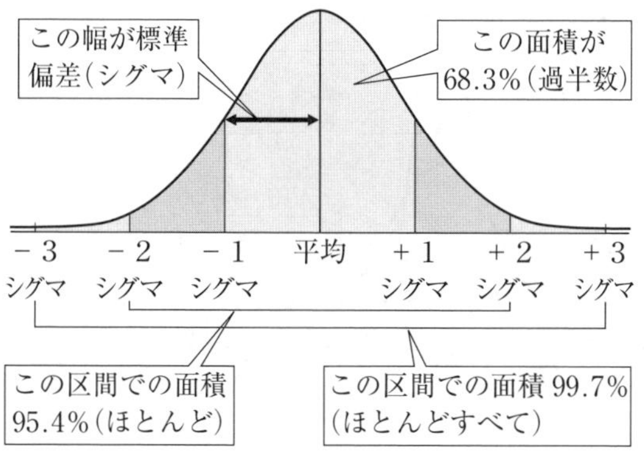

背景にこの正規分布の仮定があるからです。平均値と標準偏差に具体的にいろいろな値を代入することで，単峰で対称な分布を示す量的なデータのばらつき方のモデルとして，広く使用することができます（図表5-8）。

実際のデータから得られるヒストグラムは，単峰で完全に左右対称な形状を示すことはありませんので，この1シグマ2シグマ3シグマの法則をデータ上で適用する場合は，あくまでも大体の目安と考えます。

ここで，集団全体の平均値と標準偏差の2つの数字だけで，中心傾向（平均値から両端の方向に大体過半数のデータをつかむ範囲）を平均値±1標準偏差（シグマ）の範囲で捉えることができるという点が重要です。また，平均から±3倍の標準偏差以内に収まらないデータは，わずか0.3%しかないことも覚えておきましょう。これは，いわゆる「千三つ」と言われ，とてもまれにしか起こらないことを意味する数字です。統計的には，まれにしか起こらないデータが生じた場合，何らかの特別な原因がある可能性を疑います。

図表5-9は，2016年シーズン中に北海道日本ハムファイターズに所

図表5-8　いろいろな正規分布 N（平均，標準偏差^2）

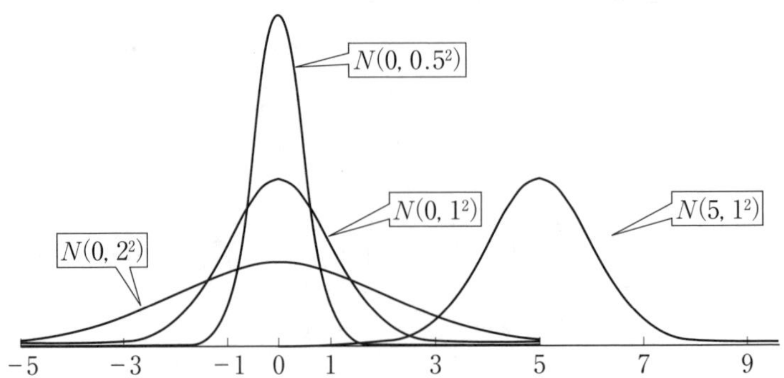

属していた大谷翔平投手が投げた球種別の球速の分布を表しています。ヒストグラムの形状や平均値と中央値がほぼ同じ値を示すことからも，単峰で左右対称な分布に近いと考えてよい例です。

ここで実際に平均値±1標準偏差以内に全体の何％の投球が含まれるのか確かめてみると，ストレートの場合，この範囲に64.3％の投球が含まれ，また，スライダーの場合は70.1％の投球が含まれており，いずれもシグマの法則による68％に近い値が出てきています。

図表5-9には，2010年のダルビッシュ有投手と2022年の佐々木朗希投手のストレートの球速の基本統計量も記載しています。佐々木投手の平均値が最も高いことや，その一方で，標準偏差が最も小さく，安定して速いストレートを投げることが基本統計量から確認できます。

図表5-9　大谷投手の球種別の球速分布（2016年）

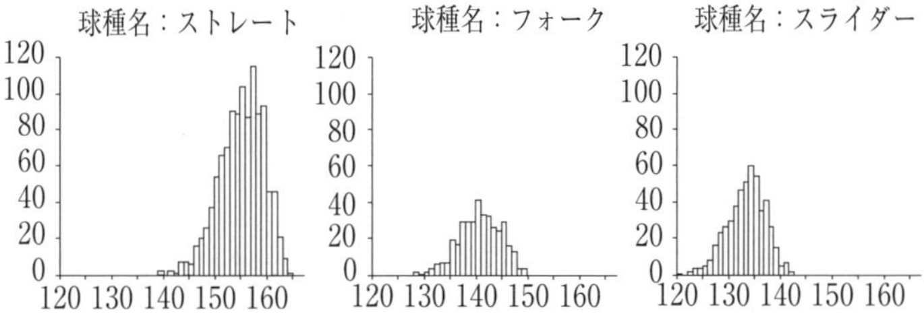

	データ数	平均値（km/h）	中央値（km/h）	分散	標準偏差（km/h）
ストレート	1,106	154.7	155.0	17.60	4.2
フォーク	374	140.3	140.0	16.98	4.1
スライダー	493	133.1	133.0	14.51	3.8
ストレート（ダルビッシュ有）2010年	930	146.0	146.0	8.78	2.9
ストレート（佐々木）2022年	970	158.3	158.0	6.45	2.5

※データ（ケース）数は球速を計測できた球のみ対象

データ提供：データスタジアム㈱

<シミュレーションを動かして確認してみよう！>

「身近な統計」Web 版補助教材（https://www.ouj.ac.jp/mijika/）内の「シミュレーション統計グラフ」では「正規分布」でいろいろな正規分布の形状が確認できます。

・正規分布

●手順

・ステップ１　右側のボタンをクリックするとページにアクセスできます。 リンク ＞
（The University of Iowa, College of Liberal Arts & Sciences Mathmatical Sciences の Matt Bognar 先生が管理しているサイトです。）

・ステップ２　平均μ，標準偏差σの値を変更して，グラフを確認してみましょう。

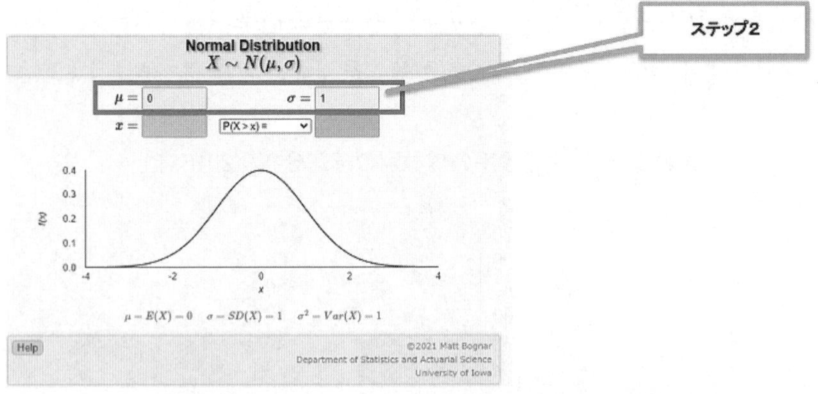

参照：University of Iowa,「Normal Distribution Applet/Calcurator」,
URL: https://homepage.divms.uiowa.edu/~mbognar/applets/normal.html

5.4　標準得点（z スコア）と偏差値

１シグマ２シグマ３シグマの法則から，データのばらつきを測る単位としての標準偏差の役割が理解できたと思います。実際，個々のデータの値の全体における位置付けは，その値の平均からの偏差得点で測るのではなく，偏差得点を標準偏差で割った値（標準偏差を１としたときの偏差得点の相対値）で評価します。この値を**標準得点**または***z* スコア**と言います。また，データを標準得点に変換することを**データの標準化（基準化）**と呼んでいます。

$$\text{標準得点}(z\,\text{スコア}) = \frac{\text{データの値} - \text{平均}}{\text{標準偏差}}$$

例えば，国語のテストの点数が85点，算数のテストの点数が55点だった場合に，どちらの点数が良かったのかという問題を標準得点で考えてみましょう。全体での国語の点数の平均値は70点，標準偏差は10点，算数の平均値は40点，標準偏差は5点だったとします。どちらの科目でも，平均からの偏差得点は+15点ですが，標準得点（zスコア）は，国語が+1.5点，算数が+3点となり，もともとの点数の高低に反して，算数の方がかなり良い成績だったということが分かります。このようにデータの値の標準得点を求めることで，全体の中での相対的位置付けが分かり，異なる集団での得点の比較が容易になってきます。

標準得点に直したデータの平均は0で，標準偏差は1となります。つまり，標準得点が0点に近ければ，全体の平均点に近いことを意味し，標準得点が±1点，±2点，±3点の位置は，それぞれ平均から±1シグマ，±2シグマ，±3シグマの位置に対応します。

標準得点を得点として更にイメージしやすくするために，全体での平均が50点，標準偏差が10点になるように変換した値が，一般に使用されている**偏差値**です。偏差値とは，標準得点の値を10倍して（これで，標準偏差の大きさが1から10に変わります），更に50点を足した値です（これで平均が0から50に変わります）。例えば，偏差値で80点とは，ちょうど平均50点から+3シグマの値になるので，これ以上の得点を取る人は全体の約0.15%しかいない非常に高い得点ということになります。

偏差値＝標準得点×10＋50

先ほどの例での国語の点数 85 点は標準得点が+1.5 点なので，偏差値では 65 点，算数の点数 55 点は標準得点が＋ 3 点なので，偏差値は 80 点となります。

2022 年，オリックスの村上宗隆選手のホームランの記録は 56 本でした。この年の規定打席以上の選手 48 人のホームラン数の分布は，平均 13.6 本，標準偏差 11.1 本です。村上選手の 56 本の記録は，標準得点で+3.82 点，偏差値では 88.2 点となります。

ちなみに，知能指数は，もとの得点を全体での平均が 100 点，標準偏差が 15 点になるよう変換した得点です。

コラム：四分位偏差

分布が左右対称であれば平均値と中央値が同じ値になり，分布の中心位置と考えることができます。また，第 1 四分位数と第 3 四分位数も下の図のように中央値を中心に対称に位置します。このとき，四分位範囲（p.67）の半分の値をとくに，四分位偏差と言い，

"中央値±四分位偏差"で中心 50%のデータ

が集中する区間を捉えることができます。

四分位偏差

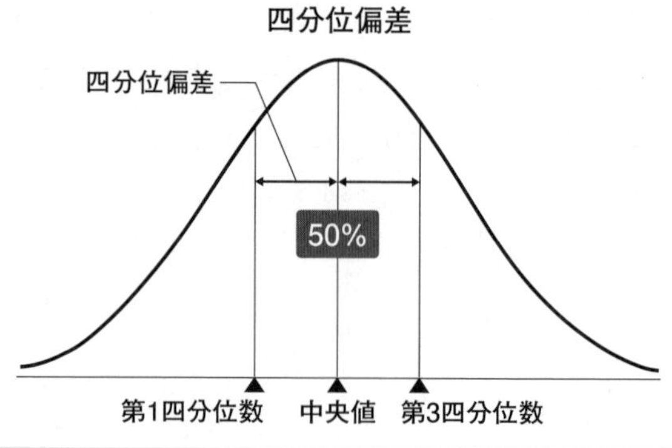

＜作成してみよう！＞

※「身近な統計」Web 版補助教材（https://www.ouj.ac.jp/mijika/）内の「エクセル操作」で作成用 Excel データと作成手順を公開しています。

・分散（図表５－４）

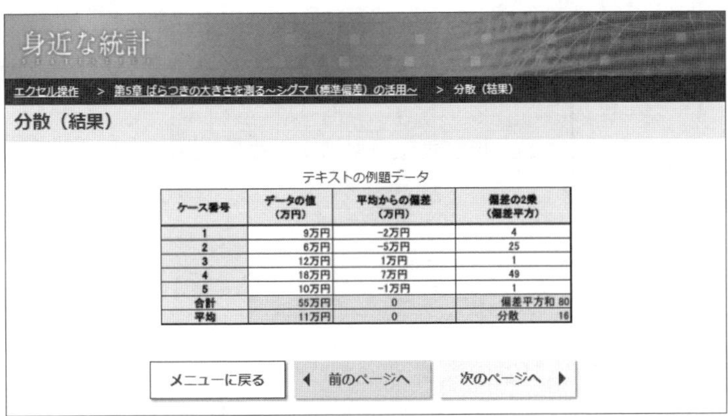

ケース番号	データの値（万円）	平均からの偏差（万円）	偏差の2乗（偏差平方）
1	9万円	-2万円	4
2	6万円	-5万円	25
3	12万円	1万円	1
4	18万円	7万円	49
5	10万円	-1万円	1
合計	55万円	0	偏差平方和 80
平均	11万円	0	分散 16

・標準偏差（図表５－４より）

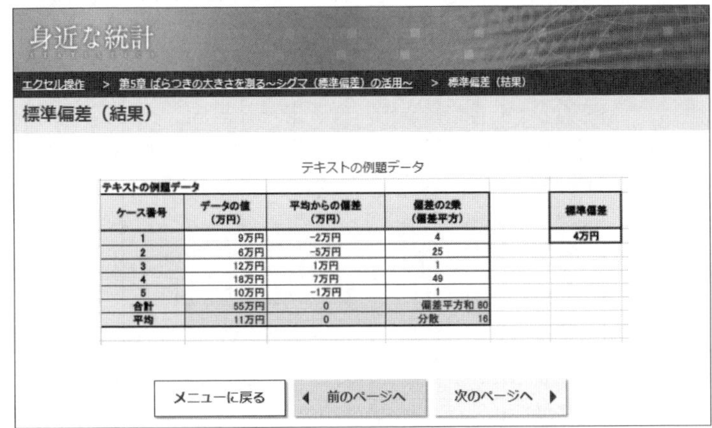

テキストの例題データ

ケース番号	データの値（万円）	平均からの偏差（万円）	偏差の2乗（偏差平方）
1	9万円	-2万円	4
2	6万円	-5万円	25
3	12万円	1万円	1
4	18万円	7万円	49
5	10万円	-1万円	1
合計	55万円	0	偏差平方和 80
平均	11万円	0	分散 16

標準偏差
4万円

・不偏分散(図表５－４より)

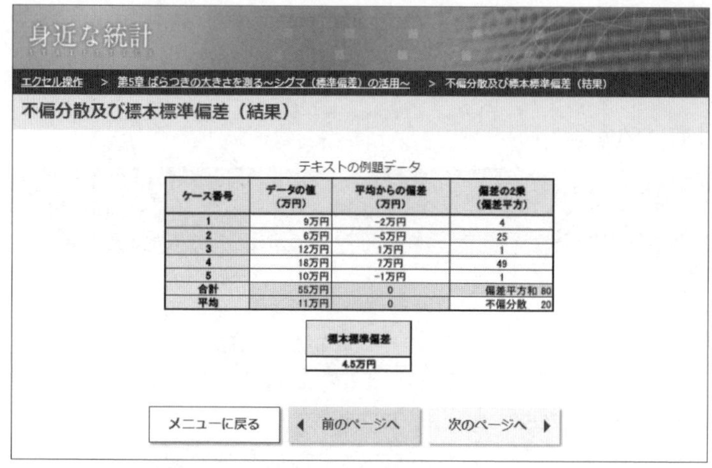

身近な統計

エクセル操作　>　第5章 ばらつきの大きさを測る～シグマ（標準偏差）の活用～　>　不偏分散及び標本標準偏差（結果）

不偏分散及び標本標準偏差（結果）

テキストの例題データ

ケース番号	データの値（万円）	平均からの偏差（万円）	偏差の2乗（偏差平方）
1	9万円	-2万円	4
2	6万円	-5万円	25
3	12万円	1万円	1
4	18万円	7万円	49
5	10万円	-1万円	1
合計	55万円	0	偏差平方和 80
平均	11万円	0	不偏分散　20

標本標準偏差
4.5万円

メニューに戻る　◀ 前のページへ　次のページへ ▶

・偏差値(プロ野球打者の成績データ)

身近な統計

エクセル操作　>　第5章 ばらつきの大きさを測る～シグマ（標準偏差）の活用～　>　偏差値　プロ打者の成績データ　2021年（結果）

偏差値　プロ打者の成績データ　2021年（結果）

2021年　日本野球機構オフィシャルサイトより

選　手	チーム	打率	本塁打	偏差値(打率)	偏差値(本塁打)
鈴木 誠也	(広)	0.317	38	67.1	70.6
坂倉 将吾	(広)	0.315	12	66.3	46.5
牧 秀悟	(デ)	0.314	22	65.8	55.8
近本 光司	(神)	0.313	10	65.4	44.6
桑原 将志	(デ)	0.310	14	64.2	48.3
佐野 恵太	(デ)	0.303	17	61.2	51.1
宮﨑 敏郎	(デ)	0.301	16	60.4	50.2
小園 海斗	(広)	0.298	5	59.1	39.9
大島 洋平	(中)	0.292	1	56.6	36.2
西川 龍馬	(広)	0.286	12	54.1	46.5
糸原 健斗	(神)	0.286	2	54.1	37.2
中村 悠平	(ヤ)	0.279	2	51.2	37.2
塩見 泰隆	(ヤ)	0.278	14	50.8	48.3
村上 宗隆	(ヤ)	0.278	39	50.8	71.6
菊池 涼介	(広)	0.277	16	50.4	50.2
ビシエド	(中)	0.275	17	49.5	51.1
松原 聖弥	(巨)	0.274	12	49.1	46.5
中野 拓夢	(神)	0.273	1	48.7	36.2
山田 哲人	(ヤ)	0.272	34	48.3	66.9
坂本 勇人	(巨)	0.271	19	47.8	53.0
丸 佳浩	(巨)	0.265	23	45.3	56.7
岡本 和真	(巨)	0.265	39	45.3	71.6
大山 悠輔	(神)	0.260	21	43.2	54.8
高橋 周平	(中)	0.259	5	42.8	39.9
オスナ	(ヤ)	0.258	13	42.4	47.4
マルテ	(神)	0.258	22	42.4	55.8
青木 宣親	(ヤ)	0.258	9	42.4	43.7
京田 陽太	(中)	0.257	3	42.0	38.1
サンズ	(神)	0.248	20	38.2	53.9
佐藤 輝明	(神)	0.238	24	34.0	57.6
ソト	(デ)	0.234	21	33.3	54.8

6　格差を測る
～ローレンツ曲線とジニ係数～

《目標＆ポイント》 前章では，データのばらつきの大きさを標準偏差（シグマ）を単位として測る方法を勉強しました。この章の前半では，標準偏差を日常のばらつきの管理に活用したグラフとして，管理図や成長曲線グラフを紹介し，ばらつきの大きさを相対的に捉える指標として変動係数を解説します。また，ばらつきの形状を測る指標として歪度（わいど）と尖度（せんど）の意味と読み方を説明します。

後半は，データのばらつきを分配の視点から捉え，“格差”という概念を視覚化したグラフとしてローレンツ曲線および格差を計量化した指標としてジニ係数について解説します。

《キーワード》 管理図，成長曲線グラフ，変動係数（CV），歪度，尖度，ローレンツ曲線，ジニ係数

6.1　ばらつきの管理　～管理図と変動係数～

平均値や中央値は，分布の中心を知る上で重要な指標となる統計量ですが，１つの数字のみではデータのばらつきを要約することはできないので，私たちは，常にばらつきの幅（分布の広がり）を意識する必要があります。そこで，分布の中心傾向を幅をもって評価する方法として，第１四分位数，第２四分位数（中央値），第３四分位数の３つの数字による３点要約の方法や，分布の対称性を仮定した場合の平均値と標準偏差の２つの数字を使った２点要約の方法を勉強しました。

データのばらつきの幅を意識して，一般にシステムの状態の管理，いわゆる“ばらつきの管理”を行うグラフとして，管理図や成長曲線グラフがあります。

6.1.1　管理図（control chart）

管理図は，1930 年にアメリカ人のウォルター・A・シューハートによって開発され，主に製造業における品質管理の分野で多く使用されているグラフです。パレート図やヒストグラムと並んで，「品質管理７つ道具」と呼ばれる，品質管理を実行する上での必要不可欠な道具の１つです。

管理図は，前章で解説した１シグマ２シグマ３シグマの法則を応用したグラフで，もともとは工場における製造ラインの状態をチェックするためのものです。しかし，日常的にデータが発生する状態やシステムがあれば，その状態やシステムの管理，安定状態と異常状態のチェックに広く応用できるグラフです（図表６-１）。横軸に，データの取られた時

図表６-１　図表-管理図（control chart）

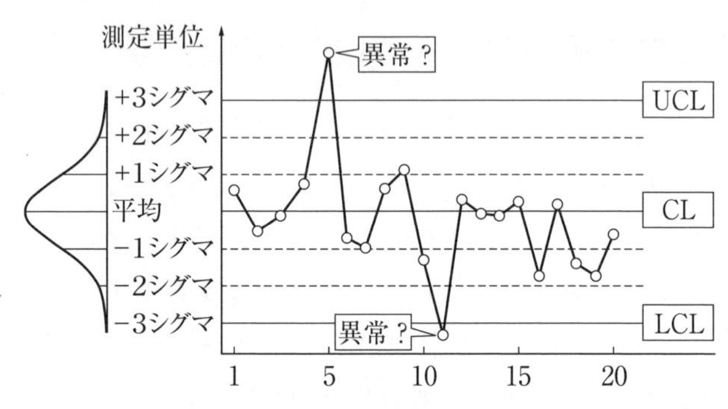

CL（中心線）　　　　　：平均値
UCL（上部管理限界線）：平均値＋３×標準偏差
LCL（下部管理限界線）：平均値−３×標準偏差

間的な順番に対応する番号，縦軸は，データの測定単位が対応します。中心のラインが測定値の平均値を示す中心線（center line）で，そこから上下にそれぞれ平均±1シグマ(標準偏差)，平均±2シグマ，平均±3シグマのラインが引かれています。とくに±3シグマのラインを**管理限界線**と言い，異常状態の判定のチェックに使います。上のラインを**上部管理限界線**（upper control limit；UCL），下のラインを**下部管理限界線**（lower control limit；LCL）と呼んでいます。±3シグマを限界線に採用する理由が，前章で説明した“千三つ”のルールです。安定（標準）状態における正規分布モデルから見た場合，±3シグマを超える可能性はわずかに0.3%しかないので，それを超えたら安定状態ではないだろうと判断した方がよいという考え方です。

データのばらつきが単峰で対称性を示す正規分布で近似できる場合に，データ自身をプロットしていくx**管理図**や複数のデータ（群）の平均値が正規分布で近似できる性質を利用して，群平均値をプロットしていく$\bar{x}$**管理図**など，プロットする測定値の違いによりいくつかの種類があります。しかし，測定値の標準状態（管理状態）での平均値や標準偏差の値を使って，具体的な中心線や上部（下部）管理限界線値を決める考え方は，どの管理図でも共通です。

管理図上に測定値を取得順にプロットしていき，すべての点が上下2本の管理限界線内にあり，点の並び方に傾向がなければ，“安定状態にある”と見なすことができます。しかし，点が限界外に出た場合，または点の並び方に傾向（ランダムネスからのずれ）が表れた場合には，“安定状態にない”ことを疑い，異常状態が生じていると判断して，その原因を調べて処置をとる必要が出てきます。JIS*（2016年版）では，「管理図」における異常判定ルールを以下のように定めています。

① 上部（下部）管理限界線を超えている（管理限界のルール）

---

*JIS（Japanese Industrial Standards日本工業規格）は，日本の工業標準化の促進を目的とする工業標準化法（昭和24年）に基づき制定された国家規格である。

② 連続する9点が中心線に対して同じ側にある（連のルール）
③ 連続する6点が増加，または減少している（上昇・下降のルール）
④ 14の点が交互に増加，または減少している（交互増減のルール）
⑤ 連続する3点中，2点が±2シグマを超えた領域にある（限界線接近のルール）
⑥ 連続する5点中，4点が±1シグマを超えた領域にある（1σ外のルール）
⑦ 連続する15点が±1シグマ内に存在する（中心化傾向のルール）
⑧ 連続する8点が±1シグマを超えた領域にある（連続1σ外のルール）

6.1.2 成長曲線グラフ（growth curve chart）

管理図のほかに，シグマの法則を利用して標準状態からの乖離を見るグラフに，保健所や病院などで配布されている**成長曲線**のグラフがあります。身体計測の調査データ*から男女別の日本人の年齢に応じた身長

図表6-2 成長曲線SD値

横断的標準身長・体重曲線（0～18歳）男子（旧SD表示）
（2000年度乳幼児身体発育調査・学校保健統計調査）

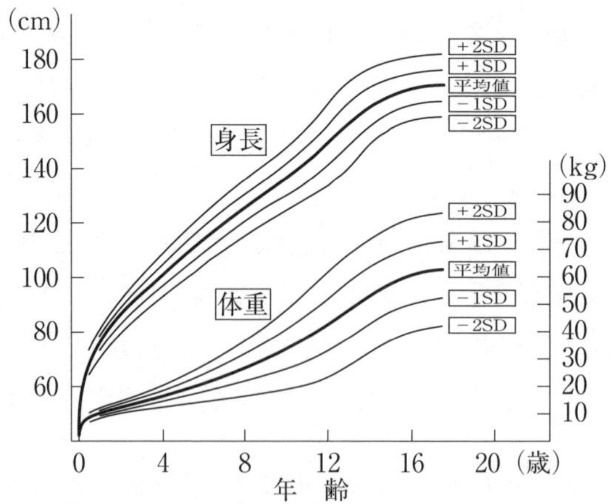

監修：藤枝憲二　著者：加藤則子，伊藤義也，立花克彦
発行所：ヴイリンク

*乳幼児身体発育調査・学校保健統計調査

と体重の分布を求め，その情報をもとに，標準的な成長のパターンがわかるように作成されています。成長曲線グラフに，自分の年齢に応じて身体計測の結果をプロットしていくことで，成長の状態を年齢軸に沿って標準状態と比較することが可能になります。医療現場の多くで以前に使用されていた旧SD曲線による成長曲線は，平均線及び平均から±1標準偏差（SD），±2標準偏差（SD）の位置の線を曲線で示したグラフです（図表6-2）。この旧SD法成長曲線では，標準偏差は「平均値から確率的に見てどれくらい離れているかを表す単位」として利用されています。

つまり，平均値±2SD（標準偏差）を標準範囲の基準としてみていることに相当します。

標準偏差を利用して標準範囲を決める考え方の背景には，身長の高い方向と低い方向，または体重の重い方向と軽い方向に対称に分布することが前提となっています（正規分布することの仮定）。ところが，身長の分布はほぼ対称に正規分布すると考えてもいいのですが，体重に関しては対称性が崩れた右に歪んだ分布をしていることが分かっています。

そこで，分布の対称性を仮定しないパーセント点を利用した成長曲線グラフが，平成28年から教育現場で使われるようになりました（図表6-3）。ここでは，平均値と標準偏差のかわりに，**パーセント点（百分位数）**が利用されています。パーセント点とは，データを大きさの順に並べたときに，値の小さな方から数えてちょうどある割合（α%）にデータが分かれる値*を言います（4.6節参照）。

パーセント点を利用した成長曲線グラフでは，50%点（中央値）のラインを中心に，25%点（第1四分位数）と75%点（第3四分位数）の2本のラインがあり，この間が平均的な半数（50%）の日本人の傾向を表しています。同様に，10%点と90%点の2本のラインの間で平均的

*値の小さな方向から見て，α%に分かれる値を下側α%点，値の大きな方向から見て，α%に分かれる値を上側α%点と言う。

図表6-3　成長曲線のパーセントのグラフ

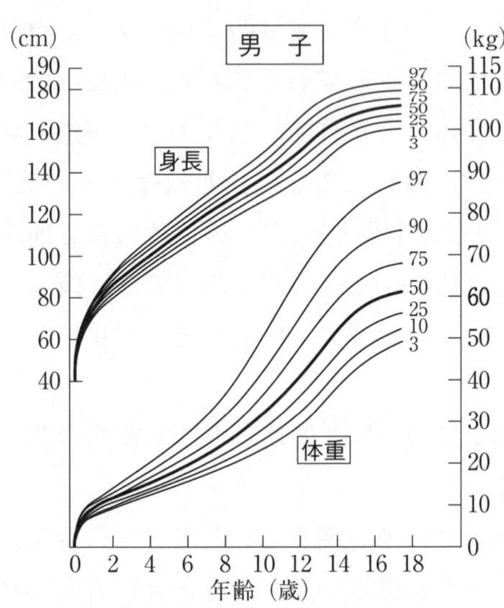

出典：加藤則子，村田光範，河野美穂ほか：0歳から18歳までの身体発育基準について―食を通じた子どもの健全育成のあり方に関する検討会報告書より―，小児保健研　63:345-348，2004

な日本人の80%の傾向，両端の3%点と97%点の間で94%の平均的な日本人の傾向を表していることになります。

グラフから，身長の成長曲線は，50%点（中央値）を中心に対称性が現れていますが，体重は大きな値に離れる方向に裾が広がっていることが分かります。したがって，少なくとも体重に関して，標準偏差（SD）を使って，傾向をつかむのは不適切であることが分かります。

新SD曲線による成長曲線は，身長・体重の非対称分布を対称性のある正規分布に変換し，そこでの平均値，SD値を求め，逆変換によって求められています。そのため，新SD曲線は，旧SD曲線とは形状が異なり，パーセント点による成長曲線と似た形状になっています（図表6-3）。

6.1.3　変動係数（相対標準偏差）

標準偏差は，ばらつきの大きさ（分布の幅）を測る指標で，その大小がデータのばらつきの大きさと対応しています。しかし，標準偏差によるばらつきの大きさの比較は，各グループの平均値が同じような値のときには有効ですが，平均値の大きさが異なれば，標準偏差の値が同じでもばらつきの実質的な意味が違ってきます。

例えば，２つの銘柄 A，B の株価の変動を考えてみましょう。銘柄 A は平均 1,000 円の近辺で，銘柄 B は平均 100,000 円の近辺でばらついているとします。もし標準偏差が同じ 500 円だったとしても，ばらつきの感覚は２つの銘柄で大きく異なるでしょう。銘柄 A の場合は，500 円の変化の幅は，平均に比べて 50％もあるのに対して，銘柄 B の場合は，わずか 0.5％にすぎません。このように標準偏差を平均値と比較することで，その値の大きさを相対的に評価することができます（図表 6-4）。

標準偏差を平均値に対して相対的に評価する指標を**変動係数**（CV；coefficient of variation）または**相対標準偏差**と言い，次の式で計算されます。

$$CV = \frac{標準偏差}{平均値}$$

変動係数 CV は一般に，％で表示されます。

図表 6-4　標準偏差と変動係数

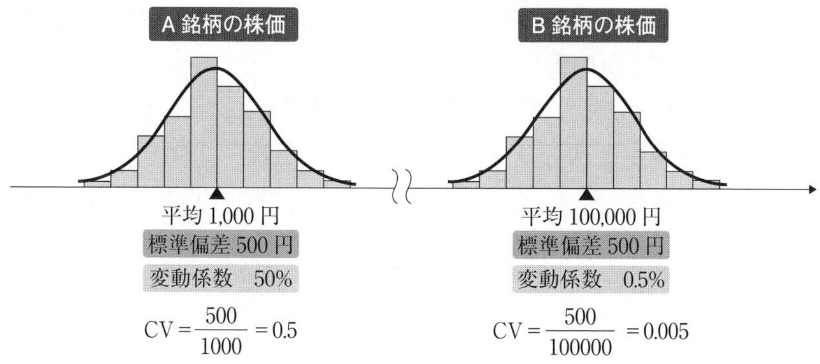

図表6－5　世帯消費支出金額の変動係数（2018年）

品目	変動係数CV（%）
食料	47.9
光熱・水道	62.6
教育	557.3
住居	550.6

出典：家計調査（総務省統計局）

図表6－5は，平成30年家計調査結果から計算された世帯別支出金額のばらつきの変動係数の値です。表から食料費や光熱・水道費に比べて，住居費用や教育費用にかける支出の世帯間での変動がより大きいことが読み取れます。

変動係数は標準偏差と異なり，単位に依存しない指標なので，平均だけではなく単位の異なる集団のばらつきの大きさの比較にも使用することができます。また，計測機器の信頼性の指標としてもよく使用される指標です。

6.1.4　四分位分散係数

もとのデータの分布が歪んでいる場合や外れ値が含まれる場合，平均値や標準偏差の指標に信頼性がなくなるので，変動係数も同様に不適切な指標となります。その場合，平均値の代わりに中央値を，標準偏差の代わりに四分位範囲を２で割った値（四分位偏差）を使った**四分位分散係数**が使われます（図表6－6）。

図表6－7は，平成28年賃金構造基本統計調査による，性・年齢別賃金の四分位グラフと四分位分散係数表です。男性，女性ともに60歳までは年齢が上がるにつれて，賃金格差が大きくなっていることが，グラ

図表6-6　四分位分散係数

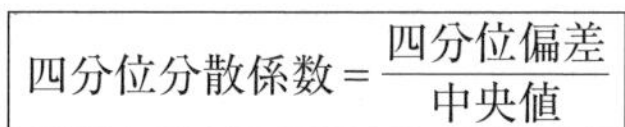

$$四分位偏差=\frac{四分位範囲}{2}$$

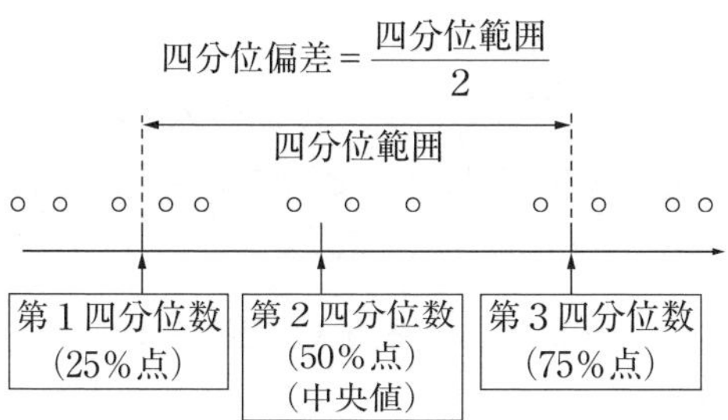

図表6-7　性・年齢別賃金の四分位グラフ（2022年）

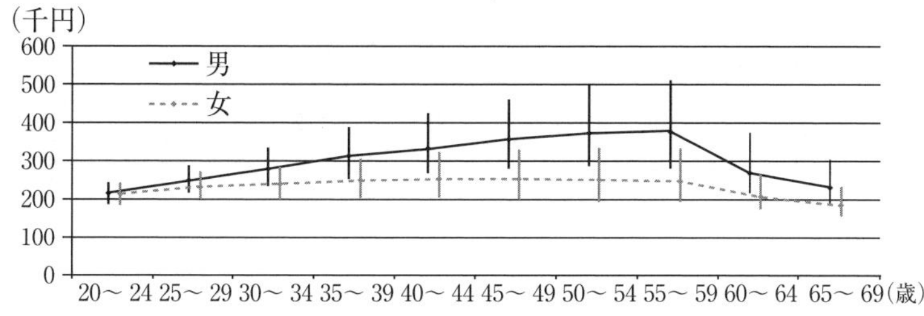

四分位分散係数表

	20～24歳	25～29歳	30～34歳	35～39歳	40～44歳	45～49歳	50～54歳	55～59歳	60～64歳	65～69歳
男	0.11	0.13	0.16	0.20	0.22	0.24	0.27	0.30	0.29	0.25
女	0.12	0.14	0.17	0.20	0.22	0.23	0.26	0.27	0.22	0.19

出典：賃金構造基本統計調査（総務省統計局）

フや四分位分散係数表から分かります。

6.2　非対称性と外れ値検出のための指標～歪度と尖度～

分布の中心位置とばらつきの大きさに関する指標に加えて，基本統計量の中には，分布の形状に関する指標として，歪度と尖度があります。これらはそれぞれ，分布の非対称性の程度や外れ値の存在を表す指標です。

歪度（skewness）は，標準得点（z スコア）の３乗の平均として計算されます。標準得点にすることで，分散の大きさと無関係に，分布の歪みの方向性を教えてくれる指標となります。尖度は標準得点の４乗の平均を基に定義された数です（図表６-８）。

図表６-８　歪度・尖度の計算

ケース番号	データの値（万円）	平均からの偏差（万円）	偏差の２乗（偏差平方）	標準得点の３乗	標準得点の４乗
1	x_1	$x_1-\bar{x}$	$(x_1-\bar{x})^2$	$\left(\frac{x_1-\bar{x}}{s}\right)^3=z_1{}^3$	$\left(\frac{x_1-\bar{x}}{s}\right)^4=z_1{}^4$
2	x_2	$x_2-\bar{x}$	$(x_2-\bar{x})^2$	$\left(\frac{x_2-\bar{x}}{s}\right)^3=z_2{}^3$	$\left(\frac{x_2-\bar{x}}{s}\right)^4=z_2{}^4$
3	x_3	$x_3-\bar{x}$	$(x_3-\bar{x})^2$	$\left(\frac{x_3-\bar{x}}{s}\right)^3=z_3{}^3$	$\left(\frac{x_3-\bar{x}}{s}\right)^4=z_3{}^4$
⋮	⋮	⋮	⋮	⋮	⋮
n	x_n	$x_n-\bar{x}$	$(x_n-\bar{x})^2$	$\left(\frac{x_n-\bar{x}}{s}\right)^3=z_n{}^3$	$\left(\frac{x_n-\bar{x}}{s}\right)^4=z_n{}^4$
合計	$x.$	0	$\sum_{i=1}^{n}(x_i-\bar{x})^2$	$\sum_{i=1}^{n}z_i{}^3$	$\sum_{i=1}^{n}z_i{}^4$
平均	$\bar{x}$	0	分散 $s^2=\frac{1}{n}\sum_{i=1}^{n}(x_i-\bar{x})^2$	$\frac{1}{n}\sum_{i=1}^{n}z_i{}^3$	$\frac{1}{n}\sum_{i=1}^{n}z_i{}^4$
				歪度 β_1	尖度 β_2

歪度は，もし分布が対称であれば０に近い値となり，プラスの方向（右）に裾を引く歪んだ分布の場合は，平均より極端に大きな値があるので，大きな正の値になります。逆に，マイナス方向（左）に歪んだ分

図表6-9　歪度と分布の関係

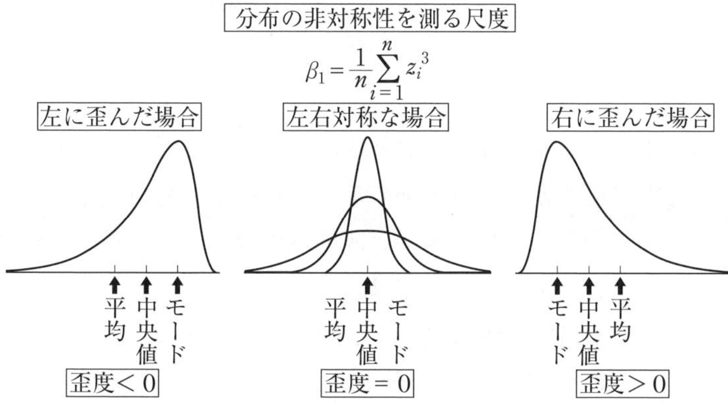

布に対しては，歪度は負の値になります（図表6-9）。

尖度（kurtosis）は，標準得点の4乗の平均値として定義されます（図表6-8のβ_2参照）。とくに，外れ値を含まない同質集団の確率分布モデルである正規分布の場合は，β_2で定義された尖度の値がちょうど3になることから，β_2から3を引いた値を尖度とする定義もあります（図表6-10のβ_2'参照）。ExcelのKURT関数で尖度が計算できますが，これはβ_2'を採用しています。β_2の場合は3を基準に，また，β_2'の場合は0を基準に，その値より大きいか小さいかで外れ値の有無を判

図表6-10　尖度と分布の関係

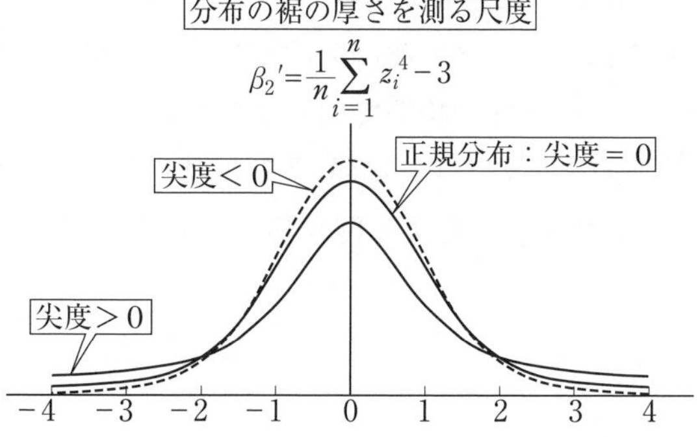

定します。大きい場合は，外れ値が存在する可能性があります。ただし尖度の大きさだけでは，どの方向に外れているのかは分かりませんので，歪度の値と組み合わせて外れ値の方向性を判断するとよいでしょう。

図表6-10は，正規分布の尖度を0として示した例です。正規分布に比べて，分布の両端が厚い（両端のデータが起こり易い）分布は尖度が正の大きな値になり，逆に，両端が薄い（両端のデータが起こり難い，データが中心に寄っている）分布は，尖度が負の小さな値になります。例えば，後出のP. 172で出てくる自由度νのt分布は，$\nu > 4$のとき，尖度$= 6/(\nu - 4)$を持ち，正規分布に比較して分布の両側の裾が厚い分布となります。t分布の自由度が大きくなれば尖度は0に近づき，標準正規分布に近似できることがわかります。

6.3　格差を測る　~ローレンツ曲線とジニ係数~

データを統計的に分析する主目的は，日常，個々の状況から主観的に判断している概念的な要素をデータに基づいて計量化あるいは，視覚化することで，誰もが納得のいく客観的な判断基準を導くことにあります。この節では，“格差”という，よく使用される概念を視覚化するためのグラフ：**ローレンツ曲線**（Lorenz curve）と，それを計量化した指標である**ジニ係数**（Gini's coefficient）を紹介します。

6.3.1　分配の視点から格差を見る

ローレンツ曲線は，データの総計を計算しそれが個々の対象に分配されるとした場合，その分配が均等であるか不均等であるか，また，不均等であればその程度はどれくらいかを見る曲線です。分配額を小さい順に並べた上で，分配対象の度数に関する累積比率を横軸（X軸）に，分配数量の累積比率を縦軸（Y 軸）に取って，それぞれの階級の点をプロットした，下に凸な弓形の曲線になります（図表6-11）。

図中の $y=x$ を表す直線は，分配される側の度数の累積比率と分配数量の累積比率が同じになる**均等分配線**を表しています。また，下の $y=0$ の水平な直線と $x=100$ の垂直な直線は，格差が最大の状態，いわゆる1人ですべてを占領する独り占めの状態を表しています。一般の不均一な分配を表すローレンツ曲線はこの間にあり，均等分配線から離れて下にふくらむほど，格差が大きいと解釈します。

図表6-11　ローレンツ曲線（Lorenz curve）

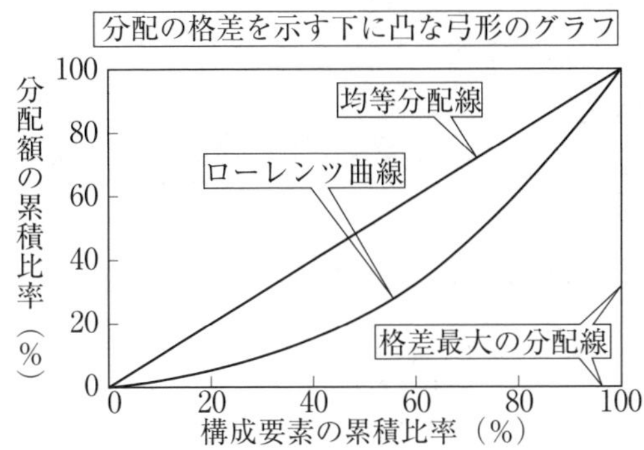

図表6-12　ジニ係数（Gini's coefficient）

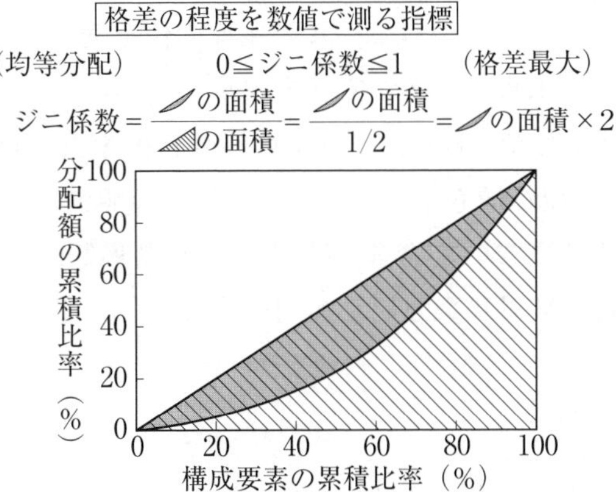

ジニ係数は，この格差の程度を計量化した指標で，均等分配線とローレンツ曲線で囲まれる弓形の面積を基に計算されます。面積は格差のない状態で0，最大格差の状態で下三角形の面積*（1/2）となるので，ジニ係数は最大格差が1となるように，弓形の面積を2倍して求められます（図表6-12）。

6.3.2 計算例

社員が3人しかいない会社A，B，Cの給与格差（図表6-13）を例に，ローレンツ曲線とジニ係数を求めてみましょう。ローレンツ曲線を描くための数値座標は，一般に以下の手順で計算されます。

① 分配額を小さい順に並べ替える。

② 分配額の構成比率，累積構成比率を求める。

③ 分配される対象の度数の構成比率，累積構成比率を計算する。

図表6-13　会社A，B，Cの給与格差

社員	A社	B社	C社
1	100	100	10
2	200	300	50
3	300	500	100

図表6-14はA社の場合の具体的な計算結果とローレンツ曲線を表しています。また，ジニ係数は，この座標の値を使って，図表6-15の面積計算によって求めることができます。

図表6-16は，A社，B社，C社での給与格差を表すローレンツ曲線です。格差はA社が最も小さく，B社，C社の順に大きくなっています。図表6-17は，この場合の標準偏差，変動係数，ジニ係数の値です。ジニ係数は，変動係数と同じ傾向を示します。これは，ジニ係数が

＊%表示をしていない下で計算。

変動係数同様，単位や全体の総計の額に依存しないばらつきの大きさを表した指標だからです。

図表６-14　Ａ社の給与分配に関するローレンツ曲線の作成

Ａ社

給与の金額は小さい順に並び替え

社員			給与		
度数	累積	累積比率(%)	金額	累積	累積比率(%)
	0	0.0		0	0.0
1	1	33.3	100	100	16.7
1	2	66.7	200	300	50.0
1	3	100.0	300	600	100.0

人数の累積比率を横軸に

給与の累積比率を縦軸に

(%)
100
80
60
40
20
0
0　20　40　60　80　100(%)
(0, 0)
(33.3, 33.3)
(66.7, 66.7)
(100, 100)
(33.3, 16.7)
(66.7, 50.0)

図表６-15　ジニ係数の計算の仕方

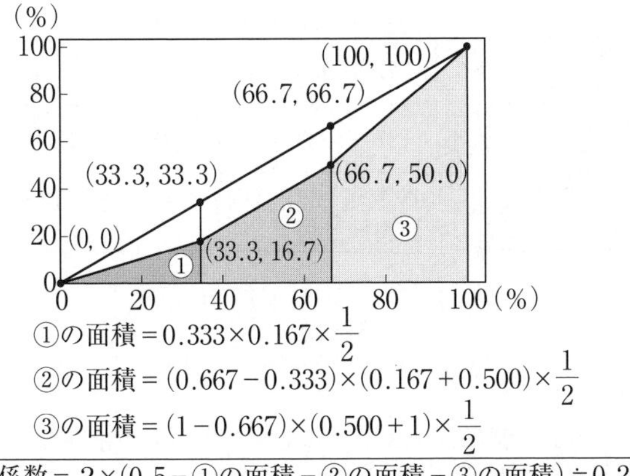

$$①の面積 = 0.333 \times 0.167 \times \frac{1}{2}$$

$$②の面積 = (0.667 - 0.333) \times (0.167 + 0.500) \times \frac{1}{2}$$

$$③の面積 = (1 - 0.667) \times (0.500 + 1) \times \frac{1}{2}$$

$$ジニ係数 = 2 \times (0.5 - ①の面積 - ②の面積 - ③の面積) \fallingdotseq 0.22$$

図表６-16　３社の給与格差を示すローレンツ曲線

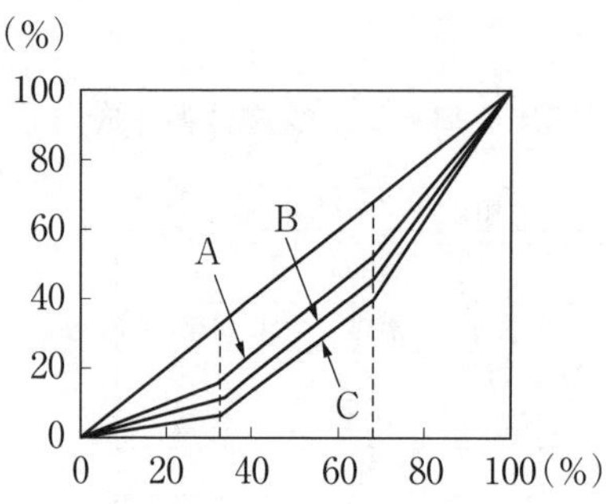

図表６-17　３社の給与格差を表す指標*

	標準偏差	変動係数	ジニ係数
A社	82	0.41	0.22
B社	163	0.54	0.30
C社	37	0.69	0.38

6.3.3　貯蓄格差と所得格差の分析例

図表6-18，19は総務省統計局が公表する全国消費実態調査や家計調査の結果表から，実際にローレンツ曲線とジニ係数を求めた例です。平成10年に比べて，平成28年の世帯貯蓄の格差が拡大していることが，それぞれのローレンツ曲線とジニ係数から分かります。

図表６-18　貯蓄・純貯蓄・負債現在高階級別貯蓄および，負債の１世帯当たり現在高（2022年）

	貯蓄現在高階級						
	100万円未満	100〜200	200〜300	300〜400	400〜500	500〜600	4,000万円以上
世帯数（抽出率調整）	966	541	456	456	420	452	1,247
階級内の平均貯蓄額	28	137	238	335	437	531	6,900

［世帯数×平均貯蓄額］で階級内の貯蓄の総計を算出

出典：家計調査（総務省統計局）

＊Excelでの計算結果は，表示されている桁以上の精度で計算しているので，ここでの結果と最終桁が合わない場合もある。

図表 6-19　貯蓄格差の比較

出典：1998 年は貯蓄動向調査，2022 年は家計調査から作成。

図表 6-20 は，所得格差の経年変化をジニ係数で表したグラフです。ジニ係数は単位に拠らない指標であり，また，所得の実際額の大きさの変化に依存せずに格差の大きさを評価できるので，このように，各国の格差の進行状況や各国間の格差の比較ができます。

図表 6-20　等価可処分所得のジニ係数の国際比較

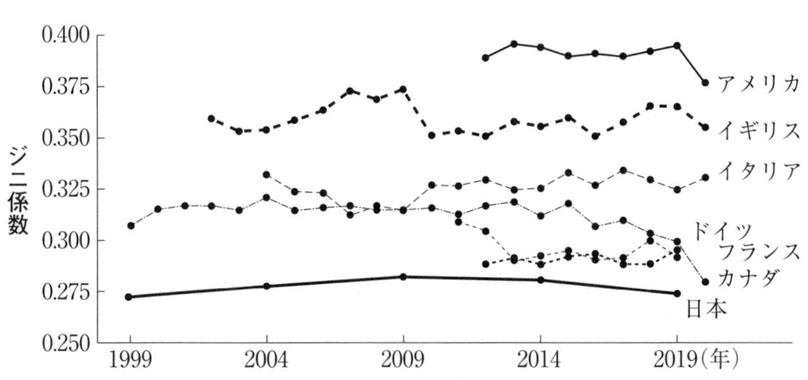

出典：日本は全国家計構造調査結果（2019）
日本以外は OECD Income（IDD）and Wealth（WDD）Distribution Databases（https://data.oecd.org/inequality/income-inequality.htm）
（取得日 2023 年 9 月 11 日）

＜シミュレーションを動かして確認してみよう！＞

「身近な統計」Web 版補助教材（https://www.ouj.ac.jp/mijika/）内の「シミュレーション統計グラフ」には，「ジニ係数とローレンツ曲線」があります。

・ジニ係数とローレンツ曲線

●手順

・ステップ１　右側のボタンをクリックするとページにアクセスできます。（リンク　＞）
（インド最大のオンライン学習プラットフォームの Byju's グループが運営する GeoGebra というサイトです。GeoGebra のプラットフォームで Guttman Community Collage の Jared Warner 先生が提供されています。）

・ステップ２　５人について，各収入額をスライドバーで選択し，“Arrange into quintiles” をクリックして順番を収入順に入れ替えます。

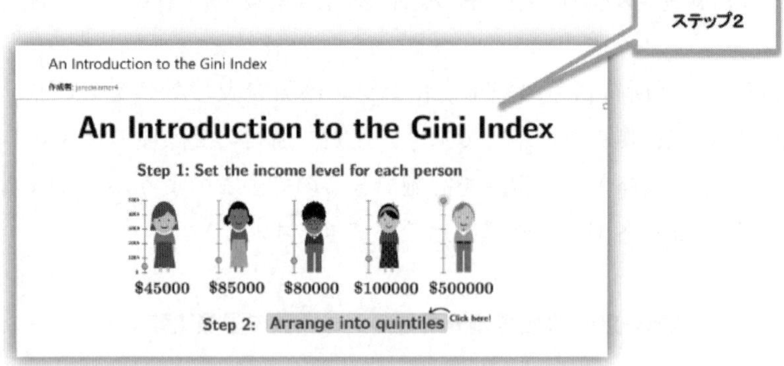

参照：GeoGebra,「An Introduction to the Gini Index」,
URL: https://www.geogebra.org/m/amzkxkqp

＜作成してみよう！＞

※「身近な統計」Web版補助教材（https://www.ouj.ac.jp/mijika/）内の「エクセル操作」で作成用Excelデータと作成手順を公開しています。

・ローレンツ曲線（図表6-13）

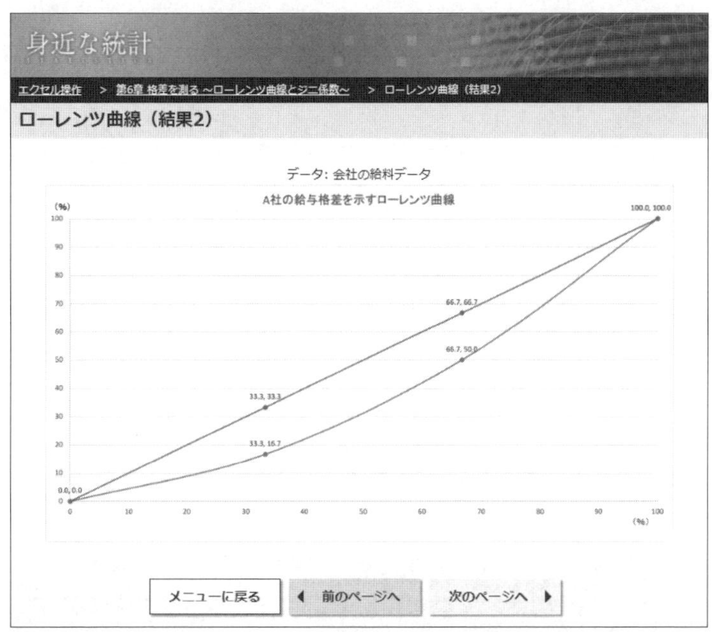

・ローレンツ曲線（図表6-19）

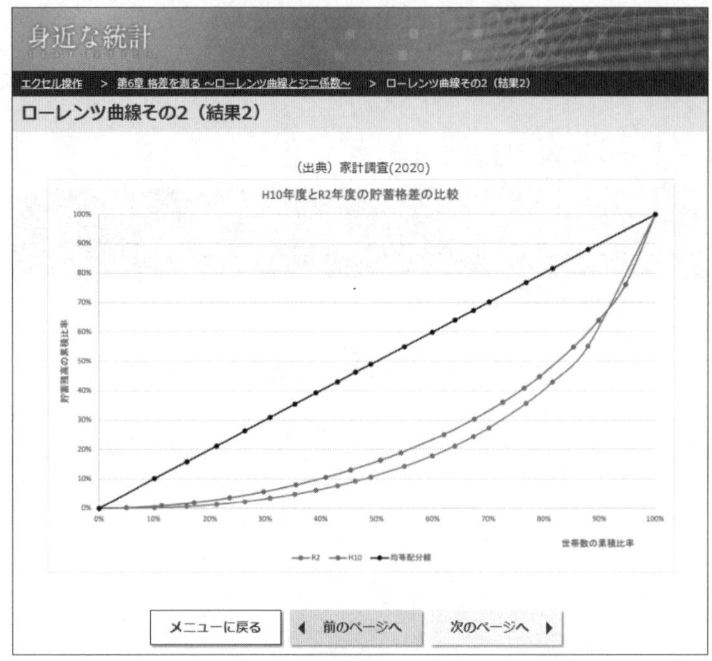

・ジニ係数（A社のジニ係数を計算）

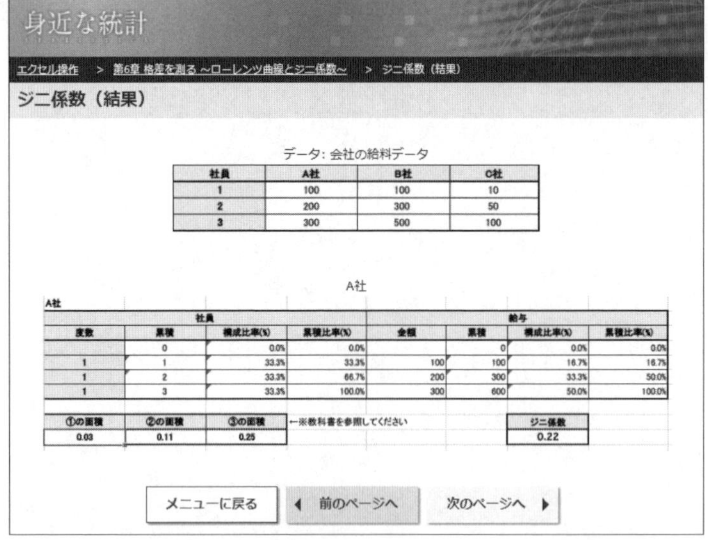

データ: 会社の給料データ

社員	A社	B社	C社
1	100	100	10
2	200	300	50
3	300	500	100

A社

A社

社員				給与			
度数	累積	構成比率(%)	累積比率(%)	金額	累積	構成比率(%)	累積比率(%)
	0	0.0%	0.0%		0	0.0%	0.0%
1	1	33.3%	33.3%	100	100	16.7%	16.7%
1	2	33.3%	66.7%	200	300	33.3%	50.0%
1	3	33.3%	100.0%	300	600	50.0%	100.0%

①の面積	②の面積	③の面積		ジニ係数
0.03	0.11	0.25	←※教科書を参照してください	0.22

7　不確実な出来事を確率で考える
～2項分布～

《目標＆ポイント》　これまでの章では，データのばらつきを分布という視点で要約するための表やグラフ，また，いろいろな基本統計量の役割と性質を学習しました。これは，統計学で言う記述統計学の範疇（はんちゅう）に入ります。統計学には，記述統計学に対して，推測統計学と言うもう１つの柱があり，そこでは，データの背景となる現象全体に関する科学的な推測の方法を学びます。推測統計学で基本となる概念に確率や確率分布モデルがあり，この章では，確率についての考え方や具体的な確率分布モデル，とくに，２項分布について勉強します。

《キーワード》　確率，大数の法則，確率変数，期待値，２項確率，２項分布

7.1　確率　～経験的確率と大数の法則～

不確実な現象について，その事象が発生することを確実に予測することはできません。例えば，24 時間後に雨が降るかどうかを確実に予測することはできませんが，雨が降る可能性が高いとか，雨が降る可能性はほとんどない，などという可能性の程度を知ることはできます。このように事象の発生についての何らかの法則性，とくに発生の可能性についての議論は，社会経済活動や自然現象を理解し，個人や組織の行動を科学的にマネジメントする上で重要です。ここで利用される統計学の道具が確率や確率分布モデルです。

確率を使うことで，不確実な現象を説明することが可能になります。

確率は，特定の事象の起こる可能性を０から１の間の数値として表現したものです。％で表すことも多くあります。例えば，降水確率，打率，故障確率，事故の発生確率，死亡の確率など，過去の観察データに基づいて確率が議論されています。

図表７－１は，コイン投げの実験を行ったときに，コインを投げた回数を横軸に，表が出た割合を縦軸に取ったシミュレーショングラフです。２つの折れ線は，異なる実験の結果です。投げた回数が少ないときは，双方の実験において，表の出る割合はかなりばらついていますが，回数が多くなるに従って割合がある一定の値（この場合は0.5）に近づいていく様子が分かります。実際に1900年頃，イギリスの統計学者カール・ピアソンがこの実験を行ったところ，24,000回中12,012回（12,012/24,000＝0.5005），表が出たという記録があります。

図表７－１　コインを投げて表が出る割合の推移

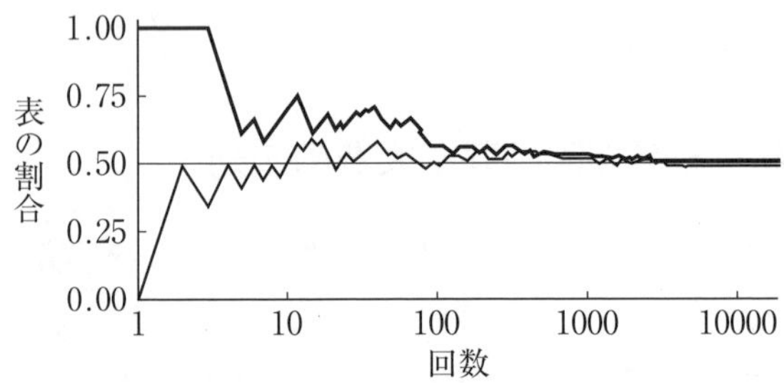

このように，ある事象が発生する実験または観測（試行という）を，同じ条件で独立に何度も繰り返した場合に，その事象が起こる割合（相対度数）が試行回数を増やしていったときに収束する値を**経験的確率**，または統計的確率と言います。また，試行の回数を増やしたときにその相対度数が一定の確率に近づく現象のことを**ベルヌーイの大数の法則**と言います。

確率には，経験的確率以外に，場合の数による組み合わせ理論から導かれる理論的確率や，それぞれの人が考える主観的な信念あるいは，信頼の度合として表される主観的確率，測度論に基づく公理系で導かれる確率などがあります。

確率は，現実社会での不確実性を伴うあらゆる現象のモデル化に活用されています。例えば，複雑な経済現象を個々のすべての取引を基に記述するよりは，確率的なモデルを導入して予測を行う方が簡便でかつ現実的であることはよく知られています。確率による現象のモデル化においては，**確率変数**という概念が用いられます。

7.2　確率変数と確率分布

7.2.1　離散型確率変数と連続型確率変数

通常，変数と言うと，いろいろな数値を取り得るものとして考えられます。確率変数も，いろいろな数値を取る点は通常の変数と同じですが，その値の生じ方に確率分布が仮定されているところが異なります。公平なサイコロを振って出る目の数は，それぞれの目の数が出る確率が1/6となる確率変数と考えられます（図表7－2）。

図表7－2　サイコロによる確率変数と確率分布

確率変数　公平なサイコロを振って出る目の数

確率分布	目の数	1	2	3	4	5	6
	生起確率	$\frac{1}{6}$	$\frac{1}{6}$	$\frac{1}{6}$	$\frac{1}{6}$	$\frac{1}{6}$	$\frac{1}{6}$

確率変数は，取り得る値の種類によって，**離散型確率変数**と**連続型確率変数**に分かれます。離散型確率変数は，取り得る値が数直線上の離散

点で定義され，その確率分布としては，それぞれの値が生起する確率関数が対応します。例えば，m 個の離散点，x_1，x_2，…，x_m を取る離散型確率変数 X に対しては，$p(x_1)+p(x_2)+\cdots+p(x_m)=1$ となる確率関数 $p(x)$ が対応します（図表７－３）。

図表７－３　離散型確率分布

確率変数 X	x_1	x_2	…	x_m
確率関数 $p(x)$	$p(x_1)$	$p(x_2)$	…	$p(x_m)$

一方，連続的な値を取る連続型確率変数 X の場合は，無数の値を取り得るため値ごとに確率を考えることをせず*，値の区間に対してその区間の値が生じる確率を考えます。このため，取り得る値に対してその起こり易さを連続的に評価する確率密度関数 $f(x)$ を仮定し，X が区間（a，b）に入る確率を面積

$$P(a \leqq X \leqq b)=\int_a^b f(x)\,dx$$

で定義します。ここで，取り得る値の全区間での面積は１となるように $f(x)$ は定義されています。

$$\int_{-\infty}^{+\infty} f(x)\,dx=1$$

図表７－４は，離散型確率変数と連続型確率変数に対する確率分布の様子を表しています。横軸が確率変数の値 x に対応し，縦軸は，離散型確率変数の場合は確率に，連続型確率変数の場合は確率密度**に対応しています。

＊連続型確率変数の場合，特定の値を取る確率は０と定義する。

＊＊確率密度とは，確率を求めるためのベースになっている値を言い，この値が確率ではないことに注意する。

図表７-４　離散型確率分布と連続型確率分布

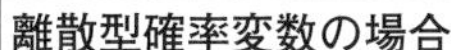

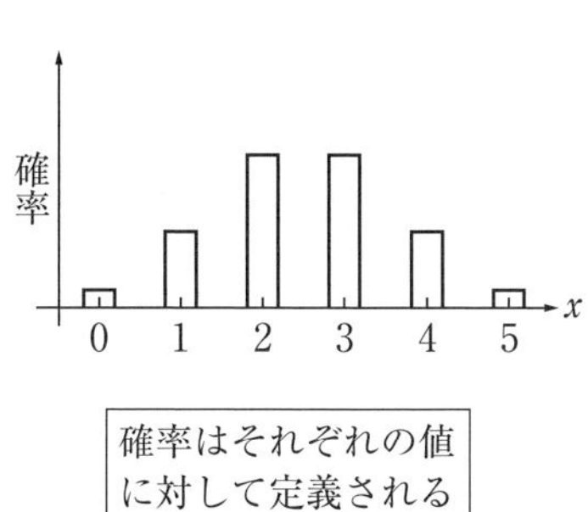

確率はそれぞれの値に対して定義される

連続型確率変数の場合

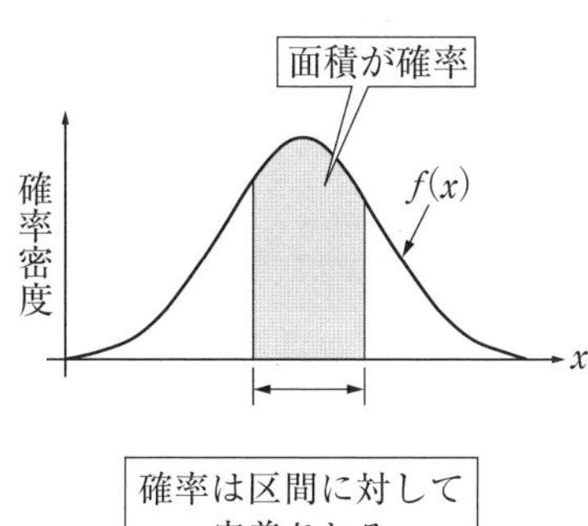

確率は区間に対して定義される

7.2.2　離散型確率変数の期待値（平均）と分散，標準偏差

確率変数の分布の特徴も平均や分散で要約することができます。確率変数の平均は，とくに**期待値**と呼ばれています。離散型確率変数 X の期待値 $E(X)$ と分散 $Var(X)$ は，以下で定義されます。

期待値
$$E(X) = x_1 p(x_1) + x_2 p(x_2) + \cdots + x_m p(x_m) = \sum_{i=1}^{m} x_i p(x_i) \equiv \mu$$

分散
$$Var(X) = (x_1 - \mu)^2 p(x_1) + (x_2 - \mu)^2 p(x_2) + \cdots + (x_m - \mu)^2 p(x_m) = \sum_{i=1}^{m} (x_i - \mu)^2 p(x_i) \equiv \sigma^2$$

分散は平均からの偏差の２乗 $(x_i - \mu)^2$ の期待値（平均）になっています。

実際の例で計算してみましょう。ここでは，サイコロを振って出る目の数によってあらかじめ定められた賞金がもらえる２通りのゲーム

図表7-5　サイコロを使った2通りのゲーム

サイコロの目	賞金（確率変数）	生起確率
1	1万円	$\frac{1}{6}$
2	2万円	$\frac{1}{6}$
3	3万円	$\frac{1}{6}$
4	4万円	$\frac{1}{6}$
5	5万円	$\frac{1}{6}$
6	6万円	$\frac{1}{6}$

賞金配分（ア）

サイコロの目	賞金（確率変数）	生起確率
1	0	$\frac{1}{6}$
2	0	$\frac{1}{6}$
3	0	$\frac{1}{6}$
4	4万円	$\frac{1}{6}$
5	5万円	$\frac{1}{6}$
6	12万円	$\frac{1}{6}$

賞金配分（イ）

（ア）と（イ）を考えます（図表7-5）。サイコロを振って獲得できる賞金の額は，離散型の確率変数で，それぞれの場合の期待値と分散，標準偏差を求めると以下のようになります。

（ア）

期待値(平均)

$$\mu = 1\times\frac{1}{6}+2\times\frac{1}{6}+\cdots+6\times\frac{1}{6} = 3.5(\text{万円})$$

分　散

$$\sigma^2 = (1-3.5)^2\times\frac{1}{6}+(2-3.5)^2\times\frac{1}{6}+\cdots+(6-3.5)^2\times\frac{1}{6} = 2.917$$

標準偏差

$$\sigma = 1.7(\text{万円})$$

（イ）

期待値(平均)

$$\mu = 0\times\frac{1}{6}+0\times\frac{1}{6}+\cdots+12\times\frac{1}{6} = 3.5(\text{万円})$$

分　散

$$\sigma^2 = (0-3.5)^2\times\frac{1}{6}+(0-3.5)^2\times\frac{1}{6}+\cdots+(12-3.5)^2\times\frac{1}{6} = 18.583$$

標準偏差

$$\sigma = 4.3(\text{万円})$$

（ア）と（イ）の場合，期待値は同じなのですが，分散や標準偏差は（イ）の方が大きく，（イ）の方が賞金のばらつきが大きいことが分かります。期待値は，この場合，ゲームが無限回繰り返された場合に1回当たり平均して支払われる賞金額に相当します。したがって，このゲームの主催者はゲームの1回の参加費を期待値3.5万円以上に設定すると，参加者の出すサイコロの目の相対度数が確率1/6に近づくぐらいゲーム参加者が多く集まりさえすれば，損をしないことになります。一方，1回もしくは2，3回しかゲームを行わない参加者にとっては，期待値に加えて標準偏差の大きさが，自分の受け取る賞金の可能性を考える上で欠かせない情報となります。一般にこのような賭けのゲームの場合，標準偏差はギャンブル性の大きさを表しています。

令和3年のサマージャンボ宝くじは，1枚300円で発売されましたが，期待値は141.49円，分散は27,000,302,981，標準偏差は約164,318円です（図表7-6）。

図表7-6　ジャンボ宝くじの期待値

1枚300円

等級	当せん金額（X）	確率	当せん金額×確率
1等	5億円	0.0000001	50
1等の前後賞	1億円	0.0000002	20
1等の組違い賞	10万円	0.0000099	0.99
2等	5万円	0.00001	0.5
3等	1万円	0.001	10
4等	3000円	0.01	30
5等	300円	0.1	30
			期待値　約141.49円
			標準偏差 約164,318円

＊当せん金額をXとしている。X=0の場合（はずれ）は表からはぶいている。

データ：令和5年サマージャンボ宝くじのデータ（宝くじ公式サイトより）

7.3　2項分布（binomial distribution）

7.3.1　ベルヌーイ実験と2項確率

成功か失敗か，コインを投げて裏か表かなど，2種類の結果がそれぞれ生起確率 p と（$1-p$）で生じる実験をベルヌーイ実験と言います。また，同じ条件でベルヌーイ実験を独立に繰り返す試行をベルヌーイ試行と言います。ここで，“独立”とは，各回の実験の結果が他の回の実験の結果に何の影響も与えないという条件のことです。具体的には，コインを投げて表が出たという結果が，次にまたコインを投げる際に表が出るか裏が出るのかに関し何の情報も持たない，また，表が，例えば3回続けて出たからと言って，その事実が次にコインを投げたときの結果に何の影響も及ぼさないことを意味します。

生起確率 p で事象 A が発生するベルヌーイ実験を独立に n 回繰り返したとき，事象 A が起こる回数 X は，0，1，…，n の値を取る離散型の確率変数です。この確率変数 X が従う分布を**2項分布**と呼び，2項分布は，X が x 回となる確率 $P(X=x)$

$$P(X=x)={}_nC_x p^x(1-p)^{n-x}$$

で定義されます。ここに，${}_nC_x$ は，n 個の種類の中から x 個を選ぶ場合の組み合わせの数*を表しています。この確率 $P(X=x)$ は**2項確率**と呼ばれています。

＊ ${}_nC_x=\dfrac{n\times(n-1)\times\cdots\times(n-x+1)}{x!}$

例　${}_{10}C_3=\dfrac{10\times9\times8}{3\times2\times1}=10\times3\times4=120$

${}_nC_x$ は，2項係数とも呼ばれる。（以下次頁の下段へ続く）

サイコロを３回振って１の目が出る回数 X は，生起確率 $p=1/6$，実験回数 $n=3$ の２項分布に従います。具体的に，この分布の２項確率を求めてみましょう。

$$P(X=0)={}_3C_0\left(\frac{1}{6}\right)^0\left(\frac{5}{6}\right)^3=1\left(\frac{1}{6}\right)^0\left(\frac{5}{6}\right)^3\fallingdotseq 0.5787$$

$$P(X=1)={}_3C_1\left(\frac{1}{6}\right)^1\left(\frac{5}{6}\right)^2=3\left(\frac{1}{6}\right)^1\left(\frac{5}{6}\right)^2\fallingdotseq 0.3472$$

$$P(X=2)={}_3C_2\left(\frac{1}{6}\right)^2\left(\frac{5}{6}\right)^1=3\left(\frac{1}{6}\right)^2\left(\frac{5}{6}\right)^1\fallingdotseq 0.0694$$

$$P(X=3)={}_3C_3\left(\frac{1}{6}\right)^3\left(\frac{5}{6}\right)^0=1\left(\frac{1}{6}\right)^3\left(\frac{5}{6}\right)^0\fallingdotseq 0.0046$$

このように，２項分布は事象の生起確率 p と実験（観察）の回数 n が決まれば，具体的に定まります。その意味で，p と n を２項分布のパラメータ（母数）と呼びます。Excel の BINOM.DIST 関数で簡単に２項分布（２項確率）の確率計算をすることができます。

7.3.2　２項分布の応用例

実際に２項分布の確率計算を応用する問題をいくつか見てみましょう。

（前頁の下段より続く）例えば，３個の数｛1，2，3｝から２個取り出して並べる仕方（順列）は（1，2），（1，3），（2，1），（2，3），（3，1），（3，2）の $6=3\times2$ 通りである。２個の数の並べ方の数は $2\times1=2$ 通りだから，順列を考えないで組み合わせだけを考えれば，（1，2），（1，3），（2，3）の $3=\dfrac{3\times2}{2\times1}$ 通りとなる。一般に n 個のものから x 個取り出す仕方（組み合わせ）は ${}_nC_x=\dfrac{n\times(n-1)\times\cdots\times(n-x+1)}{x!}$ である。ここで $x!=x\times(x-1)\times\cdots\times2\times1$ である（$0!=1$）とする。${}_nC_x$ は $\begin{pmatrix}n\\x\end{pmatrix}$ と表されることもある。

[問題]

（1）ある製品の製造工程の不良率が10%だと仮定した場合，その工程からランダムに抜き取った10個の製品中に，不良品が多くても1個しか含まれない確率を求めよ。

（2）5つの選択肢の中に正解が1つ含まれている，いわゆる5択の問題が8問ある場合，まったく答えの分からない学生がまぐれで5問以上正解する確率を求めよ。

（3）成功率5%の手術を20人の患者に施した場合，4人以上の患者が手術に成功する確率を求めよ。

[計算]

（1）10個の製品中に含まれる不良品の個数Xは，$n=10$，$p=0.1$の2項分布に従う確率変数と考えることができます。この場合，不良品の個数が多くても1個なので，$X=0$と$X=1$となる確率の合計を求めます。

$P(X=0)+P(X=1)$

$={}_{10}C_0\times0.1^0\times0.9^{10}+{}_{10}C_1\times0.1^1\times0.9^9$

$\fallingdotseq0.736$

（2）1問の問題にまぐれで正解する確率は20%と考えると，8個の問題の中で正解となる問題の数Xは，$n=8$，$p=0.2$の2項分布に従う確率変数になります。したがって，5問以上正解する確率は次のようになります。

$P(X=5)+P(X=6)+P(X=7)+P(X=8)$

$={}_8C_5\times0.2^5\times0.8^3+{}_8C_6\times0.2^6\times0.8^2+{}_8C_7\times0.2^7\times0.8^1+{}_8C_8$
$\times0.2^8\times0.8^0$

$=0.009175+0.001147+0.000082+0.000003$

$\fallingdotseq0.0104$

（3）手術に成功する患者数 X は，$n=20$，$p=0.05$ の2項分布に従う確率変数になります。多くとも3人の患者しか手術に成功しない確率を求め，1から引くことで4人以上の患者が手術に成功する確率が分かります。

$$P(X \geqq 4)=1-(P(X=0)+P(X=1)+P(X=2)+P(X=3))$$
$$=1-({}_{20}C_0\times 0.05^0\times 0.95^{20}+{}_{20}C_1\times 0.05^1\times 0.95^{19}+{}_{20}C_2\times 0.05^2\times 0.95^{18}+{}_{20}C_3\times 0.05^3\times 0.95^{17})$$
$$=1-(0.358486+0.377354+0.188677+0.059582)$$
$$=1-0.984099$$
$$\fallingdotseq 0.0159$$

7.3.3　2項分布の形状

2項分布の平均（期待値）と分散，標準偏差は，n と p から以下のように決まります*。

平均：np

分散：$np(1-p)$，標準偏差：$\sqrt{np(1-p)}$

図表7-7は，実験の回数 $n=10$ のときに生起確率 p を変化させたときの2項分布の形状と平均，分散の値を表しています。特徴として，以下が挙げられます。

- $p=0.5$ のとき，平均を中心として左右対称に分布する
- $p=0.5$ のとき，分布の広がりが最も大きい（分散が最も大きな値となる）
- p が0に近い値を示すほど，分布は右に歪む
- p が1に近い値を示すほど，分布は左に歪む
- p と（$1-p$）の分布は，左右を逆にした分布となる

＊2項分布の期待値（平均）と分散の導出は，第8章で取り扱う。

図表7-7　2項分布の確率関数の形状（n=10）

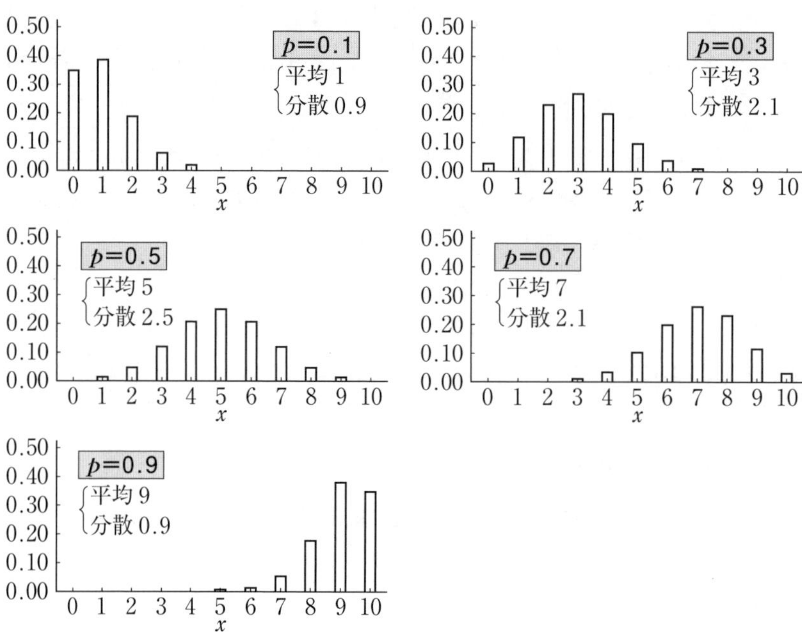

図表7-8は，nの数を大きくしていったときに，2項分布の形状がどのように変化するのかを見た図です。もともと対称に分布する$p=0.5$のときはもとより，$n=10$のときはかなり分布が歪んでいた$p=0.1$や$p=0.9$の場合でも，nの数が大きくなると平均値を中心に左右対称な分布（正規分布）に近づいていく様子が分かります。これは，nの数が大きくなると一般に計算が困難になる2項分布に対して，正規分布を利用した確率計算が近似的に利用できることを示唆する大事な性質です。2項分布の正規分布への近似計算の例については，次章で取り扱います。

図表7-8　nの数を増やしたときの2項分布の確率関数の形状

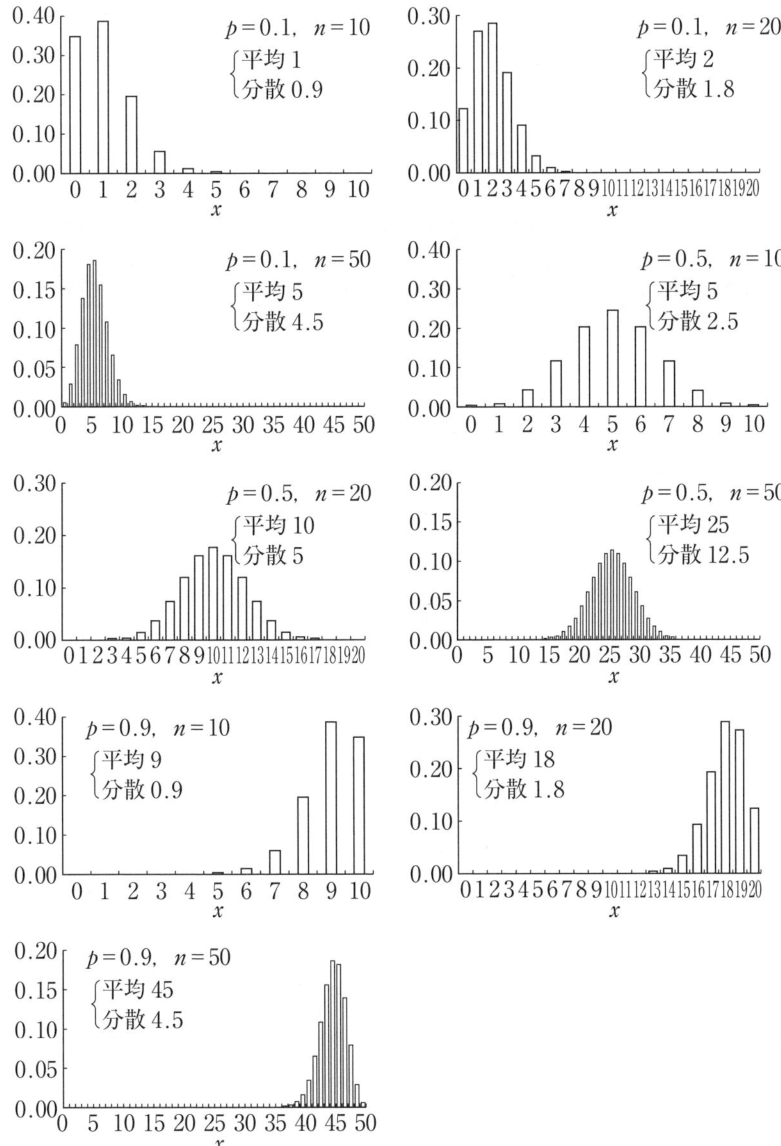

<作成してみよう！>

※「身近な統計」Web 版補助教材（https://www.ouj.ac.jp/mijika/）内の「エクセル操作」で作成用 Excel データと作成手順を公開しています。

・離散型確率変数

<期待値>

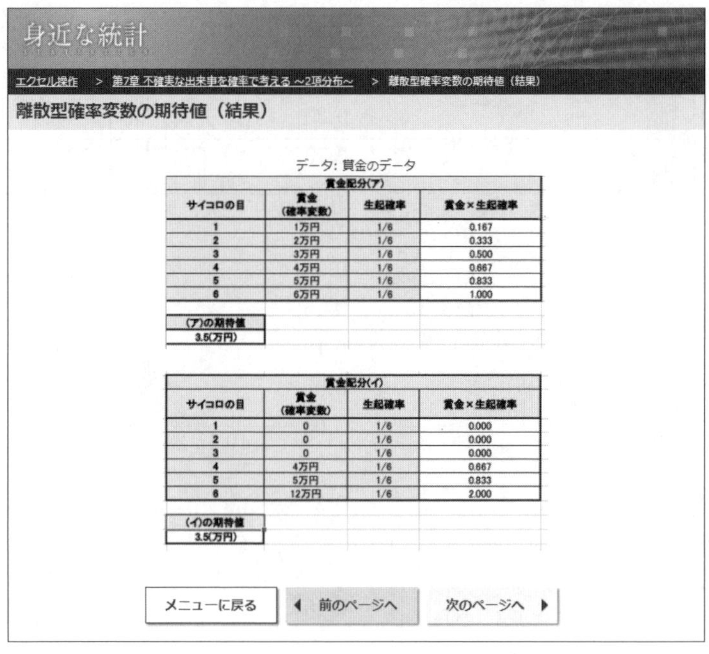

賞金配分(ア)			
サイコロの目	賞金（確率変数）	生起確率	賞金×生起確率
1	1万円	1/6	0.167
2	2万円	1/6	0.333
3	3万円	1/6	0.500
4	4万円	1/6	0.667
5	5万円	1/6	0.833
6	6万円	1/6	1.000

(ア)の期待値
3.5(万円)

賞金配分(イ)			
サイコロの目	賞金（確率変数）	生起確率	賞金×生起確率
1	0	1/6	0.000
2	0	1/6	0.000
3	0	1/6	0.000
4	4万円	1/6	0.667
5	5万円	1/6	0.833
6	12万円	1/6	2.000

(イ)の期待値
3.5(万円)

＜分散・標準偏差＞

賞金配分(ア)

サイコロの目	賞金(確率変数)	生起確率	(賞金－期待値)^2×生起確率
1	1万円	1/6	1.042
2	2万円	1/6	0.375
3	3万円	1/6	0.042
4	4万円	1/6	0.042
5	5万円	1/6	0.375
6	6万円	1/6	1.042

(ア)の期待値
3.5(万円)

(ア)の分散	(ア)の標準偏差
2.92	1.7(万円)

賞金配分(イ)

サイコロの目	賞金(確率変数)	生起確率	(賞金－期待値)^2×生起確率
1	0	1/6	2.042
2	0	1/6	2.042
3	0	1/6	2.042
4	4万円	1/6	0.042
5	5万円	1/6	0.375
6	12万円	1/6	12.042

(イ)の期待値
3.5(万円)

(イ)の分散	(イ)の標準偏差
18.58	4.3(万円)

・ジャンボ宝くじ当せん金額の期待値

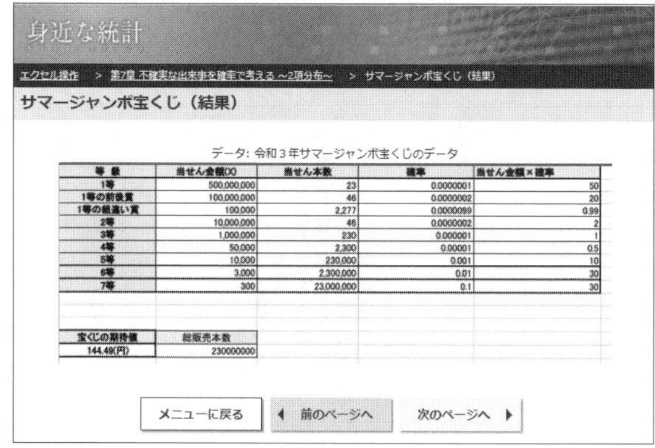

等級	当せん金額(X)	当せん本数	確率	当せん金額×確率
1等	500,000,000	23	0.0000001	50
1等の前後賞	100,000,000	46	0.0000002	20
1等の組違い賞	100,000	2,277	0.0000099	0.99
2等	10,000,000	46	0.0000002	2
3等	1,000,000	230	0.000001	1
4等	50,000	2,300	0.00001	0.5
5等	10,000	230,000	0.001	10
6等	3,000	2,300,000	0.01	30
7等	300	23,000,000	0.1	30

宝くじの期待値	総販売本数
144.49(円)	230000000

・２項分布

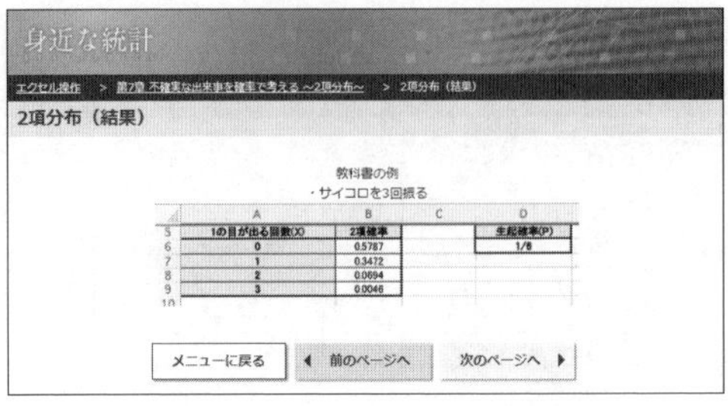

・２項分布の確率計算

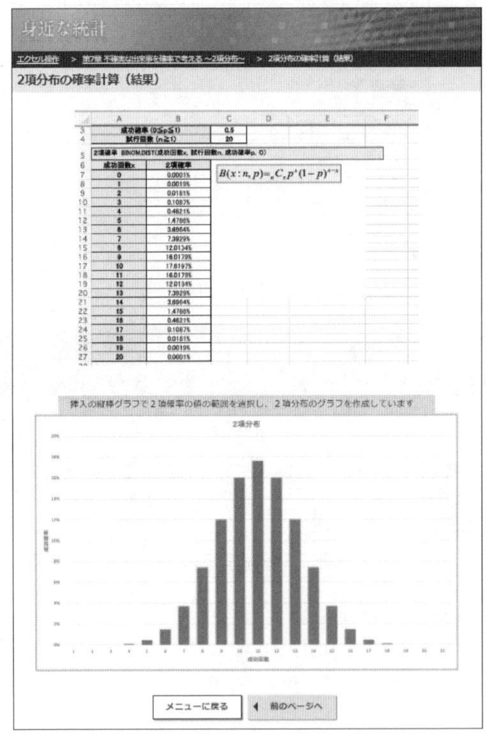

8 不確実な出来事を確率で考える
〜正規分布〜

《目標＆ポイント》 前章では，離散型確率分布の代表例として２項分布を取り上げ，身近な事象に２項分布の確率計算を利用する方法を解説しました。この章では，連続型の確率分布の代表例として，正規分布を取り上げ，その特徴や実際の利用方法を勉強します。
《キーワード》 正規分布，標準正規分布，上側（下側）確率，両側確率，統計数値表，NORM.DIST 関数，中心極限定理，２項分布の正規近似

8.1 正規分布（normal distribution）

単峰で対称な分布をする量的データの確率モデルとしてよく使用されるのが**正規分布**です。正規分布はベル型の形状をし（図表８-１），平均 μ（中心の位置）と標準偏差 σ（分布の広がりの大きさ）が決まると，

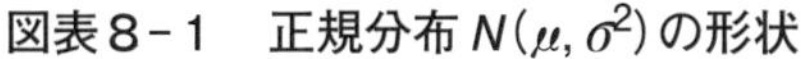
図表８-１　正規分布 $N(\mu, \sigma^2)$ の形状

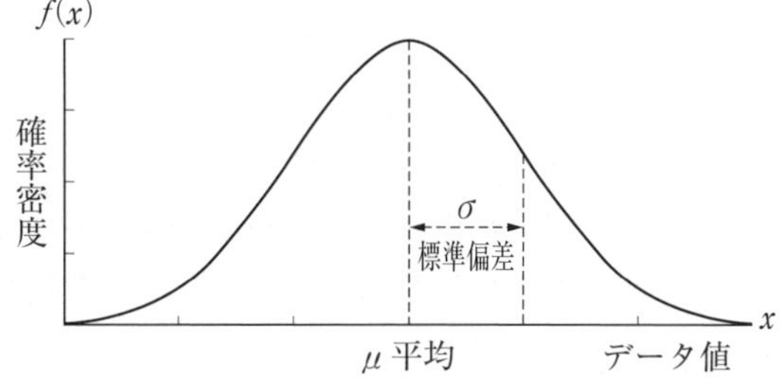

完全に形が決まります。この形を利用して，任意のデータ区間の範囲にデータが起こる確率を求めることができます。

平均μ，標準偏差σの正規分布の**確率密度関数**$f(x)$は，

$$f(x)=\frac{1}{\sqrt{2\pi}\,\sigma}e^{-\frac{(x-\mu)^2}{2\sigma^2}} \quad (8.1)$$

です。ここで，πは円周率（3.141…），eは自然対数の底（2.718…）です。平均μ，標準偏差σの正規分布を$N(\mu,\sigma^2)$と表すこともあります。

一般に，確率密度関数$g(x)$を持つ連続型確率変数Xの期待値（平均）$E(X)$と分散$Var(X)$は，

$$E(X)=\int_{-\infty}^{+\infty}x\,g(x)\,dx, \qquad (8.2)$$

$$Var(X)=\int_{-\infty}^{+\infty}\{x-E(X)\}^2 g(x)\,dx$$

で定義されます。また，確率変数Xが区間（a, b）の中の値をとる確率$P(a \leqq X \leqq b)$は，関数$g(x)$の区間（a, b）での面積として，以下で計算されます。

$$P(a \leqq X \leqq b)=\int_a^b g(x)\,dx \quad (8.3)$$

正規確率変数Xの場合は，具体的に（8.1）式の$f(x)$を$g(x)$として，平均μと分散σ^2を求めます。

図表8-2は，平均μや標準偏差σが異なる4種類の正規分布を示しています。μとσの違いによる分布の形状の違いを確認してください。とくに，平均0，標準偏差1の正規分布$N(0,1)$を**標準正規分布**（standard normal distribution）と呼んでいます。

図表8-2　いろいろな正規分布

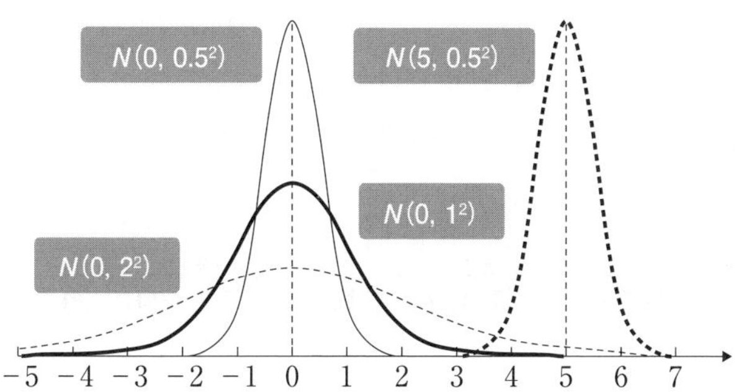

確率変数 X が平均 μ，標準偏差 σ の正規分布に従うとき（$X \sim N(\mu, \sigma^2)$ で表します），X の標準得点（z スコア）は標準正規分布に従います。

$$X \sim N(\mu, \sigma^2) \Rightarrow Z = \frac{X-\mu}{\sigma} \sim N(0, 1)$$

逆に，標準正規分布に従う確率変数 Z を σ 倍して μ を加えると，$N(\mu, \sigma^2)$ に従う確率変数となります。

$$Z \sim N(0, 1) \Rightarrow X = \mu + \sigma Z \sim N(\mu, \sigma^2)$$

また，$N(\mu, \sigma^2)$ に従う確率変数 X を b 倍（$b \neq 0$）して a を加えると平均 $a+b\mu$，標準偏差 $b\sigma$ の正規分布に従う確率変数となります。

$$X \sim N(\mu, \sigma^2) \Rightarrow Y = a + bX \sim N(a+b\mu, b^2\sigma^2)$$

8.2　正規分布の確率計算

現実のデータのばらつきが正規分布モデルで近似できるとき，正規分布に基づく確率を使ってさまざまな事象の起こり易さが評価できます。

例えば，ある銘柄の株の収益率が平均12%，標準偏差が２%の正規分布によると仮定できるとき，（ア）収益率が９%以下になる確率，（イ）15%以上になる確率，（ウ）11%から12%の間に入る確率など，任意の区間にデータが生じる確率を対応する区間の面積として求めることができます（図表8-3）。

図表8-3　正規分布に基づく確率　$N(12, 2^2)$

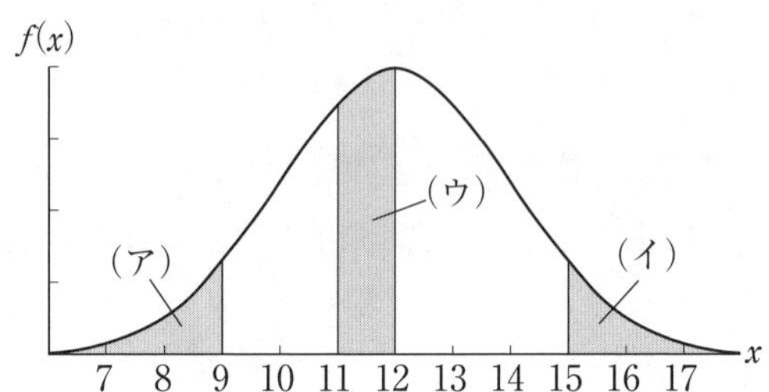

図表8-3の（ア）のように，xがある値以下となる確率を**下側（累積）確率**，（イ）のようにある値以上となる確率を**上側（累積）確率**，（ウ）のようにある値からある値までとなる確率を**区間確率**と言います。また，ある値aに対して，xが$+a$以上または$-a$以下となる確率を**両側確率**と言います。

実際の確率（面積）は，以下で述べるように，標準正規分布の数値表を利用する方法かExcelの関数を使う方法で求めます。

8.2.1　標準得点（zスコア）と標準正規分布

正規分布は，平均μや標準偏差σがどのような値でも分布が同じ形状を示すので，個々の分布上で確率を求めなくても，標準得点（zスコア）に変換し，平均0，標準偏差1の標準正規分布$N(0, 1)$上で，確率を共通に評価できます（図表８－４）。

$Z=\dfrac{X-\mu}{\sigma}$，$z_a=\dfrac{a-\mu}{\sigma}$，$z_b=\dfrac{b-\mu}{\sigma}$　とすると，

$$P(a \leqq X \leqq b)=\int_a^b f(x)\,dx=\int_a^b \frac{1}{\sqrt{2\pi}\,\sigma}e^{-\frac{(x-\mu)^2}{2\sigma^2}}dx=\int_{z_a}^{z_b}\frac{1}{\sqrt{2\pi}}e^{-\frac{z^2}{2}}dz$$

が成立します。このため，統計数値表として，標準正規分布 Z の数値表が用意されています（図表８－５）。どの部分の確率に対応する数値が掲載されているのかは数値表によって異なります。図表８－５の数値表の場合は，正の標準得点 z に対して，$P(0<Z<z)$ の確率を示した表です。

図表８－４　標準得点と標準正規分布

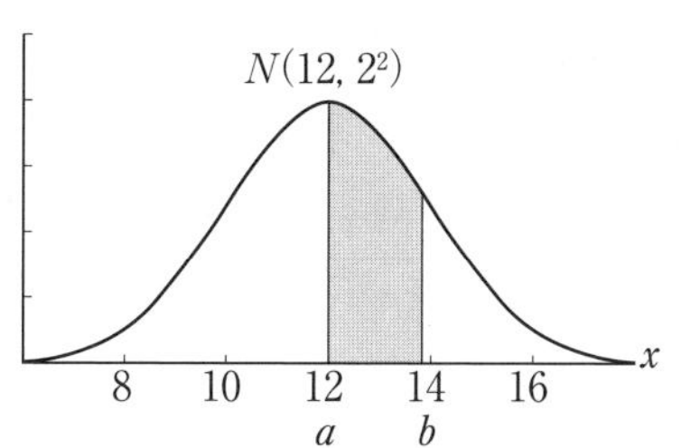

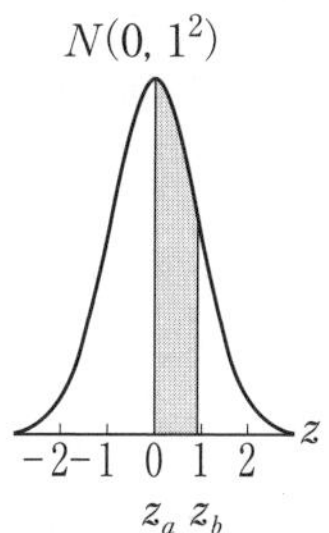

図表８－５　標準正規分布 Z の数値表

z	.00	.01	.02	…	.09
0.0					
0.1					
⋮					
0.5	.1915				
⋮					
1.0	.3413				
1.1					.3830
1.2			.3888		
⋮					
1.5	.4332				
⋮					
3.0					.4990

$P(0<Z<1.22=1.2+0.02)$
$=0.3888$

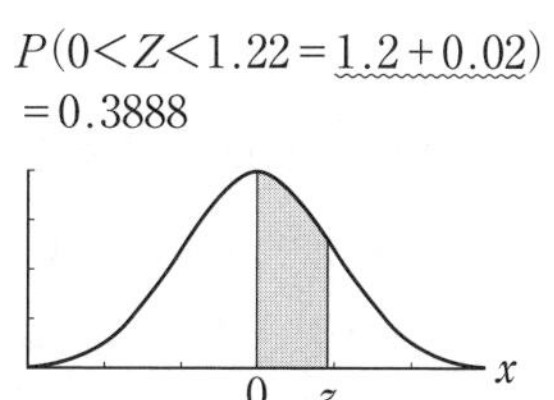

左の数値表での確率（例）

（巻末の統計数値表参照）

株価収益率に関する先述の確率は，統計数値表を利用して以下のように求められます。

$$P(X \leqq 9) = P\left(Z \leqq \frac{9-12}{2}\right) = P(Z \leqq -1.5) = P(Z \geqq 1.5)$$

$$= 0.5 - P(0 \leqq Z \leqq 1.5) = 0.5 - 0.4332(\text{数値表}) = 0.0668 \quad (\text{ア})$$

$$P(X \geqq 15) = P\left(Z \geqq \frac{15-12}{2}\right) = P(Z \geqq 1.5) = 0.0668 \quad (\text{イ})$$

$$P(11 \leqq X \leqq 12) = P\left(\frac{11-12}{2} \leqq Z \leqq 0\right)$$

$$= P(-0.5 \leqq Z \leqq 0) = P(0 \leqq Z \leqq 0.5) = 0.1915(\text{数値表}) \quad (\text{ウ})$$

8.2.2 NORM.DIST 関数，NORM.S.DIST 関数

Excelの統計関数の中で，NORM.DIST（x，μ，σ，1）は，指定した平均μと標準偏差σの正規分布に対して，指定したxの値より下側の累積確率（xの値以下が全体に占める割合）を返します。また，NORM.S.DIST（z）は，指定した標準得点zに対して標準正規分布の下側累積確率を返します。これらの関数を利用すると，統計数値表がなくても簡単に正規確率を求めることができます。とくに，NORM.DIST関数を使えば，標準得点zを求める必要もありません。前出の平均12%，標準偏差が2%の正規分布に従う株の収益率の例の場合の計算は，図表8-6の値から以下のようになります。

- NORM.DIST 関数を利用する場合

$$P(X \leqq 9) = \text{NORM.DIST}(9,\ 12,\ 2,\ 1) = 0.0668 \quad (\text{ア})$$

$$P(X \geqq 15) = 1 - P(X \leqq 15) = 1 - \text{NORM.DIST}(15,\ 12,\ 2,\ 1)$$

$$= 1 - 0.9332 = 0.0668 \quad (\text{イ})$$

図表8-6

得点(x)	標準得点 $z=(x-12)/2$	NORM.DIST(x,12,2,1) NORM.S.DIST(z)
8	−2.0	0.0228
9	−1.5	<u>0.0668</u>
10	−1.0	0.1587
11	−0.5	<u>0.3085</u>
12	0.0	0.5000
13	0.5	0.6915
14	1.0	0.8413
15	1.5	<u>0.9332</u>
16	2.0	0.9772

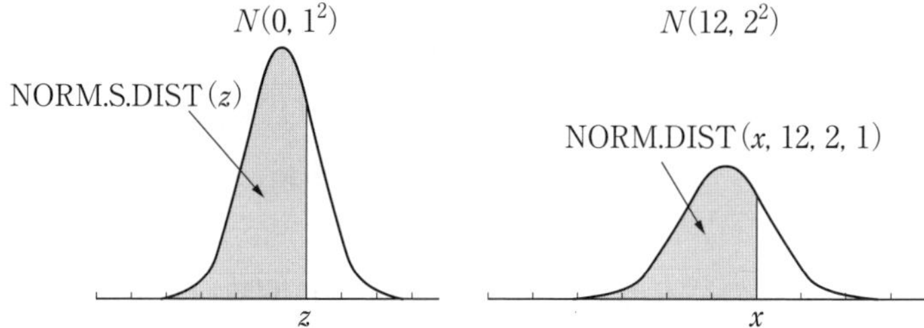

$$P(11\leqq X\leqq 12)=P(X\leqq 12)-P(X\leqq 11)$$
$$=\mathrm{NORM.DIST}(12,\ 12,\ 2,\ 1)-\mathrm{NORM.DIST}(11,\ 12,\ 2,\ 1)$$
$$=0.5-0.3085=0.1915 \qquad (ウ)$$

- NORM.S.DIST 関数を利用する場合

$$P(X\leqq 9)=P\left(Z\leqq\frac{9-12}{2}\right)=P(Z\leqq -1.5)$$
$$=\mathrm{NORM.S.DIST}(-1.5)=0.0668 \qquad (ア)$$

$$P(X\geqq 15)=P\left(Z\geqq\frac{15-12}{2}\right)=P(Z\geqq 1.5)$$

$$= 1 - \text{NORM.S.DIST}(1.5) = 1 - 0.9332 = 0.0668 \qquad (イ)$$

$$P(11 \leqq X \leqq 12) = P\left(\frac{11-12}{2} \leqq Z \leqq 0\right) = P(-0.5 \leqq Z \leqq 0)$$

$$= \text{NORM.S.DIST}(0) - \text{NORM.S.DIST}(-0.5)$$

$$= 0.5 - 0.3085 = 0.1915 \qquad (ウ)$$

- **1シグマ2シグマ3シグマの法則**

正規分布の重要な性質は，$\mu \pm 1\sigma$，$\mu \pm 2\sigma$，$\mu \pm 3\sigma$ の区間に x が入る確率を表した**1シグマ2シグマ3シグマの法則**です（5.3 節参照）。この法則を標準正規分布の数値表や Excel の関数 NORM.S.DIST で確かめてみましょう。例えば，$\mu \pm 1\sigma$ の区間の場合，

$$P(\mu - \sigma \leqq X \leqq \mu + \sigma) = P(-1 \leqq Z \leqq 1) = 2 \times P(0 \leqq Z \leqq 1)$$

$$= 2 \times 0.3413 (\text{数値表}) = 0.6826$$

$$= \text{NORM.S.DIST}(1) - \text{NORM.S.DIST}(-1)$$

$$= 0.8413 - 0.1587 = 0.6826$$

8.2.3 正規分布のパーセント点：NORM.INV 関数，NORM.S.INV 関数

先述の問題では，値の区間を指定してその範囲にデータが入る確率を求めていましたが，逆に，確率の値を指定して，その確率に対応するデータの値を求める問題もあります。例えば，ある試験の得点の分布が，例年，平均 63 点，標準偏差 8 点の正規分布でほぼ近似できるとき，5 段階（A，B，C，D，E）の成績評価の基準として，各評価の構成比率が大体，A（7％），B（24％），C（38％），D（24％），E（7％）になるようにするためには，どのように得点を区切ればよいかという問題などがそうです。

このためには，分布の α パーセント点を利用します。α パーセント点とは，その値までの累積確率がちょうど α パーセントになる値のこと

で（6.1.2項参照），累積の方向によって上側αパーセント点，下側αパーセント点，両側αパーセント点があります（図表8-7）。

Excelには，正規分布の下側αパーセント点を求めるNORM.INV関数，標準正規分布の下側αパーセント点を求めるNORM.S.INV関数があります。ここでpを0から1の間の確率の値とすると，

- NORM.INV(p, μ, σ)＝平均μ，標準偏差σの正規分布で下側累積確率がpとなるxの値，すなわち，下側100p%点
- NORM.S.INV(p)＝標準正規分布で下側累積確率がpとなるxの値，すなわち，下側100p%点

となります。

先に示した5段階（A，B，C，D，E）の成績評価の得点基準を求める問題では，上記のNORM.INV関数*を用いて，まず，下側7％点，下側31%（=7%＋24%）点，下側69%（=7%＋24%＋38%）点，下側93%（=7%＋24%＋38%＋24%）点をそれぞれ求めます（図表8-8）。この結果から，A（75点以上），B（67点から74点），C（60点から66点），D（52点から59点），E（51点以下）とすると，

図表8-7　正規分布のパーセント点

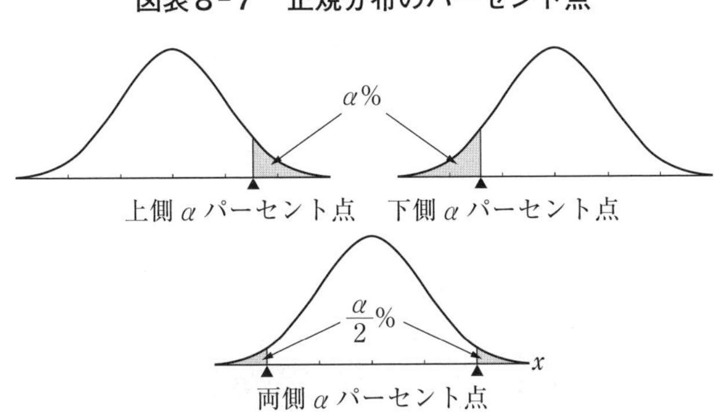

*NORM.INV関数を使うだけでよいが，ここでは説明のためNORM.S.INV関数の使い方も示している。

だいたい意図した構成比率*で成績評価ができます。

図表8-8

下側累積確率 p	NORM.INV(p, 63, 8) x	NORM.S.INV(p) zスコア	$x=63+8z$
0.07	51.194	−1.476	51.194
0.31	59.033	−0.496	59.033
0.69	66.967	0.496	66.967
0.93	74.806	1.476	74.806

8.3　右に歪んだ分布の対称化：対数変換

正規分布 $N(\mu, \sigma^2)$ に従う確率変数 X に，指数変換を施した変数 $y=e^x$ の分布は図表8-9（右）のように，正の値で定義された右に歪んだ分布になります。このことは，負の値をとらない実際のデータ y の分布が図表8-9（右）のように右に歪んだ分布をしている場合，指数変換の逆変換である対数変換 $x=\log_e y$ を行えば，変換されたデータ x の分布は，単峰で左右対称な正規分布に近似できることを意味します。そ

図表8-9　指数変換と対数変換

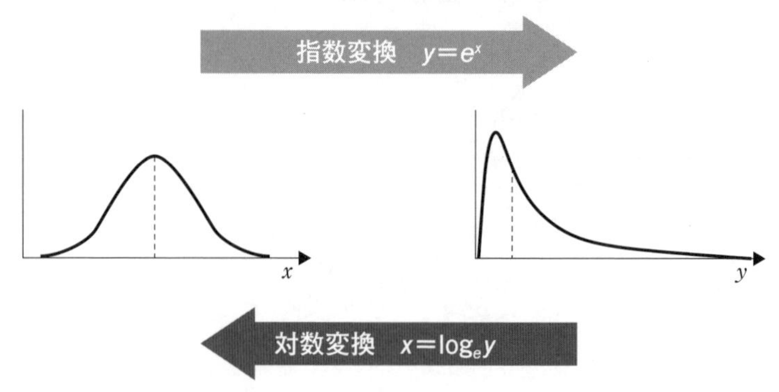

*基準値はあくまでも正規分布のモデル上での値なので，実際のデータの場での構成比率と正確に一致するわけではない。

してこの変換はデータの値の並びを変えない単調変換なので，x と y のそれぞれ対応するデータ区間に対して，その区間にデータが含まれる確率は等しくなります。つまり，右に歪んだ分布に対しても，対数変換により，正規分布に基づく確率計算が利用できることになります。この場合，データの平均と標準偏差を先に求めて，それを対数変換した値を平均，標準偏差としてはいけません。対数変換した後のデータ（対数値）の値から，平均と標準偏差の値を計算して，その値に基づく確率計算をしなければなりません。

[例題]

ある企業の男性社員の給与の分布は，金額の大きな方向に裾を引く右に歪んだ分布をする。このとき，給与を対数値に直すと，その平均は12.0，標準偏差1.5の正規分布にほぼ近似できることが分かった。このとき，給与が40万円から60万円の社員の割合が大体どれくらいになるのか，また，給与の多い方から社員の５％くらいを選び出したい場合，給与の額をいくら以上にすればよいのかを求めなさい。

[解答]

40万円，60万円のそれぞれの対数値と対応する値の下側累積確率をNORM.DIST関数で求めると（図表８-10），40万円から60万円の給与の社員の割合は，0.8078－0.7256＝0.0822（8.2％）となります。ここでLN(x)は x の自然対数を求めるExcel関数です。

図表８-10　対数値の下側累積確率

給与 x(円)	給与の対数値 y＝LN(x)	NORM.DIST(y, 12.0, 1.5, 1)
400,000	12.899	0.7256
600,000	13.305	0.8078

図表8-11　対数変換による正規近似

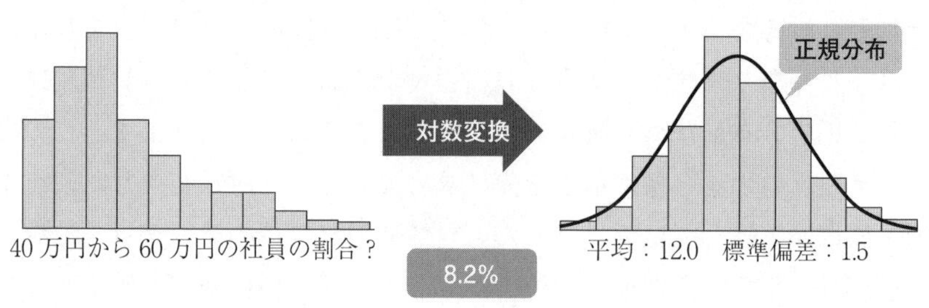

一方，上位5%になる点を求めるため，まず正規分布の上側5%点（下側95%点）をNORM.INV関数を使って，
NORM.INV(0.95, 12.0, 1.5) = 14.46728と求めます。これは給与の対数値なので，対応する給与の額を指数変換EXP関数によって求めると，EXP(14.46728) = 1918934となります。つまり，192万円以上の給与の社員を選べば，全体の上位およそ5%の社員を抜き取ることができることになります。

8.4　中心極限定理（平均値の分布は正規分布）

n個のデータから平均値を計算するということを確率変数を使って表すと，同じ分布$f(x)$に従うn個の独立な確率変数X_1，X_2，…，X_nがあって，その平均$\overline{X} = \frac{1}{n}\sum_{i=1}^{n} X_i$を求めることに対応します。このとき，確率変数から計算される平均$\overline{X}$もある分布法則に従う1つの確率変数となります。ここで，**中心極限定理**（central limit theorem）という統計で最も重要な定理により，もとの確率変数Xの分布$f(x)$がどんな分布の形をしていても，$f(x)$の平均がμ，分散がσ^2（標準偏差がσ）であれば，この平均$\overline{X}$の分布は，nが大きくなるにつれて，平均μ，分散

$\frac{\sigma^2}{n}$$\left(\text{標準偏差}\frac{\sigma}{\sqrt{n}}\right)$の正規分布に近づいていくことが分かっています。

中心極限定理はもともとは，平均μ，分散σ^2のn個の独立な確率変数X_1，X_2，…，X_nの和$\sum_{i=1}^{n} X_i$の分布が，nが大きくなるにつれて，平均$n\mu$，分散が$n\sigma^2$の正規分布に近づいていくことを示した定理です。

図表8-12　中心極限定理

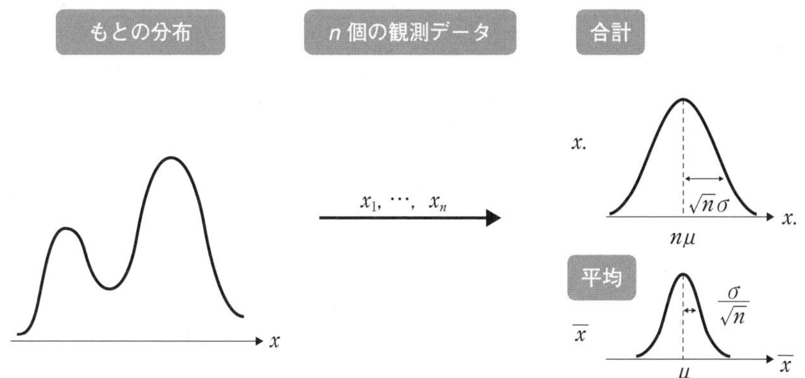

実際のデータを分析する場合，平均値は1つしか計算されないので，平均値のばらつき（分布）の形状を考えるということはイメージし難いかもしれません。ここでは，何度も同じ条件でn個のデータを繰り返し観測した場合に，データのばらつきに応じて平均値もばらついてくる，そのばらつき方が，データの個数nがある程度の大きさであれば，正規分布$N\left(\mu, \left(\frac{\sigma}{\sqrt{n}}\right)^2\right)$と考えてよいという意味です。とくに平均値が従う正規分布の標準偏差$\frac{\sigma}{\sqrt{n}}$は，データから計算された平均値ともとの

分布の平均 μ との距離を測るための尺度（モノサシ）となるため，**標準誤差**（standard error，S.E.，第 10 章参照）と呼ばれています。

8.5　2項分布の正規近似

ここではまず，試行回数 1，生起確率 p の 2 項分布に従う確率変数 X を考えてみます。試行回数が 1 回の 2 項分布をとくに，**ベルヌーイ分布**と言います。X は確率 p で 1，確率 $(1-p)$ で 0 の値をとるので，その平均は，$1\times p+0\times(1-p)=p$，分散は，

$$(1-p)^2\times p+(0-p)^2\times(1-p)=p(1-p)$$

になります。一般に，試行回数 n，生起確率 p の 2 項分布に従う確率変数 X は，試行回数 1，生起確率 p の 2 項分布に従う n 個の独立な確率変数 X_1，X_2，⋯，X_n の和 $\sum_{i=1}^{n} X_i$ と考えることができるので，中心極限定理により n の数が大きくなると，X の分布は，

平均 np，分散 $np(1-p)$，標準偏差 $\sqrt{np(1-p)}$

の正規分布に近づいていきます（第 7 章の図表 7－8 参照）。

2 項確率の計算には組み合わせの数 ${}_nC_k$ が含まれているため，一般に n の数が大きくなると計算が困難になりますが，その場合，この正規近似を利用して確率を計算することができます。このとき，正規近似のための実用的な目安としては，$np>10$，$np(1-p)>9$ などが使われています。

[例題]

香料を製造するある会社が，従来の香料 A に対して新香料 B を開発した。消費者 500 人に好ましい方を選ぶ調査をした結果，仮に消費者の好みに差がない（ランダムにどちらかを選んでいる）と仮定した場合，

２つの香料をそれぞれ選択する消費者の数の差が 80 人以上になる確率を求めなさい。

［解答］

好みに差がないとして消費者が香料 A を選択する確率は 1/2 と考えると，500 人の消費者のうち香料 A を選択する人数は，試行回数 $n=500$，生起確率 $p=1/2$ の２項分布に従うと考えることができます。ここで，n の数は十分に大きいので，香料 A を選択する消費者の数は，平均 $np=250$（人），分散 $np(1-p)=125$，標準偏差 $=\sqrt{125} \fallingdotseq 11.18$（人）の正規分布すると考えることができます。

香料 A と B を選択する人数の差が 80 人以上となるのは，A が 290 人以上選択される場合と，210 人以下で選択される場合の２つの場合があります。したがって，以下のような両側確率を求めることになりますが，左右対称なので，求める確率は，

$$2 \times \mathrm{NORM.DIST}(210,\ 250,\ 11.18,\ 1) \fallingdotseq 0.000347$$

約 0.035％となります。

図表８-13　香料 A を選択する人数の分布　$N(250,\ 125)$

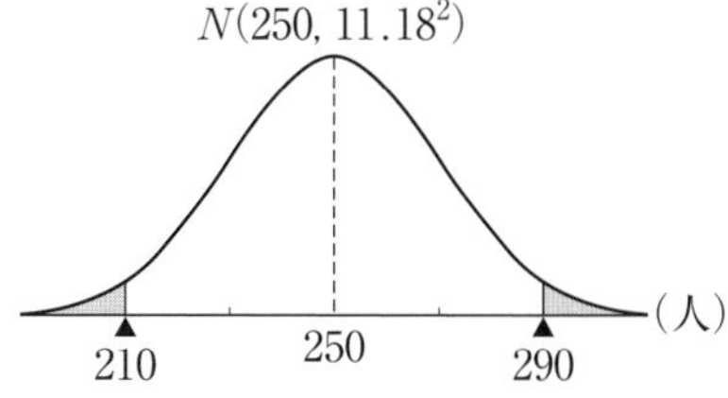

<作成してみよう！>

※「身近な統計」Web 版補助教材（https://www.ouj.ac.jp/mijika/）内の「エクセル操作」で作成用 Excel データと作成手順を公開しています。

・正規分布の確率計算

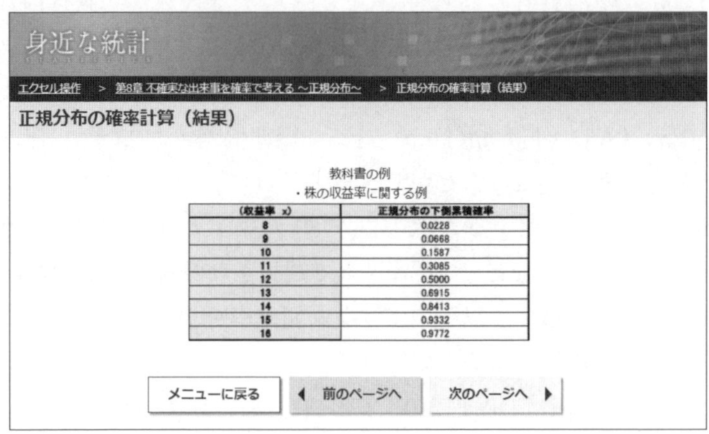

(収益率 x)	正規分布の下側累積確率
8	0.0228
9	0.0668
10	0.1587
11	0.3085
12	0.5000
13	0.6915
14	0.8413
15	0.9332
16	0.9772

（その 2）

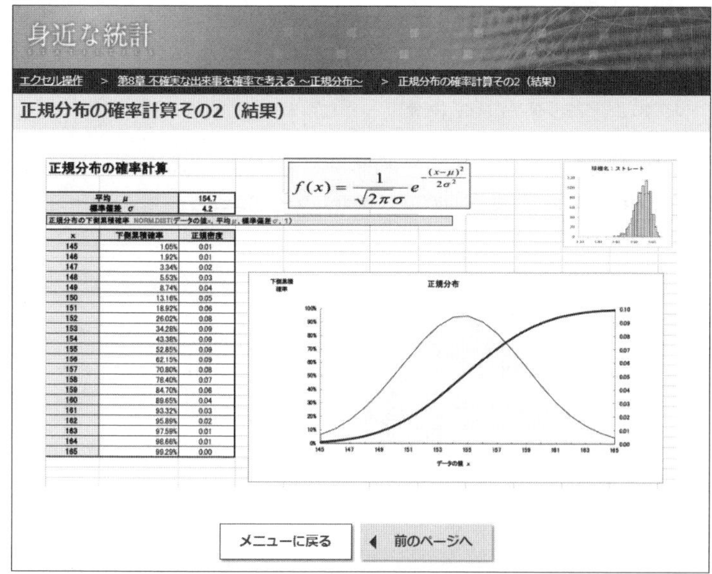

平均 μ	154.7
標準偏差 σ	4.2

x	下側累積確率	正規密度
145	1.05%	0.01
146	1.92%	0.01
147	3.34%	0.02
148	5.53%	0.03
149	8.74%	0.04
150	13.16%	0.05
151	18.92%	0.06
152	26.02%	0.08
153	34.28%	0.09
154	43.38%	0.09
155	52.85%	0.09
156	62.15%	0.09
157	70.80%	0.08
158	78.40%	0.07
159	84.70%	0.06
160	89.65%	0.04
161	93.32%	0.03
162	95.89%	0.02
163	97.59%	0.01
164	98.66%	0.01
165	99.29%	0.00

・標準正規分布の確率計算

(収益率 x)	標準得点 z=(x−12)/2	標準正規分布の下側累積確率
8	−2.0	0.0228
9	−1.5	0.0668
10	−1.0	0.1587
11	−0.5	0.3085
12	0.0	0.5000
13	0.5	0.6915
14	1.0	0.8413
15	1.5	0.9332
16	2.0	0.9772

・1シグマ2シグマ3シグマの法則

（収益率 x）	標準得点 z=(x−12)/2	標準正規分布の下側累積確率
6	−3.0	0.0013
7	−2.5	0.0062
8	−2.0	0.0228
9	−1.5	0.0668
10	−1.0	0.1587
11	−0.5	0.3085
12	0.0	0.5000
13	0.5	0.6915
14	1.0	0.8413
15	1.5	0.9332
16	2.0	0.9772
17	2.5	0.9938
18	3.0	0.9987

μ±1σの区間
0.683

μ±2σの区間
0.954

μ±3σの区間
0.997

・正規分布のパーセント点

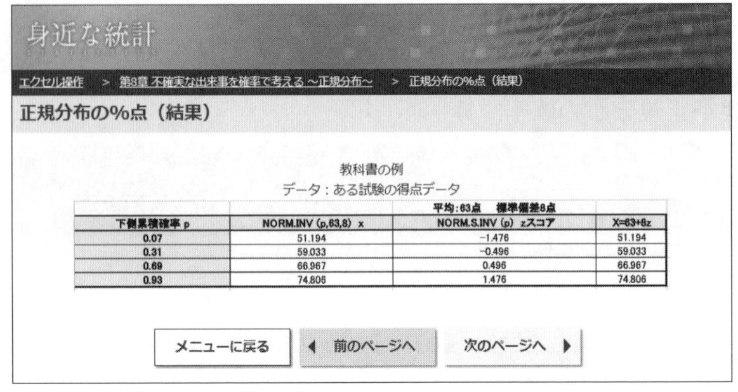

		平均：63点　標準偏差8点	
下側累積確率 p	NORM.INV (p,63,8) x	NORM.S.INV (p) zスコア	X=63+8z
0.07	51.194	−1.476	51.194
0.31	59.033	−0.496	59.033
0.69	66.967	0.496	66.967
0.93	74.806	1.476	74.806

9　統計を作る—部分から全体を知る
～標本調査～

《目標＆ポイント》　これまでの章では，データの持つ情報をグラフや数値で表現することを学びました。実社会においては，このようにして得られた情報を，データがとられた現象に対する情報として一般化することや，部分的に得られたデータに基づいて，データがとられた背景の集団全体についての結論や将来についての予測に結び付ける必要に迫られることがあります。このような場合には，部分から全体について推測する方法論が必要とされます。ここで最も重要なことは，信頼できる妥当な推測を行うためには，また，推測に伴う誤差を管理するためには，統計的な理論に基づく適切な手順を踏んで，データは作成されなければならないということです。この章では，統計的な推論の基本となる，母集団と標本の考え方，標本の作成方法と標本に基づく推測に伴う標本誤差の考え方について説明します。
《キーワード》　母集団と標本（サンプル），無作為標本（ランダムサンプル），無作為標本抽出（ランダムサンプリング），乱数，層別ランダムサンプリング，多段ランダムサンプリング

9.1　データを作る

9.1.1　母集団と標本

データを使って結論を導き出すことが統計学の目的ですが，実際にデータが観測される集団と知見を導き出したい集団が，必ずしも一致するわけではありません。例えば，選挙予測や世論調査の場合，有権者全

体や，国民全体の行動や意識に関しての知見を得ることが目的となっていますが，実際に調査の対象となって意見を聞かれる集団は，全体のほんの一部分でしかありません。一般に，研究や調査の目的となっている対象集団全体を**母集団**（population）と言い，具体的にデータが観察される母集団の一部を**標本**（sample，サンプル）と言います。選挙予測や世論調査の例では，有権者全体や国民全体が母集団であり，調査の対象となって意見を聞かれる集団が標本です。

母集団には，ある時点のある国の有権者全体というように，時間や場所が特定され，その構成要素が具体的に有限個で定まる有限母集団と，具体的に数が特定できない仮想的な無限母集団があります。例えば，ある疾患に対する新薬の臨床試験の場合，現在その疾患に罹（かか）っている患者だけではなく，これから罹る未来の患者も含めて母集団と考えるため，無限母集団となります。また，ある製品の製造工程における抜き取り検査の場合も，その製造工程から作り出される品物全体という仮想的な対象が母集団で，この場合も無限母集団と言えるでしょう。

母集団に関する知見を得るために，私たちはその構成要素に対して調査や実験を通してデータを得ます。母集団全体を対象とする調査を**全数調査**（センサスサーベイ）または，**悉皆（しっかい）調査**と言います。日本で実施されている最も大規模な調査である国勢調査は，日本に住んでいるすべての人（外国人を含む）を対象とした全数調査です。予算も大規模ですが，集計がまとまり確定値が発表されるまで，かなりの日数を要します。国勢調査は，国の政策決定に欠かせない基本となる大事な統計調査なので，全数調査を実施していますが，一般に，全数調査は母集団が大きな場合，時間と経費がかかりすぎて現実的ではありません。また，無限母集団に対しては限りなく実験や検査を繰り返すわけにはいかないので，全数調査を行うことは不可能です。そこで，標本（サンプル）という母集団の一部を形成して，その標本に含まれる対象を調査する標本調査（サンプルサーベイ）が実施されます。

標本調査の場合，一部分のデータの情報から母集団全体に対しての結論について言及するため，当然，この言及は誤差を伴う推測でしかありません。しかし，統計的に適切な標本設計や実験計画を作成し，適切な方法でデータをとることで，標本誤差や実験誤差の数量的な評価を踏まえた統計的推測が可能になります。この章では，とくに標本調査における標本の作り方に関して解説します。

9.2　標本調査

9.2.1　統計的推測と標本誤差

標本調査に基づく統計的推測の流れを図表9-1に表しています。ここでは，母集団の一部である標本を観測して得られる値（標本特性値，**統計量**）を使って，母集団の特性値（**パラメータ**，**母数**）を推測します。

図表9-1　標本調査に基づく統計的推測の流れ

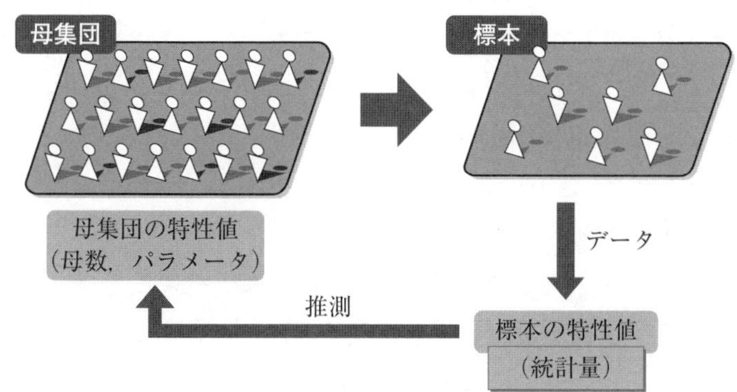

ある民間の会社が実施している関東地区の世帯視聴率調査を例に説明すると，母集団（関東地区の約 1,840 万の世帯*）に関する視聴率を知ることが目的で，この母集団での視聴率が母集団特性値（母数）に当たります。実際に 1,840 万世帯すべてを調査するとコストが膨大にかかるため，600 世帯（標本）が母集団から抽出されます。抽出された 600 世帯に関して，具体的にデータが集められ，その集計の結果として，標本での視聴率（標本特性値，統計量）が算出されます。ここで，標本での視聴率の値は母集団での視聴率を知るための推定値（estimate）にすぎないことを確認してください。標本での視聴率は，母集団上の視聴率とは一致しません。この差が調査に伴う誤差になりますが，誤差には**標本誤差**と**非標本誤差**の２種類があります。前者は，全数調査をせずに標本を作って調査をしていることにより生じているための誤差で，適切な標本設計により数値で評価することができます。後者の非標本誤差は，調査への非回答集団の存在や調査票への記入ミスなど標本調査を理由としない原因から発生する誤差で，数値評価はできません。

ここでは，標本誤差を具体的に評価する方法を学びます。標本誤差を評価し,「標本上の視聴率」を通して「母集団での視聴率」について適切に言及するためには，標本が統計理論上のある一定の約束の下に作成されたランダムサンプル（無作為標本）になっているということが肝要になります。ランダムサンプルは，ランダムサンプリング（無作為標本抽出）によって作成されます。

9.2.2 サンプリング（標本抽出）

標本の中に含まれる調査対象の数 n を**標本サイズ**または，標本の大きさと呼びます。標本数という言葉が使われることもありますが，標本を何組作るのかというような問題と混同することにもなり，統計学的に

＊ 2016 年 10 月時点。

は正しい使い方ではありません。

母集団からサイズ n の標本を作ることを，**サンプリング（標本抽出）**と呼びます（図表９-２）。標本から得られるデータから母集団についての適切な推測がなされるためには，標本が母集団を反映する縮図になっていることが大切です。例えば，世論調査を実施する場合，特定の職業や意見の人ばかりが多く含まれる偏った標本を作って，その標本を調査対象にしてデータを得ると，その人たちの意識が強く反映される偏った結果になり，国民の世論を代表しているとはいえません。

図表９-２　サンプリング（標本抽出）

偏りのない標本を抽出するための方法として，**有意抽出法**と**無作為抽出法（ランダムサンプリング法）**があります。有意抽出法は，調査研究の設計者など母集団の性格をよく知る人の経験によって，母集団をよく代表する標本を選ぶ方法です。その１つの方法に，割当て法（クォータ・サンプリング法）があり，これは例えば，性，年齢，職業，居住地域などの属性別の構成比率が，母集団上での比率と等しくなるように標本を構成する対象を選んでいく方法で，属性の条件が一致すればだれを選んでもよいことになっています。この場合，母集団を代表する調査対象を選ぶためには，どのような属性を考慮すべきかの選択が肝心で，それが適切に実行されていれば代表性の高い標本ができますが，その精度

を客観的に評価することはできません。また，表層的な属性では捉えられない意識の違いなどが調査研究の目的と関わっている場合には，この方法は有効ではありません。

一方，ランダムサンプリング（無作為抽出）とは，標本を選ぶ際に人為的な恣意（しい）性を全く排除し，母集団を構成する要素から確率的なルールで機械的に標本を選ぶ方法です。調査結果の精度を確率的に評価することができるため，統計調査と呼ばれるすべての標本調査は，このランダムサンプリングを基本としています。ランダムサンプリングによって選択された標本を，**ランダムサンプル（無作為標本）**と言います。

9.2.3 単純ランダムサンプリング法（単純無作為抽出法）

ランダムサンプリングの中で基本となる方法が，**単純ランダムサンプリング法（単純無作為抽出法）**で，母集団を構成するどの要素も標本に選ばれる確率が等しくなるサンプリング法です*。この方法によれば，母集団の中から特異的な性質を示す要素だけが集中して選ばれる可能性は低くなり，まんべんなく母集団を代表する偏りのない標本を選択することができます。単純ランダムサンプリング法は，以下の具体的なステップを踏んで標本を形成します。

[ステップ1]

母集団の構成要素の全リストを用意します。このリストのことを抽出枠（サンプリングフレーム）と呼んでいます。母集団が世帯で構成されていて，サンプリングの単位が世帯である場合，住民登録台帳などがサンプリングフレームとして利用できます。また，企業の顧客調査の場合は，顧客名簿がサンプリングフレームとなり，従業員調査であれば，全従業員のリストがサンプリングフレームとして活用できます。

＊母集団のどの要素も標本に選ばれる確率が等しいだけでなく，とくに単純ランダムサンプリング法では，どの要素の組み合わせも標本として選ばれる確率が等しくなる。

［ステップ2］

サンプリングフレームに一連の通し番号を付けます。

［ステップ3］

乱数表を利用して，標本サイズ（標本に含まれる要素の数）と同じ数の乱数を取り出し，その番号と一致したサンプリングフレーム上の番号の要素（抽出単位）を母集団から抜き取り，標本を構成します。

9.2.4　乱数と乱数表

乱数（random number）とは，特定の確率分布の下にランダムに発生された数字を言います。乱数の列を**乱数列**と言います。例えば，公平なサイコロを投げて出てくる1から6までの数字は，等しい確率で発生する*乱数で，このサイコロ投げを何度も繰り返して得られる数字の列は乱数列と言えます。

とくに，0から9までの10個の整数が等しい確率でランダムに出現する乱数列が表に記入されたものを**乱数表**と言います（図表9-3）。この乱数表を任意の桁数に区切って上下左右の任意の方向に読み進めることで，必要な桁数の乱数を得ることができます。例えば，2桁ずつ読めば，00から99までの100個の数字が等確率でランダムに出現する乱数列となり，また，3桁ずつ読めば000から999までの1000個の数字が等確率でランダムに出現する乱数列とみなせます。

母集団の構成要素の数が，例えば全部で850の場合，つまり，サンプリングフレームの通し番号が0から849まである場合，そこから大きさ100の標本を構成するためには，乱数列を3桁ずつ使って000から849までの数字が，ちょうど100個出てくるまで乱数表を読んでいきます。

例えば，図表9-3の乱数表の第2行の第1列から3桁ずつ読むとす

＊離散型の一様分布。

図表9-3　乱数表（一部）

1458	7652	5112	3835	1944	6649	1485	4183
1465	2720	7905	2941	6275	1205	9991	0409
6069	0267	0785	4246	4655	8446	4053	3387
…	…	…	…	…	…	…	…

ると*，順に，146，527，207，905（該当なしで読み飛ばす），294，……が読み取れるので，サンプリングフレーム中でこれらの番号が割り当てられた要素が，標本の構成要素として選択されます。この手順によって，母集団の構成要素はすべて等しい確率で標本中に選択される可能性があったことが保証されます。

実際に乱数列を得る方法として，**乱数サイ**（正20面体の公平なサイコロで，0から9までの10個の数字が2回ずつ面に書いてある。3種の色違いがあり，3個同時に振ることで3個の乱数を一度に発生できる。（図表9-4））や，市販の乱数表（日本工業規格）を参照したりします。大量に乱数が必要になる場合は，電気的なノイズや放射線などの物理現象を利用して発生させる物理乱数やコンピュータ内で計算によって発生させる**擬似乱数**を利用します。

図表9-4　乱数サイ

0から9までの乱数列を小数点以下の数字とみなすことで，［0，1］上で等しい確率で一様に出現する任意の精度の連続値型の乱数が得られ

*最初に乱数表の何列の何行から読み始めるかは，サイコロを振る，目をつぶって乱数表を指で指し，その数字に対応する行番号を使うなど，ランダムに決める。

ます。これを［0，1］上での一様分布に従う乱数（**一様乱数**）と言います。また，この一様乱数に適当な変換を施すことで，例えば，正規分布に従う正規乱数などの他の連続型の分布に従う乱数を作成できます。

9.2.5 系統サンプリング

単純ランダムサンプリングでは，標本サイズが大きいと必要となる乱数の数が膨大になり，手間がかかります。そこで，最初の1つの要素だけを乱数を使って抽出し，あとはそこから系統的に抽出する番号を決める**系統サンプリング**が実際によく使われています。このうち，基本的なものは最初に抽出された番号から等間隔に選んでいく**等間隔サンプリング法**です。

例えば，母集団の構成要素が6,000の場合にサイズ30の標本を抽出する場合は，6,000/30＝200を抽出間隔とし，最初のスタートの番号を乱数で0から199の間の数で選び，仮にそれが120であれば，サンプリングフレームの通し番号の120番，120＋200＝320番，320＋200＝520番，……のように，200ずつ番号を増やして30個の抽出単位を選びます（図表9-5）。

図表9-5　等間隔サンプリング法

…，119，(120)，121，…，319，(320)，321，…，519，(520)，521，…，719，(720)，721，…

等間隔サンプリングでは，もしサンプリングフレームの並びにある種の規則性（周期性）が入っていると，偏った標本を形成してしまう危険性があるので注意する必要があります。

9.2.6 層別ランダムサンプリング法と多段ランダムサンプリング法

実際の調査では，単純ランダムサンプリングすることはまれで，層別（層化）ランダムサンプリングや多段ランダムサンプリングを組み合わせてサンプリングします。

層別ランダムサンプリング法とは，都市規模や地域特性，職業や性別等の属性により母集団をできるだけ等質のグループ（層）に分け，各層ごとに単純ランダムサンプリング法を使って抽出単位を選ぶ方法です（図表9-6）。標本サイズを各層へ配分する方法に関しては，標本を母集団の層の大きさに比例させて配分する比例配分法や，層内のばらつきの大きさ（標準偏差）に比例させて配分するネイマン配分法があります。層別ランダムサンプリング法を行うことで，標本調査に伴う誤差を小さくすることができます。

図表9-6　層別ランダムサンプリング法

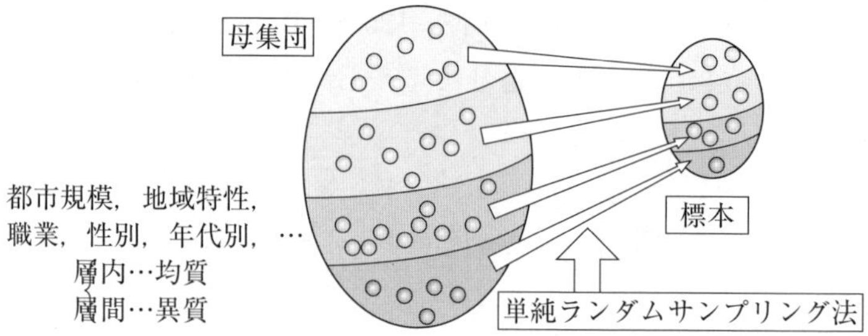

母集団
都市規模，地域特性，
職業，性別，年代別，…
層内…均質
層間…異質
標本
単純ランダムサンプリング法

多段ランダムサンプリング法とは，大きな抽出単位から始めて，目的である小さな抽出単位へ段階を追って単純ランダムサンプリングを重ねていく方法です（図表9-7）。例えば，全国の世帯を母集団とした調査を実施する場合，単純ランダムサンプリング法を採用すると，全国の全世帯のサンプリングフレームを用意することも困難な上，調査対象として標本に含まれる世帯が各地域にばらばらに抽出されてしまい，訪問面接調査に際してその調査対象世帯へ移動する時間と経費が問題となります。そこで，まず市町村の単位を第1段目の抽出単位（第1次抽出単位）とし，単純ランダムサンプリング法で市町村を選択します。その後，その地域に居住する世帯を第2段目の抽出単位（第2次抽出単位）とし，選択された市町村ごとに世帯を単純ランダムサンプリング法によって抽出します。この方法では，調査対象の世帯がある一定の地域ごとに集まって存在することになり，実際に調査も比較的容易になります。

現実に行われている調査の多くは，多段ランダムサンプリング法と層別ランダムサンプリング法を組み合わせた，層別（層化）多段ランダムサンプリング法が使われています。一般的には，都会か田舎などの地域の特性を基準に市町村や国勢調査区などの第1次抽出単位を層別したうえで，各層ごとに2段階のランダムサンプリングを実施します。総務省統計局で実施している家計調査の標本は，第1次抽出単位として調査市

図表9-7　多段ランダムサンプリング法

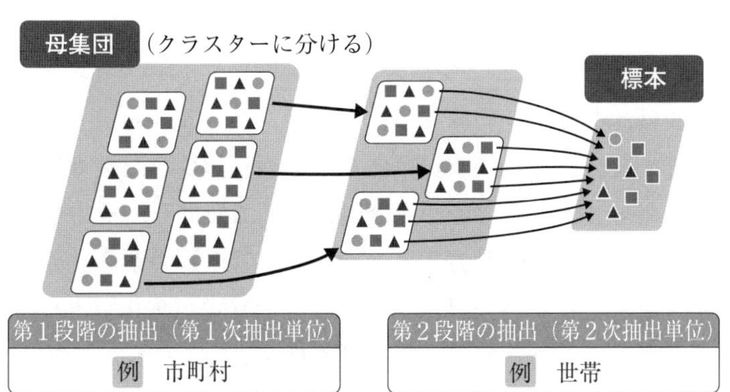

家計調査…層別無作為3段抽出

町村，第２次抽出単位として調査単位区，そして第３次抽出単位として調査対象となる世帯をそれぞれ抽出する層化３段抽出法を用いて抽出しています。

以下は，家計調査「標本の抽出方法」からの引用です。

層化３段抽出法の第１次抽出単位である調査市町村の層化抽出は，次の方法で行った。

① 都道府県庁所在市及び大都市（人口 100 万人以上の市）はそれぞれ１市１層とした。
② 都道府県庁所在市及び大都市以外の市は，地方・人口規模で区分し，さらに，区分した地域ごとに都市の性格，都市化の程度等を表す指標を用いて二人以上の一般世帯数に応じた比例配分に近くなるように層化し，各層からそれぞれ１市を抽出した。
③ 町村は，地方別に区分した後，地理的位置，都市化の程度を表す指標を用いて層化し，各層からそれぞれ１町村を抽出した。

9.3 調査の方法

調査を実際に行う場合，その調査のやり方には以下に挙げる複数の方法があり，それぞれメリットやデメリットがあります。

9.3.1 面接調査

面接調査は，あらかじめ訓練された面接員が，調査対象者のもとに出向いて調査する方法で，調査員はあらかじめ用意された調査法に基づいてデータを集めます。その際，調査員が口頭で質問し，その回答を調査員が調査票に記入する他計方式と，調査対象者が調査票を読み，その回答を調査対象者自身が調査票に記入する自計方式があります。面接調査は，会うことができれば回答を得る可能性が高いというメリットがありますが，調査対象者に会うまでには多数の訪問が必要になることもあり，費用がかさむという欠点があります。また，調査員の介在による偏りの可能性も否定できず，優れた調査員の養成や確保が重要な課題となっています。

9.3.2　郵送調査

郵送調査は，調査票を郵送し，回答者が回答結果を記入した後，その調査票を郵便で返送してもらう形で回収する方法です。この方法は，経費がかからない，不在がちな対象者の回答も期待できる，匿名での回答が可能なので面接では答えにくい項目にも回答が期待できるなどのメリットがあります。一方，一般には回答率が低い，無回答による偏りの可能性がある，回答者が特定できないなどのデメリットもあると言われています。しかし，新聞社が実施するものは始めに予告はがきで知らせるなどの工夫もあり，一般に 60% 台の回収率になっているものもあります。

9.3.3　電話調査

電話調査は，調査対象者に直接電話をし，その場で回答を得る方法で，経費がかからない，調査対象者と最も簡単に接触できる，機械によるランダムな番号発信方法（RDD 法：random digit dialing）により標本抽出が容易にできるなどのメリットがある反面，長い時間をかけることができず，少ない質問数に限られるなどのデメリットがあります。最近は，RDD 法による電話調査が増えています。

9.3.4　インターネット調査

インターネットの普及に伴い，最近は，インターネットを活用した調査も盛んに行われるようになってきました。ただしインターネット利用者には年齢や職業，年収などについての偏りがあることから，インターネット利用者だけを対象とした標本は，母集団からのランダムサンプルになっていないということに注意すべきです。以前，電話の普及が進んでいない時代，電話調査でも同様の問題が考えられていましたが，電話の普及が進んだ現在ではあまり問題視されてはいません。インターネット調査もインターネットの普及が進み，最近の民間のマーケティング調査では大きな比重を占める調査方法となってきています。一方で，このような調査方法によって得られた標本の偏りの補正に関しての研究も同時に進んできています。

＜作成してみよう！＞

※「身近な統計」Web 版補助教材（https://www.ouj.ac.jp/mijika/）内の「エクセル操作」で作成用 Excel データと作成手順を公開しています。

・乱数

一様乱数			乱数列
実現値	生起確率		3
0	0.10		1
1	0.10		5
2	0.10		8
3	0.10		8
4	0.10		9
5	0.10		0
6	0.10		4
7	0.10		8
8	0.10		1
9	0.10		2
			0
			0
			1
			2
			0
			2
			3
			5
			3
			3
			3
			9

10 調査結果の誤差を知る
～推定値と標本誤差～

《目標＆ポイント》 前章では，標本調査の方法を学びました。標本から得られる情報に基づいて母集団の特徴を推測する方法は推測統計と呼ばれ，さまざまな現実の場で活用されています。推測統計では，誤差を評価することが大切になりますが，このために活用される概念に，標本分布があります。標本分布は，統計学の重要な概念の１つになっています。標本分布を利用して，母集団の特性値（母数）に対して「推定」をしたり，母集団についての仮説の真偽を確かめる「検定」をします。

この章では，標本分布について，その具体的な考え方を説明し，母（集団）平均や母（集団）比率の推定値の標本分布を示します。さらに，その結果を利用した母平均や母比率の推定法や推定値の標準誤差について勉強し，標本誤差の計量的評価ができるようになることを目指します。

《キーワード》 標本分布，標準誤差，標本誤差，母平均，母比率，区間推定

10.1　標本分布　～推定量（推定値）のばらつき～

標本調査の結果には，標本誤差が必ず含まれていることを前章で学びました。統計学の中の推測統計学では，この標本誤差を計量的に評価することを目指します。このための道具として，標本分布という概念が使用されます。推測統計の枠組みを理解するためには，まずこの標本分布のことをきちんと理解することが大切です。

標本調査の目的は，母集団の特性を知ることです。とくに，母集団の

特性値（母数，パラメータ）の値を言い当てることを**推定**（estimation）と言います。母数に関する仮説の真偽を推測することを**統計的仮説検定**（statistical hypothesis test）と言います。この章では，推定の問題を取り扱います。

10.1.1　標本平均の標本分布

知りたい母集団特性値が平均値である場合，すなわち，**母平均**μ（ミュー）*の推定の例で説明します。通常の標本調査では，1つの標本を作成し，そこから1つの標本平均値が計算されます。具体的には，いま，大きさnの標本からの観測値 $\{x_1,\ x_2,\ \cdots,\ x_n\}$ が得られたとして，これから標本平均値$\bar{x}=(x_1+x_2+\cdots+x_n)/n$を求めたとします。

この標本平均値$\bar{x}$が母集団の平均値（母平均μ）の推定値になります。しかし，この標本平均値は，例えば，別の標本調査が実施されるとしたら，また新たに確率的な標本の抽出が行われるので，異なる標本が形成され，その結果，異なった値になります。つまり，いま得られた標

図表 10-1　母（集団）平均μの推定

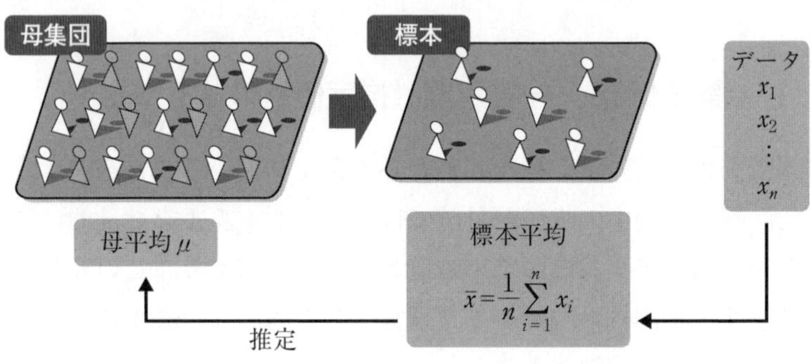

*一般に，標本から計算される値（統計量）はローマ字で標記し，母集団上の値（母数）はギリシャ文字で標記される。μ（ミュー）は mean（平均）の頭文字 m を表すギリシャ文字。σ（シグマ）は standard deviation（標準偏差）の頭文字 s を表すギリシャ文字。

本平均値 $\bar{x}$ は，たまたま確率的な操作で偶然に選ばれた標本上による値にすぎないということです（図表10-1）。

そこで，次のような仮想的なことを考えて，標本平均値 $\bar{x}$ の分布がどうなっているのかを調べます。標本から計算される平均値は，標本を1つ抽出した場合に1つ決まります。仮に，標本抽出を繰り返し行い，標本平均値をその都度計算したとしましょう。たくさんの異なる値の標本平均値が算出されるので，その値のばらつき方（分布）を考えることができます。この分布のことを標本平均*$\overline{X}$ の**標本分布**（sampling distribution）と言います。

母集団からの無作為標本に基づく標本平均 $\overline{X}$ の標本分布については，昔から数多くの研究がなされ，次の重要な性質が分かっています（図表10-2）。

図表10-2　標本平均 $\bar{x}$ の標本分布

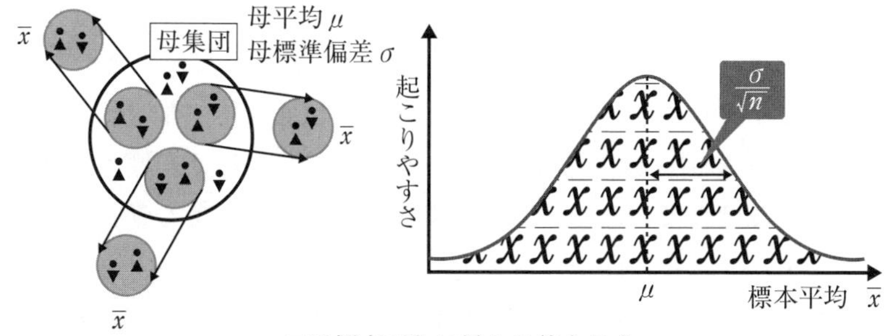

$\bar{x}$ は標本ごとに異なる値を示す

（1）$\overline{X}$ の標本分布の平均は，母集団の平均 μ と一致する。

（2）$\overline{X}$ の標本分布の分散は $\frac{\sigma^2}{n}$，標準偏差は $\frac{\sigma}{\sqrt{n}}$（ただし n は標本サイズ，σ^2 は母集団での変数 X の分散）。

＊一般に，確率変数は大文字 X，その実現値を小文字の x で表記し区別する。ただし，このテキストでは読み易さを優先し，この区別を厳密には行っていない。

（3）X の母集団上での分布が正規分布であれば，$\overline{X}$ の標本分布は，平均 μ，標準偏差 $\dfrac{\sigma}{\sqrt{n}}$ の正規分布になる。
（4）n が大きくなるにつれて，X の母集団上での分布の形状に関係なく，$\overline{X}$ の標本分布は，平均 μ，標準偏差 $\dfrac{\sigma}{\sqrt{n}}$ の正規分布に近づいていく（中心極限定理）。

（1）の性質は，標本平均の値が知りたいと思っている母平均の値を中心として分布していることを意味しています。このことから，標本平均値 $\bar{x}$ は母平均を推定する値として妥当であると考えることができます。また，（2）の性質は，標本平均値 $\bar{x}$ を母平均 μ の推定値と考えた場合，その推定精度と標本の大きさ（データ数 n）との関係を示す大事な性質で，標本平均の分布の標準偏差は，標本の大きさが大きくなるにつれて，だんだん小さくなっていくことを示しています。つまり，無作為標本であれば，標本サイズが大きいほど，その標本平均を計算すると，真の母平均の値 μ に近い値である可能性がだんだん大きくなるというわけです。具体的には，標本の大きさ n に対して，推定精度は $\sqrt{n}$ に比例します。例えば，推定精度を2倍にしたければ，標本サイズ n は4倍にしなければいけません。大事な性質なので，よく覚えておきましょう。また，推定精度は，もともとの母集団上でのデータのばらつき σ に反比例します。つまり，同じ標本サイズ n では，ばらつきの大きなデータほど推定の精度が悪くなることを意味します。

（3）と（4）の2つの性質は，前提が少し違いますが，共に標本平均の標本分布を正規分布で考えて良いことを意味しています。つまり，正規分布の性質を使うことで，標本平均と母平均のずれの大きさを確率的に評価できることになります。標本平均値 $\overline{X}$ は母平均 μ を中心に左右対称に分布しているので，母平均 μ からどの程度離れて標本平均値 $\bar{x}$ が出現する可能性があるのかをその標準偏差 $\frac{\sigma}{\sqrt{n}}$ で評価するということです。この値が，標本から得られる推定値 $\bar{x}$ の標本誤差や区間推定を計算する上でのベース（標準誤差）となります。ただし，これらの誤差評価が妥当であるためには，あくまでも適切なランダムサンプリングの手順が踏まれたもとで無作為標本が形成されていたら，という大きな前提条件があることを忘れてはいけません*。

10.1.2　標本比率の標本分布

あるテレビ番組を見ていた世帯の割合（視聴率）や治療が成功する患者の割合（治癒率）など，母集団において特定の事象が発生している割合（構成比率）を推定することが調査の目的である場合も多くあります。この場合，標本上での割合（標本比率 $\hat{p}$，ピーハット**）で，母集団上での割合（**母比率** p）を推定しますが，この誤差を評価するためには，標本比率 $\hat{p}$ の標本分布を考えなければなりません。標本に対して，Yes か No で答える質問をしたとします。例えば，あるテレビ番組を見たかどうかの質問などです。この答えを変数 x とし，

$$x=\begin{cases}1 & \text{if 答え} = \text{Yes}\\ 0 & \text{if 答え} = \text{No}\end{cases}$$

で，データを記録したとします。このデータは 0 と 1 の 2 つの値でばらつく離散型のデータです。その標本平均 $\bar{x}$ は，個々の x の値を足したものを標本の大きさ n で割った値になりますが，いま，x は Yes と答えれば 1，No であれば 0 なので，x の総和は Yes と答えた人の人数になります。それを標本の大きさ（全体の数 n）で割ったわけですから，標本

* この章では，母集団が標本に比べて十分に大きく，また，単純ランダムサンプリングが行われた下での標本誤差を示している。

** 母数（パラメータ）を表す文字（例えば，p）にハットを付けると，一般に，その母数の推定値であることを意味する。標本平均 $\bar{x}$ は $\hat{\mu}$ でもある。ここでは，表記が煩雑になるため，確率変数と実現値で同じ小文字の $\hat{p}$ を使用する。

平均値 $\bar{x}$ は Yes と答えた人の割合，すなわち，標本比率 $\hat{p}$ になります。つまり，標本比率 $\hat{p}$ は標本平均値 $\bar{x}$ とみなすことができ，先に示した標本平均値 $\bar{x}$ の標本分布の性質が適用できることになります。

図表 10-3　標本比率は標本平均と同じ

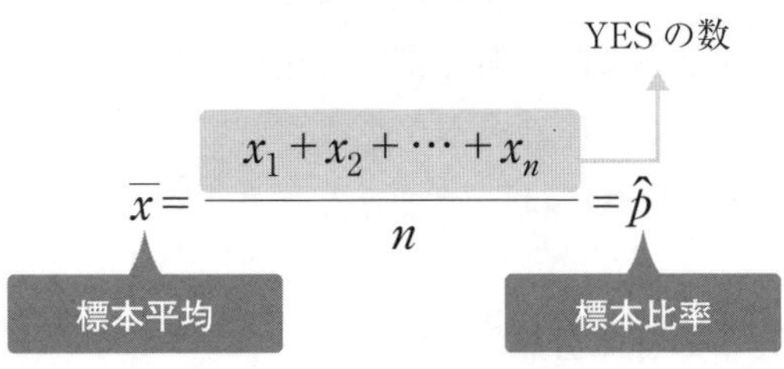

（1）標本比率 $\hat{p}$ の標本分布の平均は，母比率 p と一致する。

（2）標本比率 $\hat{p}$ の標本分布の分散は，$\dfrac{p(1-p)}{n}$，標準偏差は $\sqrt{\dfrac{p(1-p)}{n}}$ となる（8.5 節参照，ここで，n は標本サイズ）

（3）n が大きくなると，標本比率 $\hat{p}$ の標本分布は，平均 p，標準偏差 $\sqrt{\dfrac{p(1-p)}{n}}$ の正規分布に近づく。

10.2　統計的推定

10.2.1　点推定と区間推定

母平均や母比率のような母集団の特性値（母数）を母集団の一部分である標本から推定する場合，推定値を求めるだけではなく，推定値の誤差を明らかにすることが統計的推測の立場です。このために，標本誤差を評価することが大切になります。

一般に推定の方法として，ある 1 つの値で言い当てる「点推定（point

estimation)」と，このあたりの値ではないかという区間を示す「区間推定（interval estimation)」があります。「区間推定」は，点推定値にその推定誤差を含めてこの辺であろうという区間を表示しますが，「点推定」においても，推定値と一緒に「標準誤差」と呼ばれる推定誤差を計算し提示することが大切です。

10.2.2　標準誤差

標準誤差（standard error；S.E.）とは，推定値の標本分布の標準偏差のことです（図表10-2）。この大きさが推定値と母数の真値との距離（確率的に起こり易い距離）の目安となります。標準誤差が大きければ，推定値と母数の真の値が離れている可能性が高いことを意味します。したがって，標準誤差が大きい推定値は精度が悪いと判断されます。

標本平均$\overline{X}$の標本分布は，母集団分布が正規分布する場合，もしくは標本サイズnが十分大きい場合に，平均μ，標準偏差$\dfrac{\sigma}{\sqrt{n}}$の正規分布になるので，$\dfrac{\sigma}{\sqrt{n}}$が標本平均$\overline{X}$の標準誤差（S.E.）になります（10.1.1項参照)。標準誤差（S.E.）には，一般には未知の母集団分布の標準偏差σが含まれているので正確な値は計算できませんが，過去の大規模な調査で求められた値をσの既知の値として代用するか，もしくは，いま手にしている標本から標本標準偏差sを次の式で求めて，σの推定値とします。

$$s=\sqrt{\frac{1}{n-1}\sum_{i=1}^{n}(x_i-\bar{x})^2} \quad (5.2\text{節参照})$$

標本比率$\hat{p}$の標準誤差（S.E.）は，$\sqrt{\dfrac{p(1-p)}{n}}$です。pはやはり未知

の値ですが，標本比率 $\hat{p}$ で代用して標準誤差を評価します。

標準誤差はデータと同じ単位を持ち，実用上は，±2 倍の標準誤差を推定値の周りに加えて，標本誤差とします。詳しくは，次節の区間推定で説明します。また，誤差としての許容範囲をあらかじめ定めて，必要な標本の大きさ n を決めることがよく行われますが，その場合も標準誤差の式を利用し，標本の大きさ n を標本調査の設計段階で求めます。

総務省統計局が実施している家計調査では，相対的な誤差の大きさの評価法として，標準誤差（S.E.）を標本平均値 $\bar{x}$ で割った値を標準誤差率として公開しています（図表 10-4）。

図表 10-4　２人以上の世帯の地方別支出金額の標準誤差率（%）　2022 年平均

地方	消費支出	集計世帯数
全国	0.4	7,341
北海道	1.5	272
東北	1.5	752
関東	0.7	1,868
北陸	1.7	510
東海	1.2	686
近畿	1.1	981
中国	1.4	633
四国	1.6	455
九州	1.1	979
沖縄	2.3	205

出典：家計調査年報「家計調査の概要」（総務省統計局）

10.3　平均と比率の区間推定

10.3.1　区間推定の考え方

標本平均 X で母平均 μ を推定する場合，標準誤差（S.E.）は標本平均 X の標準偏差なので，仮に標本分布が正規分布となる前提が成立するとしてシグマの法則（5.3 節）を適用すると，母平均 μ から ±S.E. の範囲，±2×S.E. の範囲，±3×S.E. の範囲に標本平均の実現値 x が入る確率は，それぞれ 68.3%，95.4%，99.7% になります。これを標本平均値 x の立場から見ると，x から ±S.E. の範囲，±2S.E. の範囲，±3S.E. の範囲に，母平均 μ がそれぞれ 68.3%，95.4%，99.7% の確からしさで含まれていることになります。ちょうど 95%，または 99% になるのは，x から ±1.96×S.E.，±2.58×S.E. の範囲になります（図表 10-5）。このように正規分布の確率を利用して，あらかじめ決めた確からしさ（**信頼度**，または**信頼係数**と呼ぶ）から，母平均 μ が含まれる区間を実際に求めた標本平均値 x から構成した区間を**信頼区間**と呼び，1.96×S.E や 2.58×S.E. のことをそれぞれの信頼係数のときの誤差幅とも言っています。誤差幅は信頼区間の幅の 1/2 にあたります。

信頼度を高くすると信頼区間の幅が広くなり，一方，信頼度を低くすると信頼区間の幅が狭くなります。目的に応じた信頼度の決め方が大切です。慣例としては，95%，もしくは 99% の信頼度が用いられています。

図表 10-5　区間推定の考え方

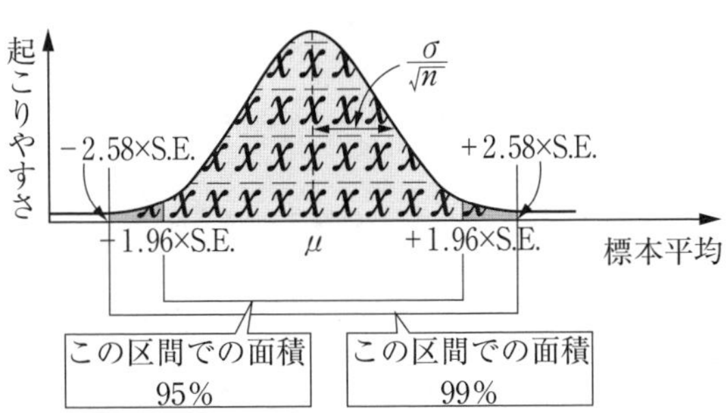

10.3.2 母平均の区間推定

（A） n が大きな場合, または, 母集団分布が正規分布で σ が既知の場合

この場合, $\overline{X}\sim N\left(\mu, \dfrac{\sigma^2}{n}\right)$となり, これを標準化すると, $\dfrac{\overline{X}-\mu}{\frac{\sigma}{\sqrt{n}}}\sim N(0,1)$ となります。標準正規分布の性質から, 次のような式が成り立ちます。

$$95\%\text{の確率で,}\ -1.96\leqq\frac{\overline{X}-\mu}{\frac{\sigma}{\sqrt{n}}}\leqq1.96$$

これより, 不等式についての簡単な計算を行うと,

$$95\%\text{の確率で,}\ \overline{X}-1.96\frac{\sigma}{\sqrt{n}}\leqq\mu\leqq\overline{X}+1.96\frac{\sigma}{\sqrt{n}}$$

が得られます。この式により, 母平均 μ がどの範囲にあるかを示す区間が求められます。式の中の $\overline{X}$ に標本平均値 $\bar{x}$ を代入し,

$$95\%\text{の確率で,}\ \bar{x}-1.96\frac{\sigma}{\sqrt{n}}\leqq\mu\leqq\bar{x}+1.96\frac{\sigma}{\sqrt{n}}$$

が母平均 μ の信頼区間として使用されています。

σ が既知でなければ, σ を標本標準偏差 s で置き換えます。一般の信頼度の場合,

> n が大きいときの信頼度 100 $(1-\alpha)$ %の信頼区間
>
> $$\bar{x}-z(\alpha/2)\frac{s}{\sqrt{n}}\leqq\mu\leqq\bar{x}+z(\alpha/2)\frac{s}{\sqrt{n}}$$

となります。ここで, $z(c)$ は標準正規分布の 100c%点を表しています。$\alpha=0.1$ のとき $z(0.05)=1.64$, $\alpha=0.05$ のとき $z(0.025)=1.96$, $\alpha=0.01$

のとき $z(0.005)=2.58$ です。

(例)

ある母集団について一世帯あたりの一ヵ月の支出金額を調べる目的で，大きさ1,600の無作為標本を抽出したところ，標本平均が21万円，標本標準偏差が8万円になったとする。支出金額に関する母平均の区間推定を信頼度95%で求めると，信頼区間の下限は $21-1.96\times8/40\fallingdotseq20.6$（万円），信頼区間の上限は $21+1.96\times8/40\fallingdotseq21.4$（万円）となる（図表10-6）。

図表10-6　信頼区間

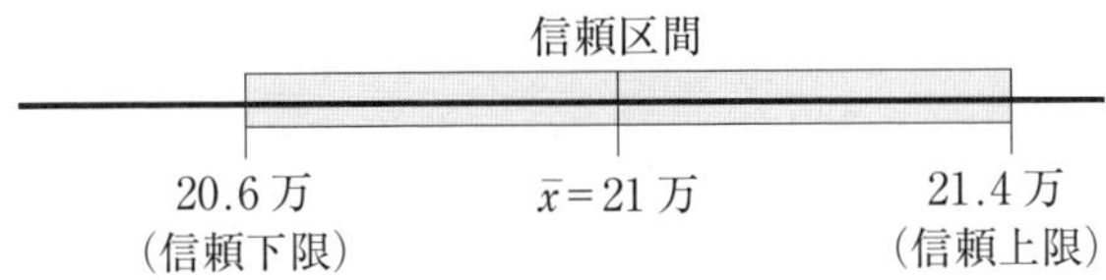

上記の例で求めた信頼区間［20.6, 21.4］の間に，確率95%で母平均 μ が含まれると解釈してはいけません。標本平均値 $\bar{x}$ の値は，標本が変わると変化する値なので，信頼区間も変化します。信頼度95%の意味は，この手順で信頼区間を求める手続きを標本抽出のたびに繰り返すと，95%の確率で真の母平均 μ を含む区間が求まっていることを示しています。

(B) 母集団分布が正規分布で，σ が未知の場合（n は小さい）

この場合，標本サイズ n が小さくても，

図表10-7　t 分布表

自由度 $n-1$	t 分布の両側5%点 $t(n-1,\ 0.05)$
1	12.71
2	4.30
3	3.18
4	2.78
5	2.57
6	2.45
7	2.37
8	2.31
⋮	⋮
30	2.04
40	2.02
60	2.00
120	1.98
∞	1.96

次のように信頼区間を求めることができます。

いま，母集団分布が正規分布であれば，$\dfrac{\overline{X}-\mu}{s/\sqrt{n}}$ の分布は，自由度が（$n-1$）の**t分布**[*]になることが知られています。この結果から，信頼度 $100(1-\alpha)\%$ の信頼区間として，

$$\bar{x}-t(n-1\,;\,\alpha/2)\frac{s}{\sqrt{n}} \leqq \mu \leqq \bar{x}+t(n-1\,;\,\alpha/2)\frac{s}{\sqrt{n}}$$

が得られます。ここで，$t(n-1\,;\,\alpha/2)$ は自由度 $n-1$ の t 分布の上側 $100(\alpha/2)\%$ 点（両側 $100\alpha\%$ 点の正の値）です。

10.3.3　母比率の区間推定

10.1.2 項で，比率は平均であると説明しました。平均の場合と同じ展開をすることで，n が大きいときの信頼度 $100(1-\alpha)\%$ の母比率 p の信頼区間は，

$$\hat{p}-z(\alpha/2)\sqrt{\frac{\hat{p}(1-\hat{p})}{n}} \leqq p \leqq \hat{p}+z(\alpha/2)\sqrt{\frac{\hat{p}(1-\hat{p})}{n}}$$

になります。ここでは，標本の大きさ n が大きいことが前提となっていることに注意してください。

（例）

個人視聴率調査で，ランダムサンプリングによって選ばれた 400 人を調査したとき，200 人がその番組を見ていたと回答した。信頼度 95%の

＊t 分布は，正規分布と同様な単峰性を示す左右対称な分布で，自由度 $\phi=n-1$ によって確率密度関数 $f(t)=C_n\left(1+\dfrac{t^2}{\varphi}\right)^{-\frac{\varphi+1}{2}}$，$-\infty<t<\infty$ が定まり（ただし C_n は $f(t)$ を $-\infty$ から ∞ まで積分すれば 1 になるような定数），正規分布より両裾が厚いことが特徴で，n が大きければ正規分布で近似できる。図表 10-7 は，t 分布の両側 5 %点の正の値を示しており，自由度が大きくなるにつれて標準正規分布の両側 5 %点の正の値（1.96）に近づいていることが分かる。

母集団上での視聴率 p の信頼区間を求めると，

$$0.5-1.96\sqrt{\frac{0.5(1-0.5)}{400}} \leqq p \leqq 0.5+1.96\sqrt{\frac{0.5(1-0.5)}{400}}$$ から，

$0.451 \leqq p \leqq 0.549$ となり，信頼下限45.1％，信頼上限54.9％になる。

母比率の推定における標本誤差表（誤差幅）

図表10-8は，母比率 p の値を想定した場合の標本の大きさ n に伴う信頼度95％の誤差幅（±1.96×S.E.）の表です。同じ標本サイズ n に対しては，母比率 p が50％に近づくほど推定の誤差が大きくなることや，母比率を固定すると，n が大きくなるほど誤差が小さくなることを確かめてください。

図表10-8　標本誤差表

（誤差幅）

母比率 p ＼ 標本の大きさ n	5％	10％	20％	30％	40％	50％
100	±4.27	±5.88	±7.84	±8.98	±9.60	±9.80
200	±3.02	±4.16	±5.54	±6.35	±6.79	±6.93
300	±2.47	±3.39	±4.53	±5.19	±5.54	±5.66
400	±2.14	±2.94	±3.92	±4.49	±4.80	±4.90
500	±1.91	±2.63	±3.51	±4.02	±4.29	±4.38
1,000	±1.35	±1.86	±2.48	±2.84	±3.04	±3.10
2,000	±0.96	±1.31	±1.75	±2.01	±2.15	±2.19
3,000	±0.78	±1.07	±1.43	±1.64	±1.75	±1.79

（％ポイント）

＜シミュレーションを動かして確認してみよう！＞

「身近な統計」Web 版補助教材（https://www.ouj.ac.jp/mijika/）内の「シミュレーション統計グラフ」にはシミュレーションを学習する教材があります。

・t 分布

●手順

・ステップ１　右側のボタンをクリックするとページにアクセスできます。（リンク　＞）
・ステップ２　自由度 v の値を変更して，グラフを確認してみましょう。

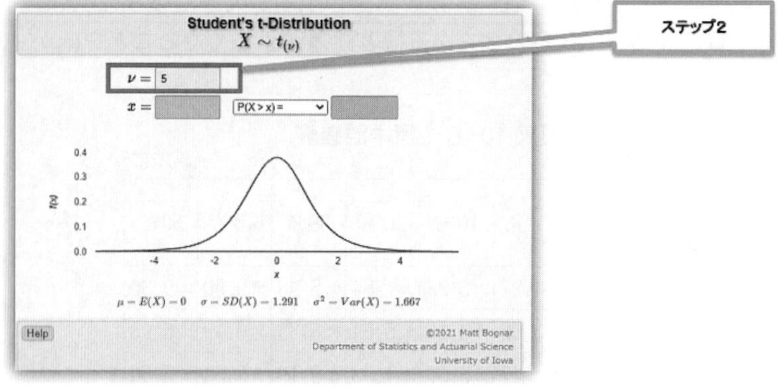

＜作成してみよう！＞

※「身近な統計」Web 版補助教材（https://www.ouj.ac.jp/mijika/）内の「エクセル操作」で作成用 Excel データと作成手順を公開しています。

・標本誤差表

	母比率				
サンプル数	10%	20%	30%	40%	50%
100	±5.88	±7.84	±8.98	±9.60	±9.80
200	±4.16	±5.54	±6.35	±6.79	±6.93
300	±3.39	±4.53	±5.19	±5.54	±5.66
400	±2.94	±3.92	±4.49	±4.80	±4.90
500	±2.63	±3.51	±4.02	±4.29	±4.38

11 標本から仮説の真偽を判断する
〜統計的仮説検定の考え方〜

《目標＆ポイント》 母集団の一部である標本から母集団特性値（母数）に関して推測する場合，母数の値を推定する問題と母数に関する仮説の真偽を結論づける問題の２通りがあり，前者を統計的推定の問題，後者を統計的仮説検定の問題と言います。推定の問題では，第10章で取り上げたように，推定誤差の評価が重要になりますが，仮説検定を理解する上では，検定に伴う誤判断の可能性を確率で評価することが大切になります。

この章では，統計的仮説検定の基本的な考え方を示し，母平均や母比率についての検定の手順を具体的に紹介します。

《キーワード》 統計的仮説検定，帰無仮説，対立仮説，両側検定，片側検定，検定統計量，棄却域，２種類の過誤と過誤確率，有意水準（危険率），有意確率（p 値）

11.1 確率を使った推論と２つの仮説

母集団の特性値（母数）についての仮説が正しいかどうかを標本から得られるデータに基づいて判断する方法が，**統計的仮説検定**です。標本から母集団についての完全な情報を得ることはできないので，仮説検定による判断には過誤が伴うことをまず意識しなければなりません。推定の場合に標本分布を基礎として標本誤差についての理論構築が行われたように，仮説検定においても，検定に使用する標本特性値（検定統計量）の標本分布の理論に基づいて，検定による誤判断の可能性を確率的に評価する枠組みがあります。

いま，コインを放り表が出るか裏が出るかの実験を考えてみましょう。表の出る確率が p のとき，n 回コインを投げて m 回表が出る確率は，２項分布の確率計算により，

$$P(X=m)={}_nC_m p^m(1-p)^{n-m}$$

で与えられます。いま，表と裏が等しい確率で起こる，すなわち $p=0.5$ かどうかを確かめるために，実際にコインを投げて実験することにします。

仮に 10 回コインを投げて，もし１回も表が出なかったとしたとき，どのようなことを思うでしょうか？　10 回コインを投げて１回も表が出ないと，一般には $p=0.5$ であるという仮説に疑いが生じるでしょう。なぜなら，$p=0.5$ が正しいとして今の結果（$X=0$）が起こる確率を計算してみると，$P(X=0)=0.000977$ となり，かなり小さな確率でしか１回も表が出ない（10 回続けて裏が出る）ような事象は起こらないからです。

もし，$p=0.5$ という仮説が正しいとすれば，1,000 回中１回ほどしか起きないような非常にまれなことが起こったことになります。このような場合，めったにないことが起こったというより，「仮定した仮説 $p=0.5$ がおかしい，すなわち，表の出る確率 p がもともと 0.5 より小さいのではないか，そうだとしたら 10 回続けて裏が出ても不思議ではない」と思うのが普通でしょう。

統計的仮説検定のロジックは，この考え方に基づいて構築されています。いま表が出難いコインがあったとし，どうも $p<0.5$ ではないかという疑いが生じている場合，あえて疑わしい仮説（$p=0.5$）が正しいとして，実験および調査結果（標本）との発生確率から見た矛盾をつい

て，仮説を誤っていると判断する証拠とする考え方です。

このような最初からデータと矛盾することが期待されている仮説を**帰無仮説**と呼び，H_0 で表記します。帰無仮説は，無に帰する（正しくないから捨てる）ことを目的として立てられている仮説です。帰無仮説が正しくないと判断されると自動的に正しくなるもう１つの仮説を**対立仮説**と呼び，H_1 で表記します。対立仮説は，もともと成立が期待される仮説で，実験や調査を通して証明したい仮説です。対立仮説には，想定されている状況（方向性）によって両側対立仮説と片側対立仮説の２種類のタイプがあり，区別する必要があります。

コインの例で言えば，表が出難いことが疑われていて，$p<0.5$ という仮説を証明したいので，対立仮説 $H_1: p<0.5$ となり，これを（左）片側対立仮説と言います。逆の場合，すなわち，表が出易いことが疑われている場合，対立仮説を $H_1: p>0.5$ とおき，これを（右）片側対立仮説と言います。一方，とくにどちらかの傾向という方向性のない対立仮説 $H_1: p\neq 0.5$ を両側対立仮説と言います。対立仮説に応じて，否定される帰無仮説が以下のように異なってきます。

（右片側対立仮説）	（左片側対立仮説）	（両側対立仮説）
$H_1: p>0.5$	$H_1: p<0.5$	$H_1: p\neq 0.5$
$H_0: p\leqq 0.5$	$H_0: p\geqq 0.5$	$H_0: p=0.5$

11.2　検定統計量とその標本分布

仮説検定をする際に使用される標本（データ）から観察（測定）される特性値（統計量）のことを**検定統計量**と呼びます。仮説検定では，帰無仮説を正しいと仮定した下で，検定統計量の標本分布を考え，結果の確率的な妥当性を評価します。

コイン投げの実験では，10 回投げたときの表の出る回数 X が検定統計量となります。帰無仮説は，例えば，右片側対立仮説の場合，$H_0: p \leqq 0.5$ となりますが，$p=0.5$ の状況で考えれば十分なので，右（左）片側もしくは両側のいずれの対立仮説の場合も，$p=0.5$ の下での標本分布を考えればよいことになります。

図表 11-1 は，左片側対立仮説 $H_1: p<0.5$（$p=0.1$），帰無仮説 $H_0: p=0.5$，右片側対立仮説 $H_1: p>0.5$（$p=0.9$）における表の出る回数 X の確率分布を表しています。左片側対立仮説の下では帰無仮説を前提とした場合より，表の出る回数が少なくなる可能性が大きくなること，また，右片側対立仮説の下では逆に，表の出る回数が多くなる可能性が大きくなることを確認してください。

図表 11-1　コイン投げで表の出る回数 X の確率分布

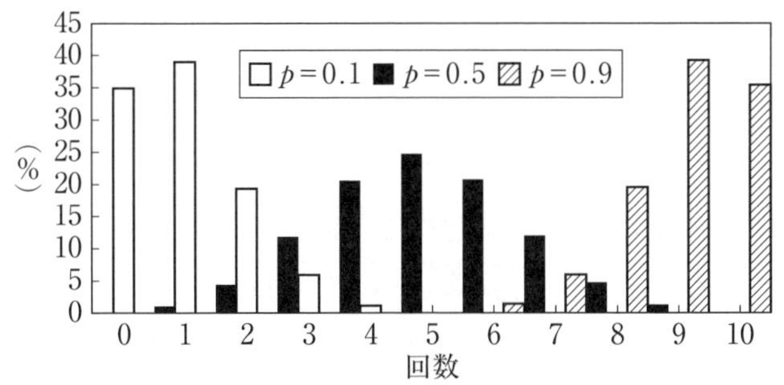

11.3　検定に伴う 2 種類の過誤と過誤確率

もしコインを無限回投げて表の出る割合を計ることができれば（母集団を全数観測したことに相当），表の出る確率 p の真の値が分かるので，帰無仮説，対立仮説の真偽は確実に判断できますが，実際は有限回の実験（標本）から判断しなければいけません。したがって，判断がいつも正しいというわけではなく，どのような判断を下してもそれが誤っている可能性があるということをあらかじめ考えておかなければなりません。つまり，正しいものを間違っているとする誤りと，間違っているものを正しいとする誤りです。前者の誤りを**第１種の過誤**，後者を**第２種の過誤**と呼びます。また，これらの誤りを犯す確率をそれぞれ**第１種の過誤確率**（α），**第２種の過誤確率**（β）と呼びます（図表 11-2）。

図表 11-2　第１種および第２種の過誤確率

<table>
<tr><td colspan="2" rowspan="2">帰無仮説 H_0：$p=0.5$</td><td colspan="2">検定による判断</td></tr>
<tr><td>$p=0.5$（真）</td><td>$p\neq0.5$（偽）</td></tr>
<tr><td rowspan="2">真偽</td><td>$p=0.5$（真）</td><td>正しい</td><td>第１種の過誤
第１種の過誤確率（α）
“あわて者の誤り”</td></tr>
<tr><td>$p\neq0.5$（偽）</td><td>第２種の過誤
第２種の過誤確率（β）
“ぼんやり者の誤り”</td><td>正しい
（検定の検出力）</td></tr>
</table>

検定を構築する場合，できるだけこの２種類の過誤を起こす確率を同時に小さくすることが望ましいのですが，同じデータに基づく判断でこの２種類の誤りを同時に小さくすることはできません。一方の誤りの可能性を小さくするようにすると，他方の誤りの可能性が大きくなるからです。そこで，統計的仮説検定の立場では，帰無仮説が正しいにもかかわらずそれを棄却し，対立仮説の方を正しいとする確率，すなわち第１種の過誤確率（α）の方をあらかじめ許容できる値以下になるよう設定して，検定します。このときの値を**有意水準（危険率）**と言い，慣例で

は５％や１％の値を設定します。

実際に検定が適用される場面では，帰無仮説が棄却され対立仮説が採択されたときに，具体的なアクションが取られます。例えば，新しい薬の効果を厚生労働省が認可する際には，検定の結果に基づいた判断が要求されますが，その場合，対立仮説：「新薬は偽薬よりも効果がある」に対して帰無仮説：「新薬の効果は偽薬の効果と差がない」が検定されます。このとき，帰無仮説が棄却されて初めて，新薬の効果が認証され，市販薬として販売されるというアクションが取られます。

検定では一般に，対立仮説の方にアクションにつながる検証したい仮説を割り当てるので，帰無仮説が正しく対立仮説が誤っているにもかかわらず，帰無仮説を棄却し対立仮説を採択する第１種の過誤をあわてて間違ったアクションを起こすという意味で“あわて者の誤り”と言っています。このあわて者の誤りは，例えば，効果のない薬が販売されると消費者にとっての不利益につながるので，一般に“消費者危険”とも言われています。

一方，帰無仮説が棄却されなければアクションを起こさないので，実際は対立仮説が正しいにもかかわらず帰無仮説を棄却しない第２種の誤り，つまり，新薬には効果があるのに，それを見逃す誤りをぼんやりしてアクションを起こさないという意味で“ぼんやり者の誤り”と言っています。同時にこの誤りは，新薬を開発した製薬会社にとっては売れる商品を販売しなかったリスクという意味で，一般に“生産者危険”と言っています。

仮説検定の立場は，このあわて者の誤り（消費者危険）である第１種の過誤確率（α）を検定に伴う有意水準（危険率）として，あらかじめ小さく抑えるように手順が構築されています。

11.4　有意水準（危険率）と棄却域

第1種の過誤確率（α）は，帰無仮説が正しいときに帰無仮説を棄却する確率です。帰無仮説を棄却するルールは検定統計量 X の値によって決まるので，仮説検定では，帰無仮説が正しい場合の検定統計量 X の分布を知ることが大切です。コイン投げの例では，10回コインを投げて表の出る回数 X を検定統計量として，表の出る確率 p に関する帰無仮説 H_0：$p=0.5$ を検定するので，$p=0.5$ のときの X の分布（2項分布）が基本になります。図表11-3は，その分布をグラフと表で示しています。

図表11-3　検定の向き，有意水準と棄却域

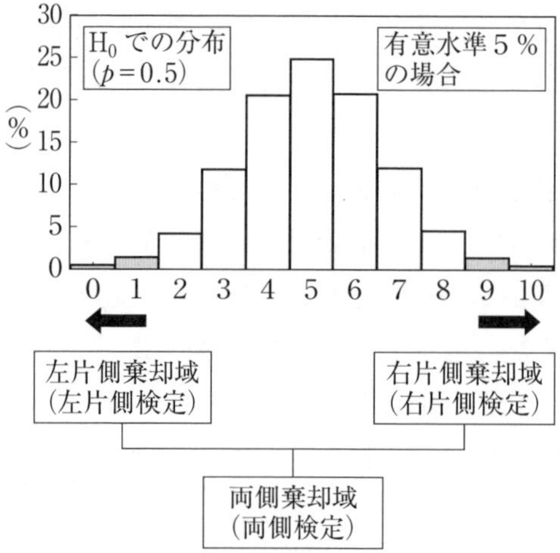

(%)
30
25
20
15
10
5
0
H_0 での分布
($p=0.5$)
有意水準5％
の場合
0 1 2 3 4 5 6 7 8 9 10
左片側棄却域
(左片側検定)
右片側棄却域
(右片側検定)
両側棄却域
(両側検定)

表の出る回数	表の出る確率(%) $p=0.5$
0	0.10
1	0.98
2	4.39
3	11.72
4	20.51
5	24.61
6	20.51
7	11.72
8	4.39
9	0.98
10	0.10

ここで検定に伴う第1種の過誤確率(α)を5％以下にしたい場合，どのようなルールを作ればよいのかを考えてみましょう。検定のルールは，対立仮説の向きによって異なってきます。左片側対立仮説 H_1：$p<0.5$

の下で，帰無仮説 H_0：$p=0.5$ を検定したい場合は，検出したい方向が $p<0.5$ なので，その向きでルールを検討します。つまり，「表の出る回数 X が１以下であれば帰無仮説 H_0 を棄却する」というルールにすれば，帰無仮説 H_0 が正しいときでも，X が１以下になる確率はせいぜい1.08％で第１種の過誤確率を５％以下にすることができます。同時に，検出したい対立仮説の方向 $p<0.5$ が正しければ，１以下になる可能性は大きいので，帰無仮説 H_0 が棄却され対立仮説 H_1：$p<0.5$ が採択される可能性も大きくなります。

ここで，もし「表の出る回数 X が２以下であれば帰無仮説 H_0 を棄却する」というルールにしたらどうなるでしょうか？　X が１以下とするよりも X が２以下とするほうが，帰無仮説が棄却される確率は大きくなりますが，帰無仮説が正しいとき，X が２以下になる確率は5.47％になってしまい，第１種の過誤確率（α）を５％以下に抑えることはできません。したがって，この場合は，「X が１以下であれば帰無仮説 H_0 を棄却する」というルールが最適な検定のルールということになります。また，第１種の過誤確率（α）を１％以下に抑えたいということであれば，ルールは，「$X=0$ のときのみ，つまり，10回すべてが裏であれば，帰無仮説 H_0 を棄却する」にしなければなりません。

このように，検定のルールは検定統計量 X の具体的な値の範囲で決められるもので，これを検定の（帰無仮説の）**棄却域**と言います。また，第１種の過誤確率（α）として，許容できる最大の値が検定の有意水準（危険率）α です。

右片側対立仮説 H_1：$p>0.5$ に対して帰無仮説 H_0：$p=0.5$ を検定したい場合は，検出したい方向が逆になるので，有意水準（危険率）α が５％のとき検定の棄却域は，$X \geqq 9$ となり，α が１％のとき，$X=10$ となります。両側対立仮説のときは，両方の方向で検出しなければならないので，α が 5 % では，棄却域は，$X \leqq 1$ または $X \geqq 9$ となり，α を 1 % とすると，棄却域は，$X=0$ または $X=10$ となります（図表 11‒3）。

片側対立仮説で実行される検定を**片側検定**，両側対立仮説で実行される検定を**両側検定**と呼んでいます。検定の棄却域は，片側検定をやるのか両側検定をやるのかで異なり，また，有意水準（危険率）α をどのくらいに設定するのかによっても変わってくるので，これらはあらかじめデータを取る（検定統計量の値を知る）前に決めておかなければいけません。判断のルールが途中で変わってしまっては，もはや公平な検定とは言えなくなってしまうからです。

11.5　検定の手順（ルール）と有意確率（p 値）

仮説検定は，一般に，以下のようなステップで実行されます。

① 帰無仮説 H_0 と対立仮説 H_1 を具体的に設定する（片側検定か両側検定かを決める）
② 検定方法（検定統計量 T）の決定*
③ 帰無仮説 H_0 の下での検定統計量 T の確率分布を確認する
④ 有意水準（α）の設定
⑤ 検定統計量 T に関する α に応じた棄却域を確認する
⑥ 標本（データ）の採取
⑦ データから検定統計量 T の具体的な値 t を計算する
⑧ t の値と検定の棄却域を比較する
　t が棄却域に入る　➡　帰無仮説を棄却し対立仮説を採択する
　t が棄却域に入らない　➡　帰無仮説を棄却しない

統計ソフトウェアや Excel の分析ツールの中の検定方法のメニューでは，データを指定するだけで検定の結果を判断するのに必要な計算結果が出てきます。とくに，検定統計量の計算結果だけではなく，帰無仮説

＊検定統計量（test statistic）は，一般に記号 T で表記されるが，具体的な検定手法では，検定統計量の分布に基づいた記号が使用される。

が正しい場合に，現在のデータ以上に対立仮説の方向にずれる極端なデータが得られる累積確率も計算するようになっています。この確率を**有意確率**，または $\boldsymbol{p}$ **値**と呼んでいます。

p 値は，検定統計量 T の確率分布に対して，データから観測された t の値を起点とする対立仮説の方向への累積確率のことです。コイン投げの例で言うと，右片側検定をしている場合に 10 回投げて 7 回表が出たとしたら，p 値は，$X \geqq 7$ となる確率を言い，p 値 $=17.19\%$ ということになります。

p 値が算出されていれば，p 値と有意水準 α の大小を比較するだけで，先述の検定手順の⑧を代行することができます。

⑧′　有意確率　p 値　≦　有意水準 α　➡　帰無仮説を棄却し
対立仮説を採択

　　有意確率　p 値　＞　有意水準 α　➡　帰無仮説を棄却しない

検定の最終段階⑧もしくは⑧′で，帰無仮説が棄却されなかった場合の意味を考えてみましょう。統計学の多くのテキストでは，「帰無仮説を棄却しない」＝「帰無仮説を採択する」と書いてあります。この「帰無仮説を採択する」の意味は，「対立仮説を採択する」の意味とは異なるので注意してください。

対立仮説を採択する場合は，危険率 α のリスクはあるものの，一応，その仮説がデータで実証されたとしてアクションを起こすわけですが，検定の結果，帰無仮説を採択するということは，決して帰無仮説が正しく対立仮説は間違っていると判断しているわけではありません。現状のデータは対立仮説の成立を十分に実証できる証拠とはならなかった，というだけのことで，これは，判断保留ということを意味します。コインをもう少し回数を増やして投げてみてデータを増やすなど，実験をやり直せば，新たな証拠となる結果が出てくる可能性もあるということです。

実際問題で検定を実行する場合は，具体的な問題設定とデータの性質によって使用する検定方法を選ぶ必要があります。そのためには，諸種の検定方法に関する知識が必要になります。検定のロジックを理解するためにも，いくつかの代表的な検定方法は知っておくとよいでしょう。

11.6　2項分布を利用した検定法

11.6.1　2点嗜好法

問題設定

ある同じ薬品に対して，香料Aが使用されている商品と，香料Bが使用されている商品の2種類が開発された。消費者にとって，香料AとBの嗜好に差があるのかないのかを判定したい。12人のモニターを消費者集団からランダムに選んで，どちらの香料を好むかの聞き取り調査を実施した。その結果，10人が香料Aを好むと回答した。

検定の手順

① 仮説を立てる。帰無仮説は好みに差がないとして，香料Aが選択される確率$p=p_A=0.5$とし，対立仮説は，とくにどちらが好まれるのかが事前に問題になっていないので，両側になる。したがって，帰無仮説H_0：$p_A=0.5$，対立仮説H_1：$p_A\neq0.5$（両側）

② 消費者の集団からランダムに12人選び，香料Aを好む人数（T）を検定統計量とする。

③ Tは，帰無仮説H_0の下で，成功確率

図表 11-4　2項確率

Aを好む人数T	Aの嗜好確率(%) $p_A=0.5$
0	0.02
1	0.29
2	1.61
3	5.37
4	12.08
5	19.34
6	22.56
7	19.34
8	12.08
9	5.37
10	1.61
11	0.29
12	0.02

$p=0.5$，試行回数 12 の 2 項分布に従う。

④ 有意水準（危険率）α を 5 %に設定。

⑤ 棄却域の確認（図表 11-4 参照）。両側検定なので，A を好む人数が 2 人以下，または 10 人以上なら H_0 を棄却。

⑥ 12 人の消費者をランダムに抜き取り，調査をする。

⑦ 香料 A を好むと答えた人数を集計する。$T=10$，p 値 $=3.84\%$。

⑧ 観測結果は棄却域に入るので（p 値が 5 %以下なので），有意水準 5 %で帰無仮説 H_0 を棄却，対立仮説を採択。有意水準（危険率）5 %で，消費者集団（母集団）で 2 つの香料が嗜好される比率には差があると判断する。

＊有意水準 α を仮に 1 %で設定した場合は，p 値は 1 %を超えるので，帰無仮説は棄却できず，この時点では消費者の好みに差があるとは判断できない。

11.6.2　2 点識別法

問題設定

ある工場からの排煙の臭気に対して 1 人の住民から苦情が出た。実際に臭気があるかどうかを調査するために，他の地区での空気を採取した袋 A と，工場付近の空気を採取した袋 B を用意し，その地域からランダムに選んだ 12 人の住民に 2 つの袋の臭いをかいでもらい，より強く臭う方を選んでもらう調査を実施した。その結果，10 人が袋 B の方を選択した。

検定の手順

① 仮説を立てる。この場合，帰無仮説は臭いに差がないとして，袋 B が選択される確率を $p=0.5$ とする。対立仮説は，袋 B の臭いの検出が目的なので，右片側対立仮説となる。

帰無仮説 H_0：$p_B=0.5$，H_1：$p_B>0.5$（片側）

② 12人の住民の調査結果から，袋Bを選んだ人数（T）を検定統計量とする。

③ Tは，帰無仮説 H_0 の下で，成功確率 $p=0.5$，試行回数12の2項分布に従う。

④ 有意水準（危険率）α を1％に設定。

⑤ 棄却域の確認（図表11-4参照）。右片側検定なので，袋Bをより強く臭うとする人数が11人以上なら帰無仮説 H_0 を棄却。

⑥ 12人の住民をランダムに選び，調査をする。

⑦ 袋Bがより強く臭うと答えた人数を集計する。$T=10$，p値は1.92％。

⑧ 観測結果は棄却域に入らないので（p値が1％を超えるので），有意水準1％では帰無仮説 H_0 を棄却できないことになる。つまり，工場の排煙は有意水準（危険率）1％で，このデータだけでは特別に臭いがあるとは判断できないことになる。

有意水準 α を仮に5％で設定した場合は，p値が5％以下なので，帰無仮説は棄却され，工場の排煙は，危険率5％で有意に臭うと判断される。

11.7　母平均 μ に関する検定

母集団の平均（母平均）μ に関する検定の問題としては，1つの母集団の平均がある値と同じであるかどうかという問題（母平均 μ の1標本検定）と，2つの母集団のそれぞれの母平均に差があるのかどうかの問題（母平均 μ の2標本検定）などがあります。

11.7.1　母平均 μ の 1 標本検定

正規母集団 $N(\mu,\ \sigma^2)$ からランダムに抜き取られた n 個のデータに基づいて，母平均 μ が特定の値 μ_0 に等しいかどうかを検定するのが，母平均 μ の 1 標本検定です。このとき，帰無仮説と対立仮説（両側で説明します）は，$H_0:\mu=\mu_0$，$H_1:\mu\neq\mu_0$ と表します。検定統計量は，母標準偏差 σ があらかじめ分かっているかどうか，またデータの数（標本サイズ n）が大きいかどうかで，以下のように分かれます。

（ア）母標準偏差 σ が既知の場合

検定統計量は，

$$Z=\frac{\overline{X}-\mu_0}{\frac{\sigma}{\sqrt{n}}}$$

を用います。この検定統計量の標本分布は，帰無仮説 $H_0:\mu=\mu_0$ が成立するとき標準正規分布になります。

この場合のように，検定統計量の標本分布が標準正規分布することを利用する検定を，一般に，**Z 検定（正規検定）**と呼んでいます。ここでは，正規母集団からの標本を前提としましたが，データの数 n が十分に大きければ，標本平均 $\overline{X}$ の分布が正規分布で近似できることから（中心極限定理），その場合も同様な Z 検定を使います。σ が未知で標本標準偏差で代入する場合も同様です。

Z 検定における検定の棄却域は，有意水準 α%のとき，両側検定では，標準正規分布の両側 α%点を超える範囲が対応します。例えば，有意水準 5 %のときは，-1.96 以下，または $+1.96$ 以上です。また，片側検定の場合は，片側 α%点を超える範囲が棄却域となります。例えば，有意水準 5 %のときは，-1.64 以下（左片側検定の場合），$+1.64$ 以上（右片側検定の場合）です（図表 11- 5）。

図表 11-5　正規検定と棄却域（両側検定）

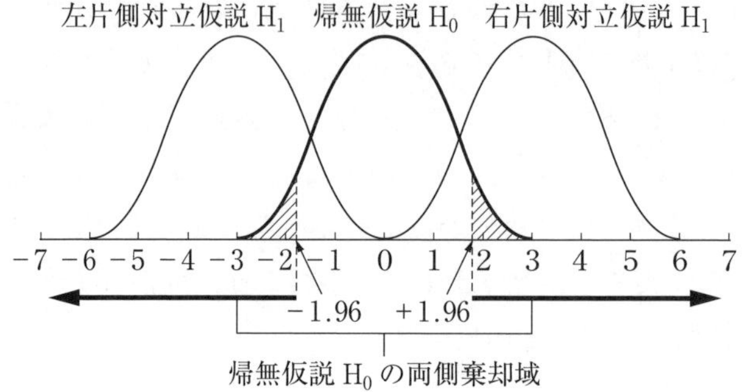

（イ）母標準偏差 σ が未知でデータの数 n も小さな場合

母標準偏差 σ をデータから求められる標本標準偏差 s の値で代用し，検定統計量は，

$$T = \frac{\overline{X} - \mu_0}{\frac{s}{\sqrt{n}}}$$

を用います。この検定統計量の標本分布は，帰無仮説 $H_0 : \mu = \mu_0$ のとき，自由度（$n-1$）の ***t* 分布**になります（10.3.2 項参照）。このことから，この検定は ***t* 検定**と呼ばれています。棄却域の決め方は，Z 検定と同様です。

問題設定

1 世帯あたりの 1 ヵ月の平均支出金額が 20 万円であるかどうかを調べたい。いまある母集団が設定してあり，その母集団から大きさ 400 の標本を抽出したところ，平均が 21.5 万円で，標本標準偏差が 10 万円だった。平均支出金額が 20 万円ではないと言えるかどうか有意水準 5 %で検定せよ。

検定結果

母平均を μ とすると，帰無仮説と対立仮説は $H_0: \mu=20$，$H_1: \mu \neq 20$ となる。標本の大きさが 400 あるので，Z 検定の両側検定を実行する。母標準偏差 σ は未知なので，標本標準偏差 $s=10$（万円）を使用する。検定統計量 Z の観測値 z は，

$$z=\frac{21.5-20}{\frac{10}{\sqrt{400}}}=3$$

となり，有意水準 5 %の棄却域 −1.96 以下，または +1.96 以上の範囲に入るので，帰無仮説を棄却し，危険率 5 %で母集団の平均支出金額は 20 万円ではないと判断する。

問題設定

高校生を対象とした全国一斉テストが実施され，その結果，得点分布が，平均 56 点，標準偏差 8 点でほぼ正規分布することが確かめられた。このテストに，ランダムに選んだ 10 人の生徒を受験させていた A 高校では，10 人の成績の結果から A 高校全体の平均得点が全国平均と一致するかどうかを，有意水準 5 %の検定によって確かめることにした。受験した A 高校の 10 人の成績の平均は，52 点であった。

検定結果

A 高校の生徒全体を母集団とし，その得点の平均を μ とする。全国一斉テストの得点分布が正規分布することから，ここでは，A 高校の得点分布も正規分布することを仮定し，かつ，A 高校の得点の母標準偏差も未知であるが，これも全国一斉テストの標準偏差と変わらないことを前提に，Z 検定を実行する*。この場合の帰無仮説と対立仮説は，$H_0: \mu=56$，$H_1: \mu \neq 56$ となる。検定統計量 Z の観測値 z は，

＊検定手法を現実問題に適用しようとする場合，検定の前提条件に関して，実際の状況において成立しているのかどうかチェックが必要である。検定結果は，数学的な前提条件を仮定しての結果であることを意識しておくことが肝要である。

$$z=\frac{52-56}{\frac{8}{\sqrt{10}}}\fallingdotseq-1.581$$

となり，有意水準５％の棄却域（−1.96 以下，または＋1.96 以上）に入らないので，帰無仮説を棄却できない。つまり，10 人の平均得点は 52 点と全国平均より４点も低いけれども，それが A 高校全体の平均が全国平均よりも有意に低いことの証拠にはなっていないと判断する。

11.7.2　母平均 μ の２標本検定

（1）無作為割付

図表 11-6，7 は，データが２つのグループに分けられる２種類の背景の違いが示されています。図表 11-6 は，性別や収入階級，疾病歴などの属性に関して何らかの異なる２種類の母集団があり，それぞれの母集団から**無作為標本抽出**（ランダムサンプリング）によって，データがそれぞれ n_A 個，n_B 個取られ，２つの標本が形成される場合です。一方，図表 11-7 は，(n_A+n_B) 個のケースを含む１つの同質な対象母集団が**無作為割付**（ランダムアロケーション）によって，n_A 個と n_B 個の

図表 11-6　無作為標本抽出

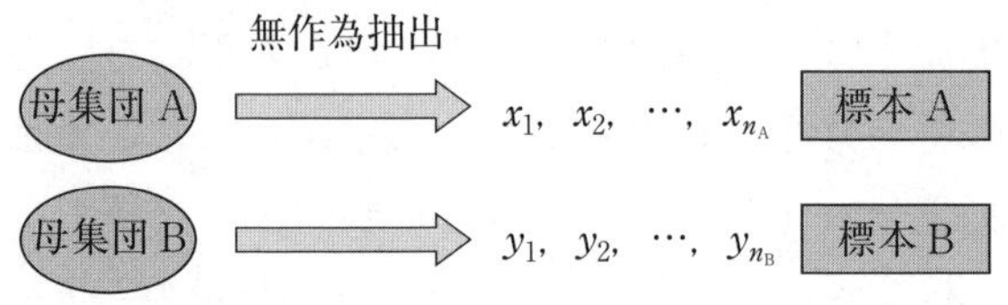

図表 11-7　無作為割付

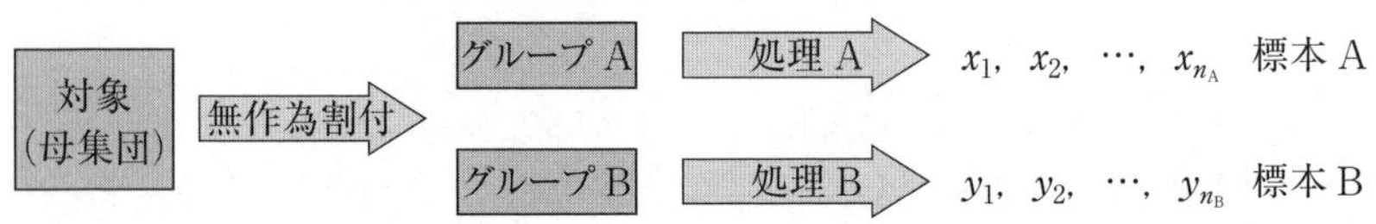

2つのグループに分けられ，各グループに異なる処理が施されて，2つの標本が形成されている様子を表しています。

無作為割付とは，新しい薬剤や治療方法などの効果を厳密に検証したい場合に用いられる方法で，比較したい処理要因以外の偏りがグループの中に混じらないように，最初に乱数（コイン投げ）によって対象集団を2つの同質な集団（処理Aを施すグループと処理Bを施すグループ）に分けます。このような無作為割付をすれば，例えば，一方のグループにだけ始めから重篤な患者ばかりが多く含まれるようなことが避けられ，グループ間で対象集団が持っている属性の違いのバランスが取られ，結果として出てくるグループ間の差は，処理の違いによるものと判断することができます。

どちらの場合も，結果として得られるデータの形式に差は無いので，これから紹介する2標本の母平均の差の検定の手順は同じです。ただし，検定の結果，それぞれの標本の背景である2つの母集団の平均の差が検証されたとしても，無作為割付していない前者の場合は，平均に差があるというだけの論拠を示しただけで，その差の本質が何に起因するのかの結論を得たことにはなりません。一方，無作為割付した後者のデータでは，検定の結果で平均の差が確認できれば，グループ間で単に平均に差があるというだけでなく，一歩踏み込んで，その差が処理の違いによりもたらされたという因果関係として判断できます。この解釈の違いはしばしば混同され易いので，注意してください。

（2）2標本の平均の差検定

では，具体的な検定方法について簡単に説明します。

（ア）2つの母集団分布が，ともに正規分布する場合（σは共通で既知）

n_A個のデータ（x_1，x_2，…，x_{n_A}）と

n_B 個のデータ（y_1, y_2, …, y_{n_B}）があり，それぞれが正規母集団 $N(\mu_A, \sigma^2)$ と $N(\mu_B, \sigma^2)$，（σ は共通で既知）からのランダムサンプル（無作為標本）と考えられるとします。両側検定の場合，2つの母集団の母平均が等しいかどうかの検定の帰無仮説と対立仮説は，$H_0 : \mu_A = \mu_B$, $H_1 : \mu_A \neq \mu_B$ で表現されます。

このとき，検定統計量は以下の Z を使用します。

$$Z = \frac{\overline{X} - \overline{Y}}{\sqrt{\dfrac{\sigma^2}{n_A} + \dfrac{\sigma^2}{n_B}}}$$ ここで，$\overline{X}$, $\overline{Y}$ は標本平均

帰無仮説 $H_0 : \mu_A = \mu_B$ が成立するとき，検定統計量 Z の標本分布は標準正規分布になります。つまり，2つの正規母集団の標準偏差が等しく既知であれば，既に紹介した Z 検定（正規検定）で2標本の平均の差の検定ができるわけです。棄却域など検定の手順は，同じなので省略します。

（イ）2つのグループの標本サイズ n_A と n_B が大きな場合（σ は共通で未知）

この場合は，とくに正規分布の仮定をおかなくても，以下の検定統計量 Z により，（ア）と同様に Z 検定が適用できます。

$$Z = \frac{\overline{X}_A - \overline{Y}_B}{\sqrt{\dfrac{s_A{}^2}{n_A} + \dfrac{s_B{}^2}{n_B}}}$$ s_A と s_B は，それぞれのグループの標本標準偏差

（ウ）2つの母集団分布が正規分布する場合（σ は共通で未知）

この場合，検定統計量 T

$$T = \frac{\overline{X}_A - \overline{Y}_B}{s^* \sqrt{\dfrac{1}{n_A} + \dfrac{1}{n_B}}}$$ ただし，$s^* = \sqrt{\dfrac{(n_A - 1)s_A{}^2 + (n_B - 1)s_B{}^2}{n_A + n_B - 2}}$

を使用します。帰無仮説 H_0 が正しいとき，この検定統計量 T の標本分布は，自由度 $n_A + n_B - 2$ の t 分布になります。

問題設定

10匹の同じ親を持つラットを無作為に5匹ずつの2つのグループに分け，各グループにダイエット効果のある異なる飼料を同じように与えて，2週間観測した。

10匹のラットはいずれも2週間で体重を減らしたが，その減少量にはばらつきがある。図表11-8は，それぞれのグループの5匹のラットの体重減少量（mg）を示したものである。2種類のダイエット飼料の効果は異なると言えるか，有意水準5％で検定せよ。

図表11-8　各5匹のラットの体重減少量

(g)

グループA	11.8	12.6	10.8	12.0	13.9
グループB	12.4	10.0	11.0	13.0	11.0

検定結果

2つのグループの体重減少量は，それぞれ $N(\mu_A, \sigma^2)$ と $N(\mu_B, \sigma^2)$ の正規分布に従うとする。

ここでは，2標本の t 検定を，

$$帰無仮説\ H_0 : \mu_A = \mu_B,\quad 対立仮説\ H_1 : \mu_A \neq \mu_B$$

に対して行う。

データから，それぞれのグループの標本平均，標本標準偏差を計算しておく（図表11-9）。これらの値を使って検定統計量 t を計算すると，$t \fallingdotseq 0.9997$ となる。

図表11-9

グループ	n(データ数)	標本平均（g）	標本標準偏差（g）
A	5	12.22	1.14
B	5	11.48	1.20

$$t = \frac{12.22 - 11.48}{s^* \sqrt{\frac{1}{5} + \frac{1}{5}}} \quad \text{ただし,} \ s^* = \sqrt{\frac{(5-1)1.14^2 + (5-1)1.2^2}{5+5-2}}$$

自由度 $(n_A + n_B - 2) = 8$ の t 分布の両側５％点は ± 2.306 なので，有意水準５％の両側 t 検定の棄却域は，$t > +2.306$，もしくは，$t < -2.306$ なので，$t \fallingdotseq 0.997$ の場合，帰無仮説は棄却できない。

したがって，２種類のダイエット飼料のダイエット効果に有意な差があるとは言えない。

＜作成してみよう！＞

※「身近な統計」Web 版補助教材（https://www.ouj.ac.jp/mijika/）内の「エクセル操作」で作成用 Excel データと作成手順を公開しています。

・t 検定

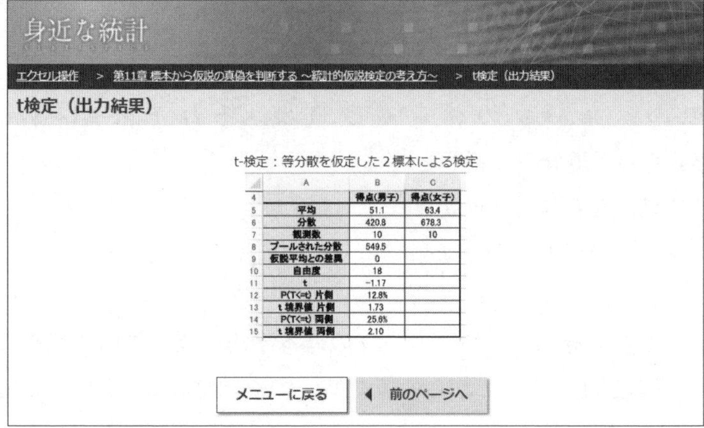

	A	B	C
4		得点(男子)	得点(女子)
5	平均	51.1	63.4
6	分散	420.8	678.3
7	観測数	10	10
8	プールされた分散	549.5	
9	仮説平均との差異	0	
10	自由度	18	
11	t	−1.17	
12	P(T<=t) 片側	12.8%	
13	t 境界値 片側	1.73	
14	P(T<=t) 両側	25.6%	
15	t 境界値 両側	2.10	

12 データから関係を探る
～クロス集計表の読み方～

《目標＆ポイント》 これまでの章では，1つの項目（単変数）に関するデータのばらつきの分析方法を，分布を読むという視点で学んできました。しかし，一般の調査データや実験データでは，1つの観測対象（ケース）に対して複数個の項目（多変数）に関するデータを取って，2つ以上の項目間の関連性に関する構造を研究することが重要になる場合があります。

この章では，2つの質的データの間の関係を分析する方法を学びます。

《キーワード》 クロス集計表（分割表），行（列）比率，セル比率，特化係数，期待度数，連関係数，χ^2 検定，シンプソンのパラドックス

12.1　変数間の関連性の分析

図表 12-1 は，お茶の通販専門の会社が新商品のテスト販売を 767 人の顧客モニターで行って得たデータの一部です。各顧客に対して，これまでの「購入実績」，「年齢」，「居住地域」，「新商品購入の有無」の 4 個の質的変数が記録されています。購入実績は，これまでの累積購入金額に応じて 1 から 4 までのレベルでコード化され（1 が最も少なく 4 が最も多い），年齢は，50 歳未満，50 歳～69 歳，70 歳以上の 3 個のカテゴリーで分類され，居住地域もまた，東京都内，東京近郊，東京圏外の 3 個のカテゴリーで分類されています。

テスト販売をする目的は，新商品の購入率の推定に加えて，顧客が新

図表 12-1　新商品のテスト販売データ

顧客番号	購入実績	年齢	居住地域	新商品購入の有無
1	2	50 歳未満	東京圏外	非購入
2	1	50〜69 歳	東京圏外	非購入
3	1	50〜69 歳	東京圏外	非購入
4	3	50〜69 歳	東京圏外	非購入
5	2	50〜69 歳	東京圏外	非購入
6	1	70 歳以上	東京圏外	非購入
7	4	50〜69 歳	東京近郊	購入
8	1	50〜69 歳	東京近郊	購入
9	3	50〜69 歳	東京近郊	非購入
10	3	50〜69 歳	東京近郊	非購入
11	1	50〜69 歳	東京近郊	非購入
12	4	70 歳以上	東京近郊	非購入
13	2	50 歳未満	東京都内	購入
14	1	50 歳未満	東京都内	購入
15	4	50 歳未満	東京都内	購入
16	2	50〜69 歳	東京都内	購入
17	1	50〜69 歳	東京都内	購入
18	1	50 歳未満	東京都内	非購入
19	1	50 歳未満	東京都内	非購入

商品を購入する，しないという行動の傾向とその顧客の属性（例えば，過去の購入実績，年齢，居住地域など）との関連性を分析し，効果的なターゲットマーケティングを展開するためです。

一般に，変数間の関係を分析する場合，その関係の想定されるパターンを分析目的に応じて図で表現しておくことが大切です。この事例では，「新商品購入の有無」が目的となる変数であり，その他の「購入実績」，「年齢」，「居住地域」の３個の変数は，「新商品購入の有無」（**目的変数**）に影響を与えると考えられる**要因変数**です。これらの関係は，**特性要因図***（図表 12-２）で表現されます。

＊特性要因図（魚骨図）とは，変数の関係の方向を示した図で，大骨と呼ばれる魚の背骨にあたる矢印の先に目的となっている変数を示し，その目的変数に影響を及ぼすと考えられる要因の数だけ大骨の矢印に向かって中骨と呼ばれる矢印を引き，要因を記入する。更に，中骨に向かって小骨と呼ばれる矢印を引き，中骨要因とかかわってくる小要因を記入する。

図表 12-2　特性要因図

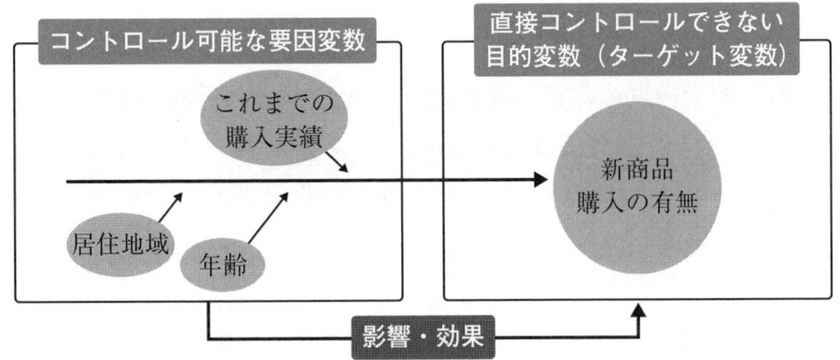

このように，一般に直接コントロールすることができない目的となる変数に対しても，何らかの意味でコントロールできる変数（要因）との関連性が確認でき，またその関連性の強弱が計量化できれば，コントロールできる要因変数の制御を通して，目的となる変数の間接的な制御や予測，判別が可能になります。

また，図表 12-3 のように，アンケート調査での複数の項目の回答パターンや複数のテスト項目の応答パターンの分析では，目的となる変数がとくにない場合もあります。しかし，項目間の関連性を分析することで，項目間に共通に内在する潜在因子の探索やその因子尺度上での観察者の分類などが可能になります。

図表 12-3　項目間の関連性の分析

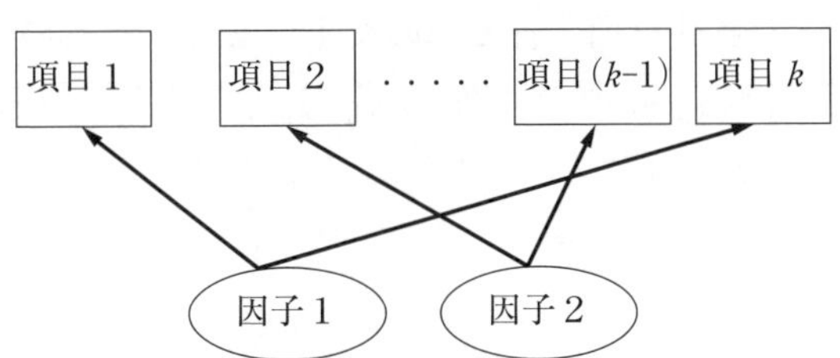

このように変数間の関連性の分析は，複雑な現象の解明につながる大事な視点です。

12.2 クロス集計表

２つの質的変数間の関連性を分析する場合，それぞれの変数の応答カテゴリーのペアに応じて度数を集計し，結果を表にまとめて表示します。図表12-４は，「購入実績」と「新商品購入の有無」の２つの質的変数の集計表です。

図表 12-4　購入実績と新商品購入の有無のクロス集計表

	新商品購入の有無		
購入実績	購入	非購入	総計
1	7	25	32
2	91	298	389
3	76	147	223
4	38	85	123
総計	212	555	767

このような集計表を**クロス（集計）表**（cross table）または**分割表**（contingency table）と言い，２つの質的変数の応答カテゴリー数がそれぞれaとbの場合，とくに，$a \times b$のクロス集計表と言います。図表12-４は，4×2のクロス集計表になります。

図表12-５は，それぞれa個，b個の応答カテゴリーを有する２つの質的変数AとBのクロス集計表を表しています。クロス表において横の並びを**行**，縦の並びを**列**，行と列の交差するそれぞれの部分を**セル**と言います。第i行第j列のセル度数n_{ij}は，AとBの変数に対して，(A_i，B_j）のカテゴリーで応答した対象の数を表し，$n_{i\cdot}$は第i行の行合

図表 12-5　2つの質的変数 A と B のクロス集計表

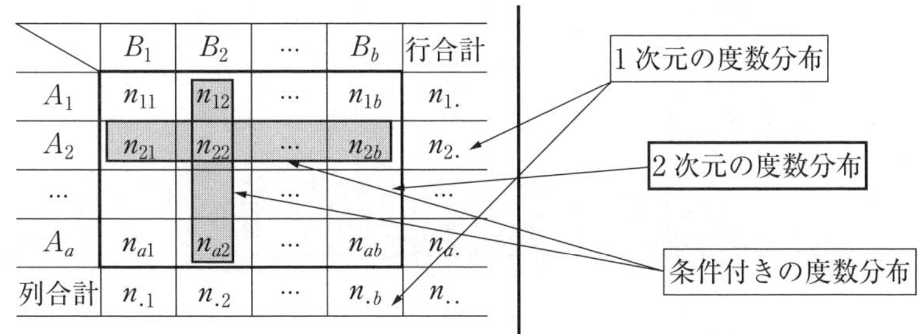

計，$n_{\cdot j}$ は第 j 列の列合計，$n_{..}$ は総合計を表しています。

この表では，セル度数 n_{ij} は2次元の度数分布，列合計の行および行合計の列はそれぞれ1次元の度数分布に対応しています。また，任意の行または列を1つ取り出してみた場合，その行または列は，一方の変数の条件をあるカテゴリーの値に固定した下でのもう一方の変数の条件付きの度数分布に対応します。

12.3　行（列）比率とセル比率

1次元の度数分布表で相対度数を求めたように，2次元の度数分布表であるクロス集計表（図表12-5）を分析する場合も相対度数（構成比率）を求め，データの起こり易さを評価します。その際，分析の目的に応じて，以下の3通りの**構成比率**の算出が考えられます。

① 行方向の構成比率（**行比率**）

② 列方向の構成比率（**列比率**）

③ **セル比率**

図表12-6は，行比率を表しています。

新商品のテスト販売の例では，顧客の属性に応じた新商品の購入率に

図表 12-6　行方向の相対度数（行比率）

	B_1	B_2	…	B_j	…	B_b	行合計
A_1				⋮			1
A_2				⋮			1
⋮				⋮			⋮
A_i	$n_{i1}/n_{i.}$	$n_{i2}/n_{i.}$	…	$n_{ij}/n_{i.}$	…	$n_{ib}/n_{i.}$	1
⋮				⋮			⋮
A_a							・
列合計	$n_{.1}/n_{..}$	$n_{.2}/n_{..}$	…	$n_{.j}/n_{..}$	…	$n_{.b}/n_{..}$	1

着目したい場合は，①の行方向の構成比率を求めます（図表 12-7）。また，新商品の購入者・非購入者別に，購入実績等の顧客属性に関する構成の差異に着目したい場合は，②の列方向の構成比率を求めます（図表 12-8）。また，③のセル比率（図表 12-9）では，全体の顧客の中で，変数同士のカテゴリーの組み合わせに対してそのような応答を示す顧客がどのくらいいるのか，その割合が分かります。セル比率は，2つの質的変数の同時確率分布に対応します（図表 12-10）。同時確率分布に対して，列合計および行合計は，対応する変数の周辺確率分布に対応

図表 12-7　行比率*

新商品購入の有無			
購入実績	購入	非購入	行合計
1	21.9%	78.1%	100.0%
2	23.4%	76.6%	100.0%
3	34.1%	65.9%	100.0%
4	30.9%	69.1%	100.0%
列合計	27.6%	72.4%	100.0%

図表 12-8　列比率*

新商品購入の有無			
購入実績	購入	非購入	行合計
1	3.3%	4.5%	4.2%
2	42.9%	53.7%	50.7%
3	35.8%	26.5%	29.1%
4	17.9%	15.3%	16.0%
列合計	100.0%	100.0%	100.0%

＊計算の丸め誤差により，表示の数値の合計が必ずしも合計の値と一致しない。添付の DVD-ROM 参照。

図表 12-9　セル比率＊

購入実績	新商品購入の有無 購入	非購入	行合計
1	0.9%	3.3%	4.2%
2	11.9%	38.9%	50.7%
3	9.9%	19.2%	29.1%
4	5.0%	11.1%	16.0%
列合計	27.6%	72.4%	100.0%

図表 12-10　同時確率分布

	B_1	B_2	$\cdots$	B_b	行合計
A_1	p_{11}	p_{12}	$\cdots$	p_{1b}	$p_{1.}$
A_2	p_{21}	p_{22}	$\cdots$	p_{2b}	$p_{2.}$
$\vdots$	$\vdots$	$\vdots$	$\cdots$	$\vdots$	$\vdots$
A_a	p_{a1}	p_{a2}	$\cdots$	p_{ab}	$p_{a.}$
列合計	$p_{.1}$	$p_{.2}$	$\cdots$	$p_{.b}$	1

します。また，行比率や列比率は，それぞれ，一方の変数の条件をあるカテゴリーの値に固定した下でのもう一方の変数の条件付き確率分布に対応しています。

$$p_{j|i}=\frac{p_{ij}}{p_{i\cdot}}=\frac{n_{ij}}{n_{i\cdot}}(\text{行比率}),\quad p_{i|j}=\frac{p_{ij}}{p_{\cdot j}}=\frac{n_{ij}}{n_{\cdot j}}(\text{列比率})$$

<注意>

一般にクロス集計表というときは，総数 $n_{..}$ の観測対象集団に対して，２つの質的変数の応答カテゴリーが観測された結果を集計した表を指します。ここでは，$n_{..}$ だけがあらかじめ固定されているわけです。この場合，行比率および列比率，セル比率はそれぞれ何らかの解釈上の意味を持ちます。一方，属性の異なる a 個の集団があり，そこからそれぞれ $n_{1.}$，$n_{2.}$，$\cdots$，$n_{a.}$ 個の対象を抜き取り，１つの質的変数 B に対してその応答を集計した表の場合，みかけは $a\times b$ のクロス集計表と同じでも，列比率やセル比率は，意味を持たない数値になるので注意しましょう。

（例）男性 100 人，女性 200 人の成人に，夫婦別姓に対する賛否を聞いた結果が，図表 12-11 のようにまとめられたとします。このとき，行比率（表の中に記載）に意味はありますが，列方向の合計の値や列比率には意味はありません。例えば，「夫婦別姓に賛成する人の中で男性の比率は，20/150 で約 13.33（%）」という記述は全く意味がありません。なぜなら，男性で賛成する人の人数が 20 人というのは，たまたま男性 100 人を調べた結果だったからで，もし，男性 1,000 人を調べたとして，仮に賛成の比率が同じ 20%だとすると，男性で賛成する人数が 200 人となり，その結果，賛成する人の中で男性の比率は，200/330 で約 60.6%となってしまいます。このように，集計表では，周辺のどの数があらかじめ固定されたもの（恣意性があるもの）なのか，注意しておく必要があります。

図表 12-11　夫婦別姓に対する賛否

	夫婦別姓への賛否		
	賛成	反対	行合計
男性	20(20%)	80(80%)	100(100%)
女性	130(65%)	70(35%)	200(100%)

12.4　関連性の分析（特化係数）

一般に 2 つの変数の間に関係がない（互いに**独立**である）とは，一方の変数の分布が他の変数の値によって変わらないことを言います。新商品の購入の例では，過去の購入実績の程度がどの位であっても，新商品の購入率が変化せず全体での新商品の購入率と等しいのであれば，過去の購入実績と新商品の購入・非購入とはまったく関係がないことになります。また，図表 12-11 で，夫婦別姓への賛成の比率が男性でも女性でも同じであれば，性別と夫婦別姓に対する意識は無関係ということになります。逆に，一方の変数への応答比率が他の変数の条件によって異なってきたら，2 つの変数には関係があることになります。

この一方の変数で条件付けられる部分集団と全体集団での比率の差を単にチェックする指標が**特化係数**です。特化係数は，部分集団の比率を全体集団の比率で割って求められます。特化係数は，行比率から求めても列比率から求めても，以下で示されるように同じ値になります。

$$\text{特化係数(行比率から)} = \frac{p_{j|i}}{p_{\cdot j}} = \frac{p_{ij}}{p_{i\cdot} \times p_{\cdot j}}$$

$$\text{特化係数(列比率から)} = \frac{p_{i|j}}{p_{i\cdot}} = \frac{p_{ij}}{p_{i\cdot} \times p_{\cdot j}}$$

特化係数が1になる状態は$p_{ij}=p_{i\cdot} \times p_{\cdot j}$のときであり，これは，変数$A$と変数$B$が互いに独立であるという定義と一致します。

図表12-12は，新商品のテスト販売の例での特化係数を示した表です。特化係数は，周辺の比率（全体集団の比率）を1にした下で各行（列）の構成比率を見た値なので，その行もしくは列に全体集団と異なる固有の効果が含まれていなければ，全体の比率と似た値を示すので，特化係数は1に近い値になります。逆に，特化係数が1から大きく離れる値があれば，そこには列効果（新商品購入の有無）と行効果（過去の購入実績による顧客の層別効果）がクロスしたことで，固有の効果（交互作用効果）が発生したと解釈されます。

図表12-12の特化係数表では，1からの乖離の大きい部分に星マーク（☆）を付けています。特化係数は，絶対数の大小ではなく，あくまで

図表12-12　特化係数

新商品テスト販売の実績			
購入実績	購入	非購入	行合計
1	☆ 0.79	1.08	1.00
2	☆ 0.85	1.06	1.00
3	☆ 1.23	0.91	1.00
4	1.12	0.96	1.00
列合計	1.00	1.00	1.00

も全体比率（全体傾向）に比べて多い傾向（特化係数が1より大きい場合），少ない傾向（特化係数が1より小さい場合）を検出する指標です。図表12-13の購入実績ごとに新商品の購入比率を比べる帯グラフで，そのことを確認しましょう。

図表 12-13　購入実績別に見た新商品購入の比率（行比率）

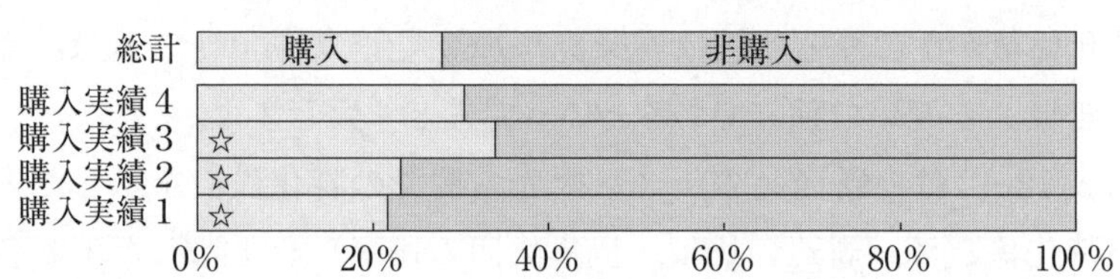

12.5　関連性の分析（χ^2 値と連関係数）

特化係数は，2つの変数の条件が組み合わされたことによるセルの固有の効果をセル単位でチェックするのに使えますが，それで2つの変数間の関係の強弱を全体で評価することはできません。そこで，変数間の関連性を測る指標として**連関係数**（coefficient of association）があります。ここでは連関係数のうち，**クラメールの連関係数**と**ピアソンの連関係数**を紹介します。

この2つの連関係数はともに，クロス集計表において実際に観測される**観測度数**と2つの変数が独立である（関係がない）場合に期待される**期待度数**との乖離を集計した値 χ^2（カイ2乗）値に基づき計算されます。したがって，連関係数を求めるためには，独立を仮定した下での期待度数を先に計算する必要があります。

2つの質的変数に関係がない状態は，特化係数がクロス表の対応するすべてのセルで1になる状態，すなわち，各セルの確率が，$p_{ij}=p_{i\cdot}\times$

$p_{\cdot j}$ で求められる状態です。したがって，図表12-5の $a \times b$ のクロス集計表で，変数 A と B が独立である場合の第 ij セルの期待度数 e_{ij} は，以下の式で計算されます。

$$e_{ij} = n_{\cdot\cdot} \times p_{i\cdot} \times p_{\cdot j} = n_{\cdot\cdot} \times \frac{n_{i\cdot}}{n_{\cdot\cdot}} \times \frac{n_{\cdot j}}{n_{\cdot\cdot}} = \frac{n_{i\cdot} \times n_{\cdot j}}{n_{\cdot\cdot}}$$

ここで，期待度数 e_{ij} とは，各行（または列）の合計度数を全体の列（または行）の構成比率に応じて各セルに配分した値とも言えます。実際に観測された度数 n_{ij} と独立を仮定した場合の期待度数 e_{ij} の差が大きいほど，2つの変数 A と B は独立の状態からほど遠い，すなわち，関連の強い状態となります。この差を表全体で評価する指標として，以下の χ^2（カイ2乗）値を計算します。

$$\chi^2 = \sum_{i=1}^{a} \sum_{j=1}^{b} \frac{(n_{ij} - e_{ij})^2}{e_{ij}}$$

この χ^2 値をもとに，クラメールの連関係数とピアソンの連関係数は，それぞれ以下の式で計算されます。

クラメールの連関係数　$r_c = \sqrt{\dfrac{\chi^2}{n_{\cdot\cdot}(k-1)}}$ （k は a と b の小さい方の値）

ピアソンの連関係数　$r_p = \sqrt{\dfrac{\chi^2}{\chi^2 + n_{\cdot\cdot}}}$

この2つの連関係数は0から1の間の値を取り，0のときは連関がなく1に近づくほど2つの変数の連関性が強いと解釈します。

図表12-14～図表12-16は，新商品のテスト販売の例での観測度数表と期待度数表および χ^2 値を計算するための各セルの値（観測度数と期待度数の差の2乗を期待度数で割った値）を求めた表です。χ^2 値は，図表12-16の値をセルを通して合計したものです。χ^2 値の下に，クラ

図表 12-14　観測度数表 n

新商品購入の有無			
購入実績	購入	非購入	行合計
1	7	25	32
2	91	298	389
3	76	147	223
4	38	85	123
列合計	212	555	767

図表 12-15　期待度数表 e

新商品購入の有無			
購入実績	購入	非購入	行合計
1	8.84	23.16	32
2	107.52	281.48	389
3	61.64	161.36	223
4	34.00	89.00	123
列合計	212	555	767

図表 12-16　$(n-e)^2/e$

	新商品購入の有無	
購入実績	購入	非購入
1	0.38	0.15
2	2.54	0.97
3	3.35	1.28
4	0.47	0.18

χ^2 値	9.32
クラメールの連関係数	0.11
ピアソンの連関係数	0.11

メールの連関係数とピアソンの連関係数の値を示しています。

「購入実績」以外に，「新商品購入の有無」と関連があると思われる顧客の「居住地域」や「年齢」に関しても，それぞれクラメールとピアソンの連関係数を求めてみたところ，いずれの場合も両者の連関係数は一致し，「居住地域」と「新商品購入の有無」の連関係数が 0.12，「年齢」と「新商品購入の有無」の連関係数が 0.10 となり，いずれも 0.11 前後と要因変数間でとくに大きな差は出てきませんでした。しかし，このように連関係数を求めることで，任意の質的変数同士の関係の強さを比較することができます。

この例では，連関係数は 0.11 付近と 0 に近い値が出てきましたが，これは 767 人のテスト販売のサンプルデータに関する関係を単に記述した値にすぎません。母集団（市場での顧客全体）における真の連関性を判断するためには，独立性の χ^2 検定をする必要があります。

12.6　独立性の χ^2 検定

ここでは，顧客属性と新商品購入の有無との関連性を母集団（顧客全体）上で確認するための独立性の **χ^2 検定**の手順を紹介します。

まず，母集団（顧客全体）上での次の 2 つの仮説を想定します。

> 帰無仮説 H_0：変数 A，B は独立である。
> 対立仮説 H_1：変数 A，B には関連性がある。

いま，標本から計算される χ^2 値（独立性の検定の場合の検定統計量）の変動（標本分布）は，母集団上で帰無仮説 H_0 が正しいときには自由度 $(a-1)(b-1)$ の χ^2 分布となります。**χ^2 分布**は，自由度 $(a-1)\times(b-1)$ の大きさによって，形状が変わる関数です。例えば，「購入実績」と「新商品購入の有無」との関連性を見るためのクロス集計表から計算される χ^2 値は，母集団上でこれら 2 変数は独立であるという帰無仮説の下で，自由度が $(4-1)\times(2-1)=3$ の χ^2 分布からの実現値ということになります。図表 12-17 は，その自由度 3 の χ^2 分布の形状です。

実際に計算された χ^2 値は，9.32 だったので，χ^2 値が 9.32 以上を有する標本の生じる確率（p 値）は，図から非常に小さい値となることが分かります。実際の確率の値は，Excel 関数 CHISQ.DIST（統計関数の

図表 12-17　自由度 3 の χ^2 分布の形状

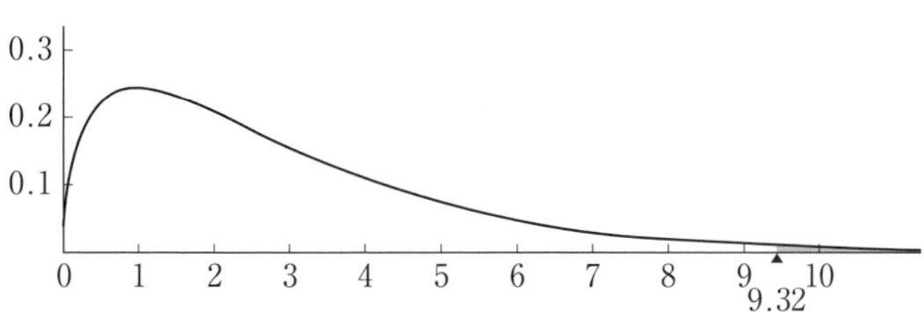

中にあります）を使うと簡単に求めることができます。

この場合，検定の p 値は，0.0253 と非常に小さい値となります。つまり，「購入実績」と「新商品購入の有無」の２つの変数が独立であるという帰無仮説 H_0 は，１％の有意水準（危険率）では棄却できませんが，５％の危険率では棄却されます。つまり，母集団上で「購入実績」と「新商品購入の有無」の２つの変数には，統計的に有意な関連性があると結論付けることができます。

<シミュレーションを動かして確認してみよう！>

「身近な統計」Web 版補助教材（https://www.ouj.ac.jp/mijika/）内の「シミュレーション統計グラフ」では，χ^2 分布のいろいろな形状が学習できます。

・χ^2 分布

●手順

・ステップ１　右側のボタンをクリックするとページにアクセスできます。（リンク　>）

・ステップ２　自由度 v の値を変更して，グラフを確認してみましょう。

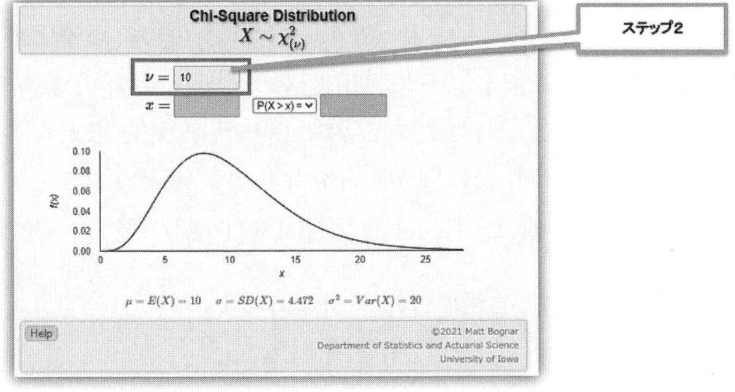

12.7 新商品購入率の区間推定

独立性の検定結果から，母集団（顧客全体）上でも過去の購入実績やその他の顧客属性と「新商品購入の有無」に関する関連性が認められたので，行比率や列比率の違いなどを積極的に解釈することができます。

その際，ここで求められている新商品購入比率などはあくまでも顧客モニター（標本）から得られた値なので，それを顧客全体（母集団）に拡張して考える際には，標本誤差を付ける必要があります。

母集団上での新商品購入者の比率 p に関して，モニター調査の比率 $\hat{p}$ から，95%の信頼度の信頼区間を算出する式は，以下の通りです。

$$\hat{p}-1.96\sqrt{\frac{\hat{p}(1-\hat{p})}{n}} \leqq p \leqq \hat{p}+1.96\sqrt{\frac{\hat{p}(1-\hat{p})}{n}}$$

例えば，母集団上での新商品購入比率 p の信頼区間は，767 人のモニター全体での 27.6%の新商品購入比率 $\hat{p}$ をもとに，以下の計算をします。

$$0.276-1.96\sqrt{\frac{0.276(1-0.276)}{767}} \leqq p \leqq 0.276+1.96\sqrt{\frac{0.276(1-0.276)}{767}}$$

$$0.276-0.032 \leqq p \leqq 0.276+0.032$$

つまり，±3.2%の標本誤差（幅）を付けて，顧客全体での新商品購入比率を推定する必要があるということです。顧客全体の新商品購入比率の 95%信頼区間は，［24.4%，30.8%］となります。

12.8 シンプソンのパラドックス

調査などの観察研究で得られたデータから，２つの変数間の関係を分析する際に，取り上げた変数間の関係だけを見るのではなく，その双方に影響を与える第３の変数の存在に常に注意を払う必要があります。なぜなら，その第３の変数を組み込まない場合の２つの変数の間で計測された関連性が，第３の変数を組み込んでその応答カテゴリーの値でグループに分けた途端，消失したり，逆の傾向が出てきたりすることもあるからです。とくに，第３の変数によって逆の関連性が出てくる例を**シンプソンのパラドックス**（直感に反した事実）と言います。

図表12-18は，コンビニエンスストアの顧客に対して，２つの変数「肉まん購入の有無」と「ペットボトルのお茶購入の有無」の関連性を調べるために，895人を調査した結果をクロス表にまとめたものです。右側の最後の列は，それぞれのグループ（行に対応）でのお茶の購入率を示しています。

図表12-18　シンプソンのパラドックスの例

	肉まん	お茶		行合計	お茶の購入率（%）
		購入	非購入		
若者	購入	40	100	140	29
	非購入	5	30	35	14
実年	購入	10	10	20	50
	非購入	300	400	700	43
全体	購入	50	110	160	31
	非購入	305	430	735	41

この表で，まず，最下段の調査対象者全体のグループにおける肉まん購入者と非購入者のお茶の購入率を比べて，肉まん非購入者のお茶の購入率41%の方が，肉まん購入者のお茶の購入率31%よりも高いことに注目してください。このことだけを見ていると，お茶と肉まんは一緒に購入されない傾向にあると解釈してしまうことになります。ところが，

これは購入者の年齢を考慮せずに分析したために出てきた見かけ上の傾向であって，購入者を若者のグループとより年配者（実年）のグループに分けると，双方のグループで，お茶の購入率は，肉まん購入者の方が高くなり，全体でのグループの傾向と逆の傾向を示します。別々のグループで出てきた同じ傾向が，グループを一緒にして全体で見ると逆の傾向になってしまう……。

このようなクロス集計表を読む上で，すぐには理解できない現象をシンプソンのパラドックスと言っています。これは，お茶の購入傾向と肉まんの購入傾向の双方に，年齢の影響が掛かってきているために起こる現象です。つまり，年齢が高い方が肉まんの購入率は低くなるけれども，逆にお茶の購入率は高くなるので，実際は，どの年齢グループでも，肉まん購入者の方がお茶を購入する傾向があるにもかかわらず，年齢を考慮しないと，肉まん購入者はお茶を購入しないという傾向だけが見えてくるというわけです。

このように，調査データにおける変数間の関連性の分析では，常に組み込まなければいけない変数がまだあるのではないか？　など，第3の変数（“ビッグX”，隠れた影響力の高い変数）に対する注意を怠らないことが大切です。

図表12-19　3者の関係

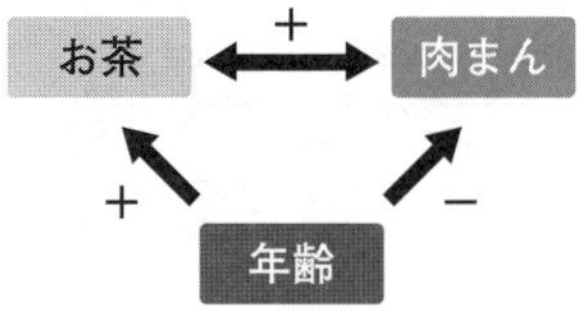

年齢を無視したとき全体として弱いマイナスの関係が生じる

<作成してみよう！>

※「身近な統計」Web 版補助教材（https://www.ouj.ac.jp/mijika/）内の「エクセル操作」で作成用 Excel データと作成手順を公開しています。

・お茶のマーケティングデータ

<行(列)比率とセル比率(図表 12-4，12-7～9)>

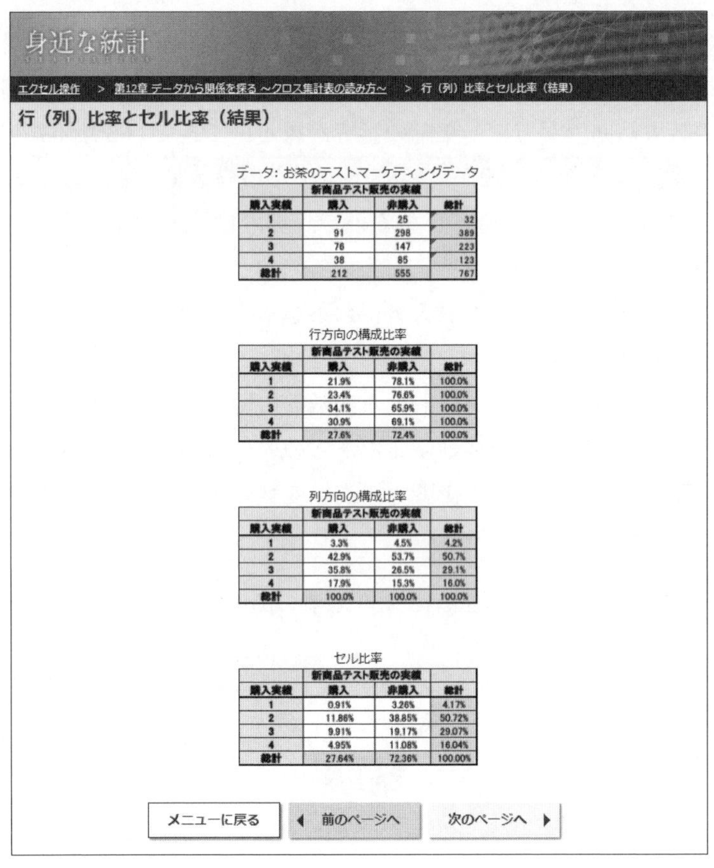

身近な統計

エクセル操作 ＞ 第12章 データから関係を探る ～クロス集計表の読み方～ ＞ 行（列）比率とセル比率（結果）

行（列）比率とセル比率（結果）

データ: お茶のテストマーケティングデータ

	新商品テスト販売の実績		
購入実績	購入	非購入	総計
1	7	25	32
2	91	298	389
3	76	147	223
4	38	85	123
総計	212	555	767

行方向の構成比率

	新商品テスト販売の実績		
購入実績	購入	非購入	総計
1	21.9%	78.1%	100.0%
2	23.4%	76.6%	100.0%
3	34.1%	65.9%	100.0%
4	30.9%	69.1%	100.0%
総計	27.6%	72.4%	100.0%

列方向の構成比率

	新商品テスト販売の実績		
購入実績	購入	非購入	総計
1	3.3%	4.5%	4.2%
2	42.9%	53.7%	50.7%
3	35.8%	26.5%	29.1%
4	17.9%	15.3%	16.0%
総計	100.0%	100.0%	100.0%

セル比率

	新商品テスト販売の実績		
購入実績	購入	非購入	総計
1	0.91%	3.26%	4.17%
2	11.86%	38.85%	50.72%
3	9.91%	19.17%	29.07%
4	4.95%	11.08%	16.04%
総計	27.64%	72.36%	100.00%

メニューに戻る　◀ 前のページへ　次のページへ ▶

＜特化係数(図表 12-12)＞

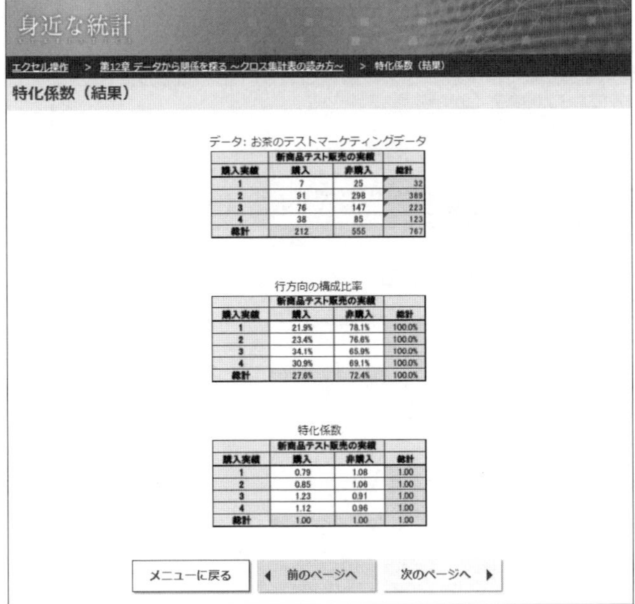

データ: お茶のテストマーケティングデータ

	新商品テスト販売の実績		
購入実績	購入	非購入	総計
1	7	25	32
2	91	298	389
3	76	147	223
4	38	85	123
総計	212	555	767

行方向の構成比率

	新商品テスト販売の実績		
購入実績	購入	非購入	総計
1	21.9%	78.1%	100.0%
2	23.4%	76.6%	100.0%
3	34.1%	65.9%	100.0%
4	30.9%	69.1%	100.0%
総計	27.6%	72.4%	100.0%

特化係数

	新商品テスト販売の実績		
購入実績	購入	非購入	総計
1	0.79	1.08	1.00
2	0.85	1.06	1.00
3	1.23	0.91	1.00
4	1.12	0.96	1.00
総計	1.00	1.00	1.00

＜連関係数（図表 12-14～16)＞

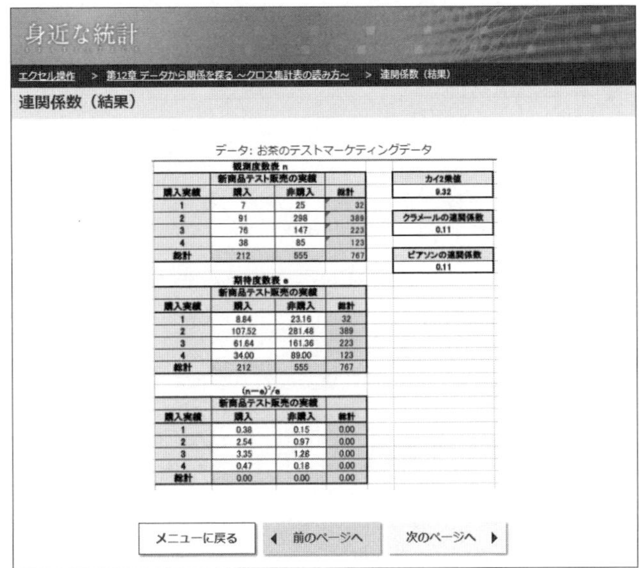

データ: お茶のテストマーケティングデータ

観測度数表 n

	新商品テスト販売の実績		
購入実績	購入	非購入	総計
1	7	25	32
2	91	298	389
3	76	147	223
4	38	85	123
総計	212	555	767

カイ2乗値
9.32

クラメールの連関係数
0.11

ピアソンの連関係数
0.11

期待度数表 e

	新商品テスト販売の実績		
購入実績	購入	非購入	総計
1	8.84	23.16	32
2	107.52	281.48	389
3	61.64	161.36	223
4	34.00	89.00	123
総計	212	555	767

$(n-e)^2/e$

	新商品テスト販売の実績		
購入実績	購入	非購入	総計
1	0.38	0.15	0.00
2	2.54	0.97	0.00
3	3.35	1.28	0.00
4	0.47	0.18	0.00
総計	0.00	0.00	0.00

＜独立性の χ^2 検定＞

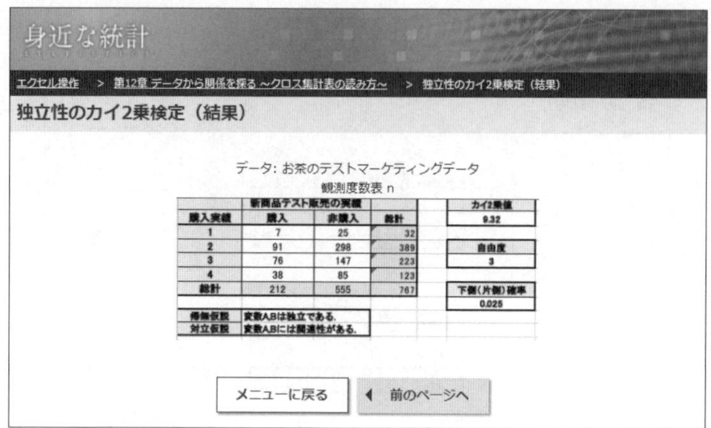

	新商品テスト販売の実績		
購入実績	購入	非購入	総計
1	7	25	32
2	91	298	389
3	76	147	223
4	38	85	123
総計	212	555	767

帰無仮説	変数ABは独立である。
対立仮説	変数ABには関連性がある。

カイ2乗値
9.32

自由度
3

下側（片側）確率
0.025

13 関係のパターンを読む
～相関関係と傾向線～

《目標＆ポイント》 前章では，2つの質的データの間の関係を分析する方法を紹介しました。この章では，2つの量的データ間の関係を分析する方法を学びます。とくに，2つの変数のばらつきの様子を同時に見るためのグラフとして散布図を紹介し，次に，相関関係と相関係数を解説します。また，線形関係を傾向線として表す回帰直線を学習します。
《キーワード》 散布図，相関関係，相関係数，傾向線，回帰直線，寄与率

13.1 散布図で関係のパターンを見る

2つの量的変数xとyの関係性を分析するためには，まず，それぞれの変数のデータから**散布図**と呼ばれるグラフを作成します。散布図は，2つの量的データのばらつきを同時に見るためのxyグラフです。

2つの変数のデータのばらつきを同時に見ることで，単一の変数としてのデータのばらつきの情報に加えて，2つの変数の間の関係に関する情報やデータに含まれる各ケースの2変数上でのポジションが確認できます。

プロ野球の打者の打撃データ（図表13-1）を例に，散布図を説明します。例えば「三振」と「本塁打」の数の関係を調べる散布図は，各選手のシーズン中の「三振」の数を横軸（X軸）に，「本塁打」の数を縦軸（Y軸）にとって，選手ごとの成績を点でプロットしたグラフです。

図表 13-1　散布図（三振 vs. 本塁打）

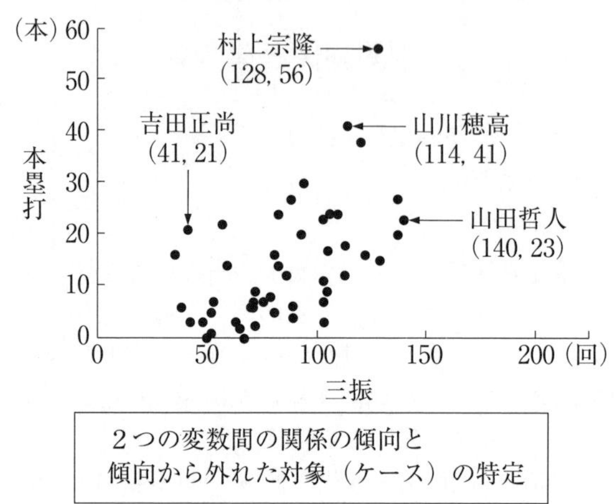

出典：日本野球機構，「2022 年公式戦成績」を基に作成。

散布図上の各点が，選手一人一人の成績に対応しています。例えば，2022 年にヤクルトに所属の村上宗隆選手の成績は，三振 128 個，本塁打 56 本なので，散布図上の右上の方に位置しています。

作成された散布図からは，以下の２つの視点に注目して情報を読み取ります。

- 過半数のケースが従う２つ変数のパターン
- 多くのケースとは異なるポジションに位置する少数個の外れたケース

図表 13-1 の散布図では，明らかにグラフの左下から右上方向に過半数の点が競り上がっていく，いわゆる“右肩上がりの傾向”が読み取れます。これは三振と本塁打の数に関して，三振の数が多い選手は本塁打の数も多く，逆に，三振の数が少ない選手は本塁打の数も少ないという傾向があることを意味します。このような２変数の間の右肩上がりの関

係を，とくに“**正の相関**”関係と呼んでいます。

逆に，“犠打”と“本塁打”の散布図のように，犠打の数が多い選手は本塁打の数が少なくなるような，いわゆる“右肩下がりの傾向”が見受けられれば，その関係は“**負の相関**”関係ということになります。相関関係は，その傾向を直線で代表させることができるので，とくに直線的な関係とか線形関係とも言います。

図表 13-２　相関関係（correlation）

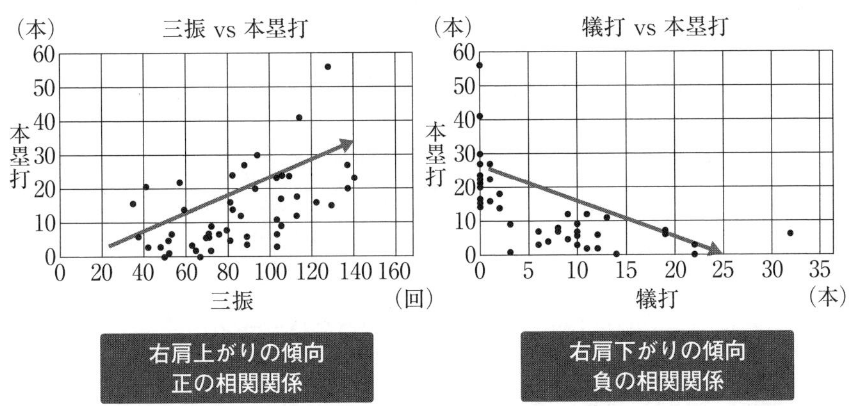

出典：日本野球機構，「2022年公式戦成績」を基に作成。

２つの変数の間の関係は相関関係ばかりではなく，点の散らばり具合に何等かのパターンが見受けられ，そのパターンに沿ってある程度の点が集中していれば，ある種の関係があると考えられます。パターンが全く見られないとき，関係はないことになります。図表13-３は，関係のいろいろなパターンの例です。

散布図からは２変数間の関係への示唆に加えて，単一の変数ごとのばらつきを別々に見ただけでは出てこない新たな外れ値の情報が得られることがあります。例えば，図表 13-1の散布図上には，右肩上がりのパターンに集中している点の集合から外れているいくつかの点が見られます。2022年にヤクルトに所属の村上選手の成績（128, 56）やオリックスの吉田選手の成績（41, 21）などです。とくに，吉田選手の三振41個や本塁打21本は，個別に見ると目立つ成績ではありませんが，三振と本塁打を組み合わせたパターンの中では，吉田選手の成績は三振数と比べると本塁打が多いという，一般的な傾向とは異なる特徴を示しています。このように2変数を組み合わせることで，新たに特徴的な選手を発見することができます。

13.2　相関関係の強弱と相関係数

2つの量的データの間の関係は，相関関係（直線的な傾向）とそれ以外の関係に分けられます。相関関係以外の関係では，曲線的な関係（指数曲線や2次曲線，3次曲線，…）やその他のパターンが考えられます

図表 13-3　関係のいろいろなパターン

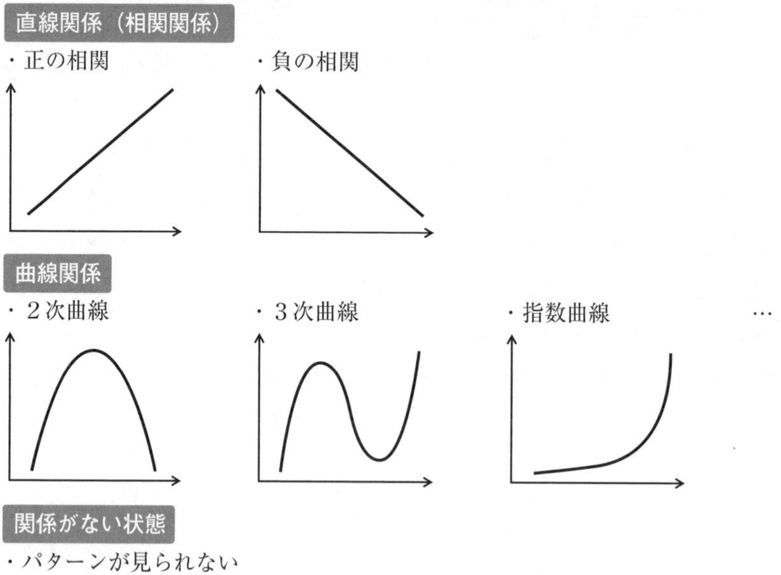

直線関係（相関関係）

・正の相関　・負の相関

曲線関係

・2次曲線　・3次曲線　・指数曲線　…

関係がない状態

・パターンが見られない

が（図表13-3），局所的に見ると直線的な傾向で近似できることやデータを変換することによって曲線関係を直線関係に変換することもできるので，相関関係は2つの量的データの間の関係を分析する重要な概念です。

相関関係の強弱は，データが直線の周りにどれだけ集中しているかによって判断します。図表13-4は，相関関係の強弱を散布図上での点の散らばりで説明したものです。

相関関係の強弱を数値で評価する指標に，**相関係数** r（correlation coefficient）があります。相関係数は，以下の式で計算されます。

$$r=\frac{\sum_{i=1}^{n}(x_i-\bar{x})(y_i-\bar{y})}{\sqrt{\sum_{i=1}^{n}(x_i-\bar{x})^2}\sqrt{\sum_{i=1}^{n}(y_i-\bar{y})^2}}=\frac{v_{xy}}{s_x s_y}$$

図表13-4　相関関係の強弱と相関係数

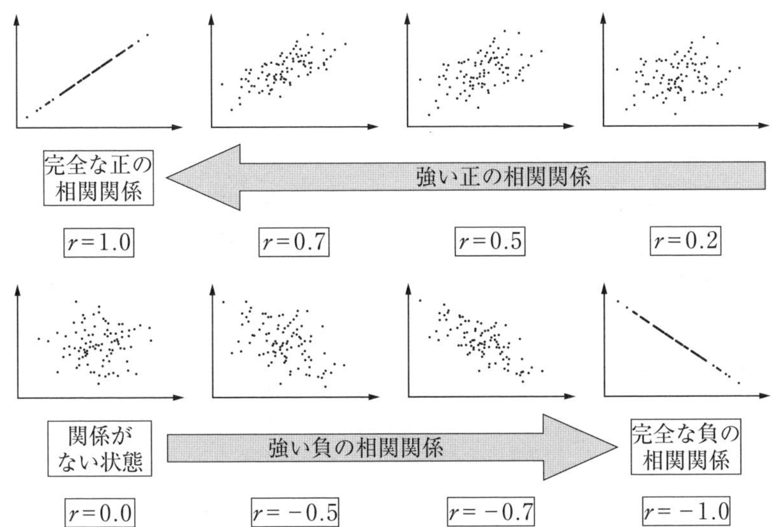

ここで，中央の項の分母，s_x と s_y はそれぞれ変数 x と y の標準偏差を表しています。また分子 v_{xy} は**共分散**と呼ばれる数量で，２つの変数の共変動を表す指標として以下の式で計算されます。

$$v_{xy} = \frac{1}{n}\sum_{i=1}^{n}(x_i - \bar{x})(y_i - \bar{y})$$

共分散は，変数 x と y のそれぞれについて各データ値とその平均からの差（偏差）を計算し，その積和をデータの個数 n で割ったものです。共分散には，散布図上で見られるデータのばらつき方に関して，右肩上がりか右肩下がりか（相関が正であるか負であるか）の方向性の情報とばらつきの大きさの情報が同時に含まれています。データが右肩上がりで散らばっている場合，各変数の平均からの偏差は共に正の値をとるか共に負の値をとる比率が大きくなり，この場合，偏差積の総和は正の値をとり，共分散はプラスの値となります。逆に，右方向に下がってくれば，それぞれの変数の偏差が逆符号を示す場合が多くなり，共分散は結果的にマイナスの値を示すことになります。共分散の絶対値の大きさには，２つの変数の平均からの偏差の大きさの情報が含まれています。

相関係数は，共分散をそれぞれの変数の標準偏差で標準化した指標で，共分散からばらつきの大きさの情報を取り除き，相関関係の情報だけを読み取れるようにしたものです。相関係数は，その計算式から，それぞれの変数のデータの z スコアの積の平均とも考えられます。このことから，相関係数は，もとの変数のばらつきの大きさや測定単位に依存しない数量であるということを理解することが大切です。

相関係数は -1 から１の値をとり，その符号で相関関係の方向性を表し，絶対値の大きさで相関関係の強さを表します。図表13-４には，散布図のデータから各々計算される相関係数の値を示しています。

一般に，相関係数の絶対値が１に近いほど，２つの変数の相関関係は強いと解釈され，相関係数の絶対値が 0 に近づくほど，相関関係はないと解釈されます。図表 13-1 の三振と本塁打の数の相関係数を計算すると 0.566 となり，やや弱い正の相関関係が確認できます。

＜シミュレーションを動かして確認してみよう！＞

「身近な統計」Web 版補助教材（https://www.ouj.ac.jp/mijika/）内の「シミュレーション統計グラフ」でシミュレーションを学習することができます。

・相関係数と散布図

●手順

・ステップ１　右側のボタンをクリックするとページにアクセスできます。［リンク　>］

・ステップ２　グラフ内をクリックすることで，３点以上座標を追加します。相関係数 r の値がどのように変化するか確認してみましょう。

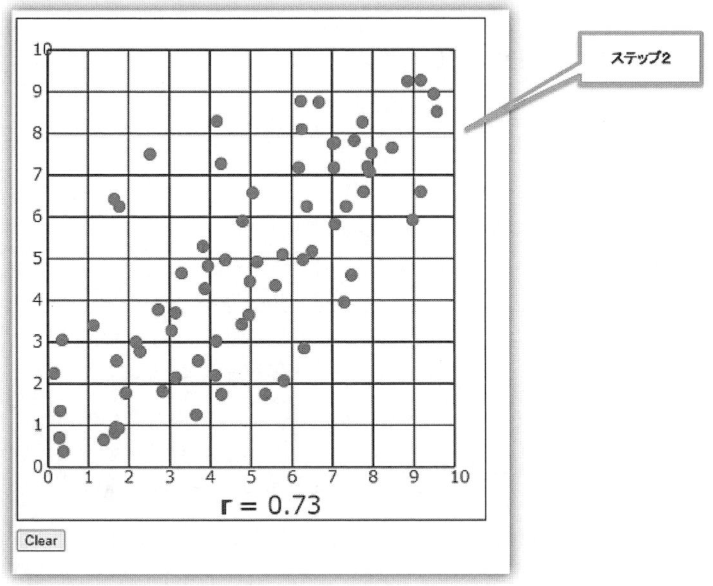

13.3 相関（係数）行列

図表13-５は，ある薬品の製造工程における「不純物質の混入量」や「含湿度」が薬品の「色の鮮明度」に与える影響を分析するために計測されたサンプルデータです。

ここでは，「不純物質の混入量」と「含湿度」がそれぞれ薬品の「色の鮮明度」にどのような影響を与えているのかが分析の焦点になっているので，要因変数（説明変数）が「不純物質の混入量」と「含湿度」，目的変数（被説明変数）が「色の鮮明度」に対応します。このように，２つの変数の関係に方向性がある場合，一般に，要因変数を横軸（X 軸）に，目的変数を縦軸（Y 軸）に配した散布図（図表13-６）を作成します。

図表 13-5　薬品データ

ロット番号	色の鮮明度	不純物質量	含湿度
1	53	50	130
2	33	60	77
3	27	10	90
4	63	53	110
5	23	13	73
6	43	57	97
7	63	7	137
8	43	20	113
9	53	10	130

図表 13-6　不純物質の混入量と含湿度に対する色の鮮明度の散布図

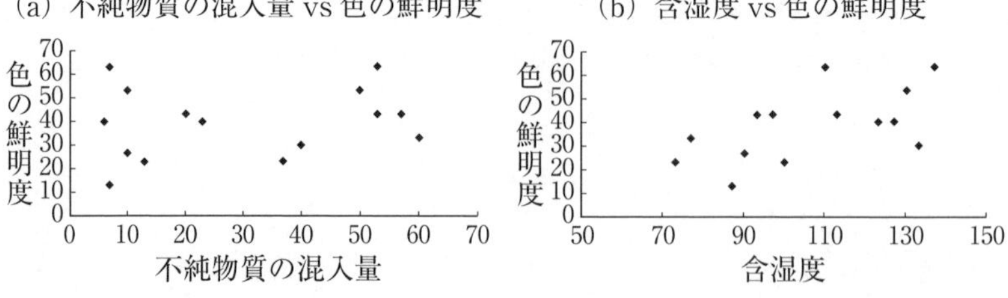

この２つの散布図からは，薬品の色の鮮明度と不純物質の混入量との間には明確なパターン（関係）が見られませんが，薬品の色の鮮明度と含湿度の関係は，含湿度が高いと鮮明度も上がり，逆に含湿度が低いと鮮明度も下がるという正の相関関係が見受けられます。したがって，色の鮮明度との関係については，不純物質の混入量よりも含湿度との関係がより強いと考えることができます。

この関係を相関係数で確かめてみます。Excelの分析ツールの中の「相関」メニューを使用すると，３つの変数のデータ系列を指定すれば，それぞれの組み合わせに対して，対応する相関係数を要素とした**相関（係数）行列**（correlation matrix）が出力されます（図表13-７）。相関行列から，色の鮮明度と不純物質の混入量との相関係数は0.199と０に近い値であること，色の鮮明度と含湿度との相関係数は0.616で＋１により近い値であることが分かり，含湿度と色の鮮明度との相関関係の方が，色の鮮明度と不純物質の量との相関関係より強いと解釈できます。

図表13-７　相関行列

	色の鮮明度	不純物質の混入量	含湿度
色の鮮明度	1		
不純物質の混入量	0.199	1	
含湿度	0.616	−0.187	1

13.4　相関係数を読む上での注意点

相関係数の値の読み方を示した図表13-４は，あくまでも２つの変数のデータのばらつきが線形関係を示した場合の解釈です。相関係数の値から散布図の形状が１つに決まるわけではないので，相関係数の値を解釈する際には，散布図上で分布の様子を確認することが大切です。

とくに，少数個の外れ値が相関係数の値に大きく影響します。例えば，図表 13-８の散布図（ア）の場合，相関係数は１に近い値を示しますが，右肩の１個の外れ値を除くと，散布図（イ）のように残りのデータに相関関係はなくなり，相関係数も０に近い値になります。また，散布図（ウ）の場合は，左肩の１個の外れ値の影響で全体の相関係数は０に近い値になっていますが，この外れ値を取り除くと，全体に正の相関関係が出てきます。

また，図表 13-９の散布図のように，２つのグループを区別しないときは関係のパターンは見られず相関係数も０に近い値となりますが，グループを区別したときは，どちらのグループでも明らかな負の相関関係が見られる例もあります。逆に，全体で見ると相関係数の値は大きく，

図表 13-８　外れ値と相関係数

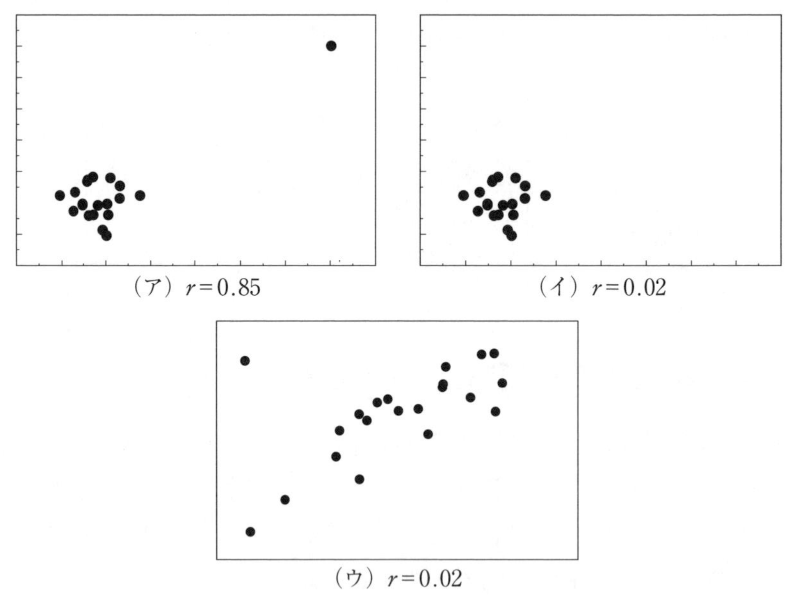

（ア）$r=0.85$　（イ）$r=0.02$

（ウ）$r=0.02$

図表 13-9　グループが混ざっている散布図

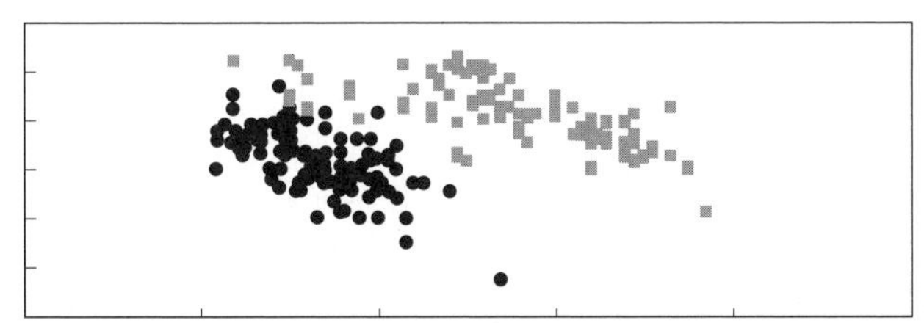

変数 x と y に線形関係があるような場合でも，集団を２つのグループに分ければ，その中では相関関係は消失するようなこともあります。実際のデータ分析に際しては，相関係数の値のみを過信するのではなく，散布図を注意深く観察し，外れ値の処理やグループ分け（層別）などの試行錯誤が必要になってきます。

13.5　相関係数の有意性の検定と解釈

データの数が少ないと，相関係数の絶対値は大きめの値になりがちですが，これは必ずしも意味のある値とは言えません。極端な例では，もしデータとして２つのケースしかなければ，つまり，散布図上に２つの点しかなければ，その２つの点を通る直線が必ず引けるので，相関係数は+1か−1になります。しかし，この結果が２つの変数の間の絶対的な相関関係を示しているとは誰も思わないはずです。計算された相関係数が変数の関係として意味ある値としてみなされるためには，ある程度のデータ数（ケース数）があり，それらがある程度集中して直線傾向を示さなければなりません。

また少なくとも，取られているデータを一般化した状態（母集団）で相関係数（母相関係数 ρ）が有意に0ではないことを検定により確かめておく必要があります。

母集団の相関係数（母相関係数）ρ が0であるかどうかの検定は，帰無仮説 $H_0 : \rho = 0$，対立仮説 $H_1 : \rho \neq 0$ に対して以下の検定統計量によって行われます。

$$\text{検定統計量 } t = \frac{r\sqrt{n-2}}{\sqrt{1-r^2}}, \quad (r \text{ は標本相関係数，} n \text{ は標本サイズ})$$

この検定統計量は，帰無仮説の下で自由度 $n-2$ の t 分布に従うので，$|t| > t(n-2 ; \alpha/2)$ のとき，有意水準 100α パーセントで帰無仮説が棄却され，母相関係数は0でないと結論できます。ここで，$t(n-2 ; \alpha/2)$ は，自由度 $n-2$ の t 分布の上側 $100\alpha/2$ パーセント点（両側の 100α パーセント点）を示します。

13.6　傾向線（回帰直線）を利用した予測の方法

図表 13-10 は，ある倉庫の搬送に際して「出荷量」と「出荷時間」の関係を示した散布図です。このデータは，「出荷量」から「出荷時間」を推定するために取られたものなので，「出荷時間」を目的変数（Y 軸），「出荷量」を要因変数（X 軸）に対応させます。

図表 13-10　出荷量と出荷時間の散布図

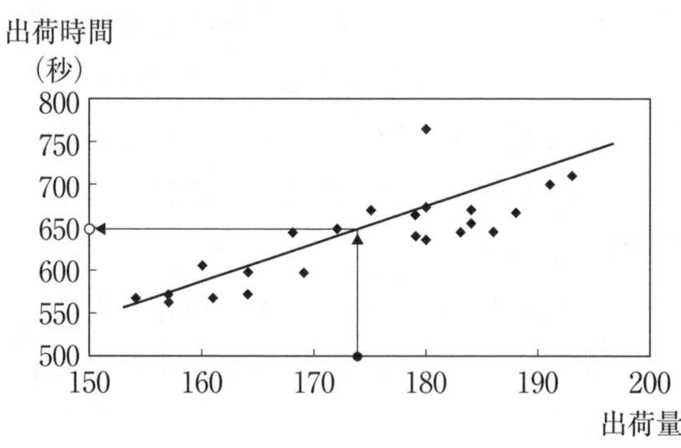

散布図から，出荷量が多いと出荷時間も長くなり，逆に出荷量が少ないと出荷時間も短くなるという典型的な正の相関関係を読み取ることができます。散布図上の正の相関関係を正の傾きを持つ直線（**傾向線**）で代表させたものを**回帰直線**と言い，回帰直線上の値で任意の出荷量に対する出荷時間の予測値を得ることができます。図表13-10は，傾向線（回帰直線）を使った予測のイメージを示しています。X軸上の黒丸の点が指定されたとき，Y軸上の白丸の点の値を予測値と考えます。

2変数の量的データが与えられた下で，具体的にデータに最もよく適合する回帰直線（傾向線）$y=a+bx$を求める方法を考えてみましょう。

ここで，aとbはデータから計算して求める定数で，aは回帰直線のy切片（または回帰式の定数項），bは直線の傾き（回帰係数）を表しています。定数aとbは，最小2乗法と呼ばれる方法で求められます。具体的には，要因変数（説明変数）の値x_iから回帰直線の式である回帰式を通して得られる期待値$(a+bx_i)$と実際に観測された目的変数の値y_iとの差（残差）$e_i=y_i-(a+bx_i)$ 2乗の和（残差平方和）$S_E=\sum_{i=1}^{n}e_i^2$を最小にする値として，以下の式で求まります。

$$a=\bar{y}-b\bar{x}$$

$$b=\frac{\sum_{i=1}^{n}(x_i-\bar{x})(y_i-\bar{y})}{\sum_{i=1}^{n}(x_i-\bar{x})^2}\quad (\bar{x},\ \bar{y}\text{は，平均値})$$

求められた回帰直線は，説明変数xが与えられた下での目的変数yの条件付き平均と考えることもできます。つまり，条件付き平均によって，説明変数xの任意の値x_0に対応する予測値を$\hat{y}=a+bx_0$で求めていることになります。

回帰直線の y 切片 a と傾き b で解釈上重要な値は，傾き b です。これは，説明変数 x の値が１単位動いたときに，目的変数 y の値が何単位，平均的に動くかの量を表しています。相関係数 r が変数 x と y の相関関係の強弱を表しているのに対し，傾き（回帰係数）b は x の変化に対する y の変化の大きさを表しています。

図表 13-11　回帰直線

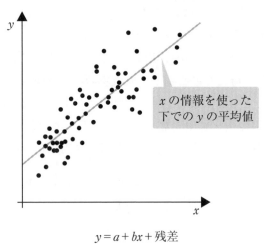

$$y = a + bx + 残差$$

残差平方和（S_E）を最小にする a と b を求める

$$S_E = \sum_{i=1}^{n} \left\{ y_i - (a + bx_i) \right\}^2$$

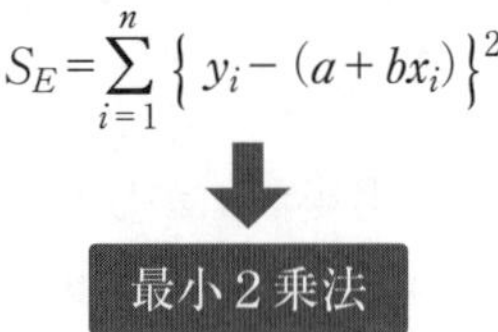

<データと回帰直線>

「身近な統計」Web版補助教材（https://www.ouj.ac.jp/mijika/）内の「シミュレーション統計グラフ」で相関係数と散布図の値の変化をシミュレーションできます。

・相関係数と散布図

●手順

・ステップ１　右側のボタンをクリックするとページにアクセスできます。（リンク　>）

・ステップ２　グラフ内をクリックすることで，３点以上座標を追加します。相関係数 r の値がどのように変化するか確認してみましょう。

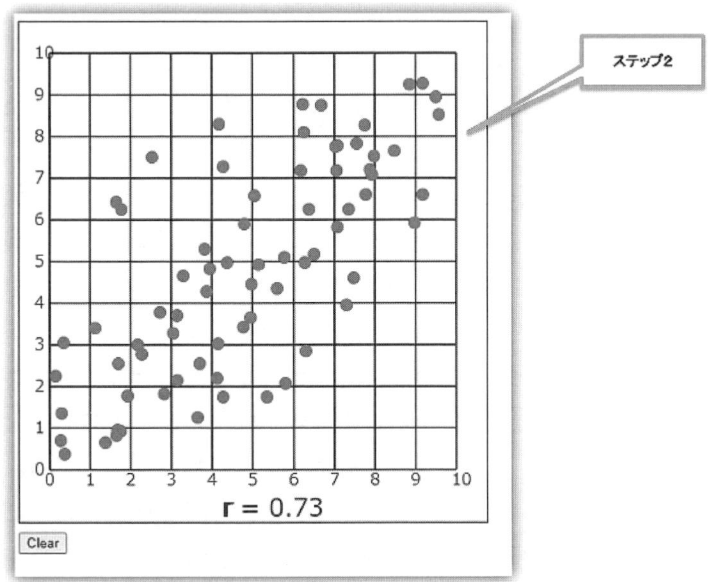

13.7 寄与率

目的変数 y に関する平均 $\bar{y}$ からの偏差平方和を全平方和 S_T とする

と，S_T は以下で定義される回帰による平方和 S_R と残差平方和 S_E に分解でき，$S_T = S_R + S_E$ となります。

全平方和　$S_T = \sum_{i=1}^{n} (y_i - \bar{y})^2$

回帰による平方和　$S_R = \sum_{i=1}^{n} (\hat{y}_i - \bar{y})^2$

残差平方和　$S_E = \sum_{i=1}^{n} (y_i - \hat{y}_i)^2 \quad (\hat{y}_i = a + bx_i)$

ここで，全平方和に対する回帰による平方和の割合 $\frac{S_R}{S_T}$ を見ることで，回帰直線とデータとの適合度を全体で評価することができます*。この割合のことを回帰直線（回帰モデル）の**寄与率**（または，**決定係数**）R^2 と呼んでいます。

寄与率は，0から1の間の値を取り，1に近いほどデータが回帰直線の周りに集中していることになり，1のときはデータは完全に回帰直線上にのっていることを表します。一方，寄与率が0のときは，$\hat{y}_i = \bar{y}$ を意味し，回帰直線の傾きが0となること，すなわち，説明変数 x の値が何であっても y の条件付き平均の値が変わらず全体平均 $\bar{y}$ と等しくなることを意味します。このことはまた，説明変数 x は y の値を予測する上で，何の説明力も持たないことを意味します。逆に，寄与率が1であれば，y の値は完全に x の値で説明できる（誤差なく予測できる）ことになります。実際はその中間で寄与率が決まり，x がどの程度 y の変動を説明するのかを示す値となります。

出荷量と出荷時間のデータの例では，

$$出荷時間 = 21.65 + 3.54 \times 出荷量$$

＊説明変数が1つの単回帰モデルの場合，寄与率 $R^2 = r^2$ が成り立つ。つまり，x と y の相関係数 r の2乗が寄与率となる。

という回帰式が得られます。この回帰式により，出荷量が 1 単位増えれば，出荷時間が 3.54 秒増えることや，例えば，出荷量 173 に対する出荷時間の予測値は，634.07 秒となることが分かります。また，この回帰式の寄与率は，0.77 であり，出荷時間の変動に対する出荷量の説明力は 77%程度であるということになります。

<作成してみよう！>

※「身近な統計」Web 版補助教材（https://www.ouj.ac.jp/mijika/）内の「エクセル操作」で作成用 Excel データと作成手順を公開しています。

・相関係数(2021 年日本プロ野球データ)

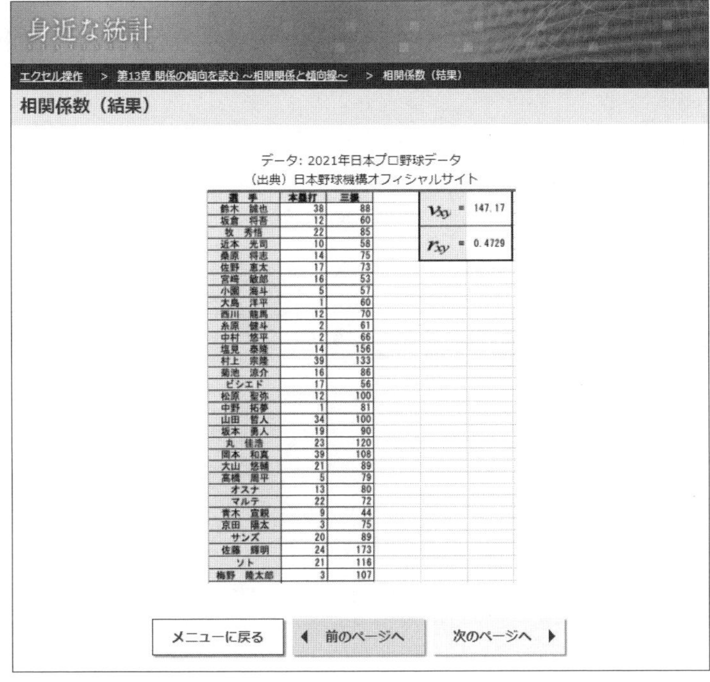

選手	本塁打	三振
鈴木　誠也	38	88
坂倉　将吾	12	60
牧　秀悟	22	85
近本　光司	10	58
桑原　将志	14	75
佐野　恵太	17	73
宮﨑　敏郎	16	53
小園　海斗	5	57
大島　洋平	1	60
西川　龍馬	12	70
糸原　健斗	2	61
中村　悠平	2	66
塩見　泰隆	14	156
村上　宗隆	39	133
菊池　涼介	16	86
ビシエド	17	56
松原　聖弥	12	100
中野　拓夢	1	81
山田　哲人	34	100
坂本　勇人	19	90
丸　佳浩	23	120
岡本　和真	39	108
大山　悠輔	21	89
高橋　周平	5	79
オスナ	13	80
マルテ	22	72
青木　宣親	9	44
京田　陽太	3	75
サンズ	20	89
佐藤　輝明	24	173
ソト	21	116
梅野　隆太郎	3	107

・相関行列（図表 13- 7 ）

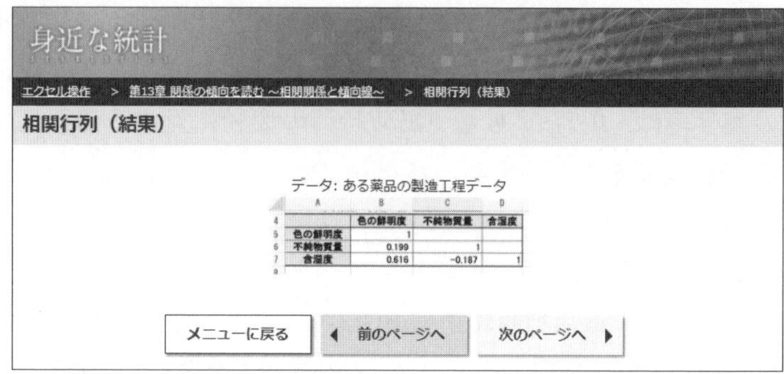

	色の鮮明度	不純物質量	含湿度
色の鮮明度	1		
不純物質量	0.199	1	
含湿度	0.616	−0.187	1

・回帰直線（三振 VS. 本塁打）

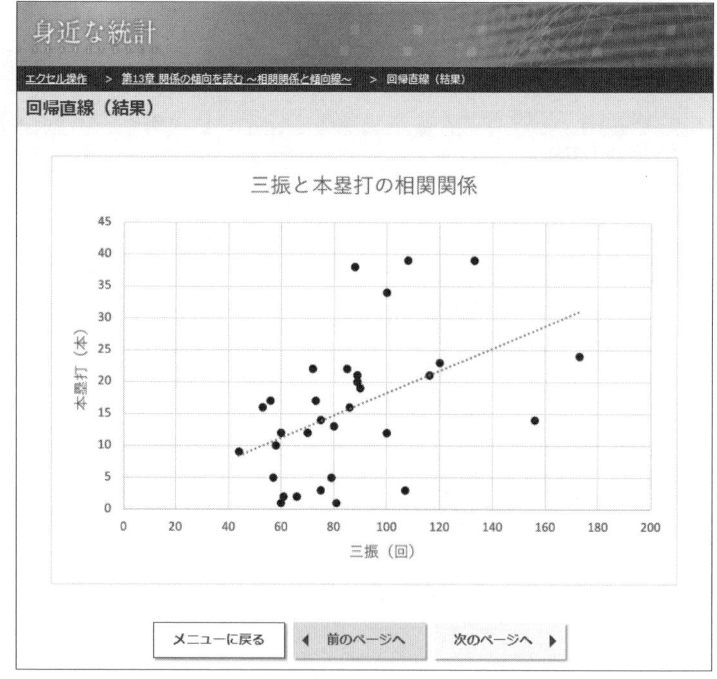

14 時系列データの分析

～変化の記述と将来の予測～

《目標＆ポイント》 この章では，時間に依存して取られるデータの記述の方法として，時系列グラフの描き方と読み方，時系列データの構成要素を説明します。また，傾向や変化の大きさをつかむための加工系列として，指数(化)，成長率と寄与度，移動平均を説明します。
《キーワード》 時系列データ，時系列グラフ，トレンド，季節変動，指数(化)，成長率と寄与度，移動平均，季節調整

14.1 時系列データ

時系列データとは，月単位での売上の記録や日経平均株価の日別終値の変動など，時間軸上で等間隔に観測される系列的なデータを言います。データは，一般に，年（四半期，月，日，時間）別のように時点に対応して記録されていきます。時系列データの分析では，とくに時間系列に沿ってデータの変動の特徴を分析します。クロスセクションデータと時系列データとの違いで注意すべきことは，クロスセクションデータの分析においては，データの並びは任意で並べ替えを行ってもまったく問題はありませんが，時系列データの場合はその並びに本質的な情報が含まれているので，その並びを意識した分析を行わなければならないということです。例えば，時系列データで全体の平均を計算してもさほど重要な情報が得られるわけではありません。むしろ，変化がどのように

生じているかが重要な課題となります。そこで，次の節で述べるような時系列グラフや時系列の構成要素を考えます。

図表 14-1　長期時系列の折れ線グラフ表示の例（家計調査）

図表 14-2　短期時系列の棒グラフ表示の例

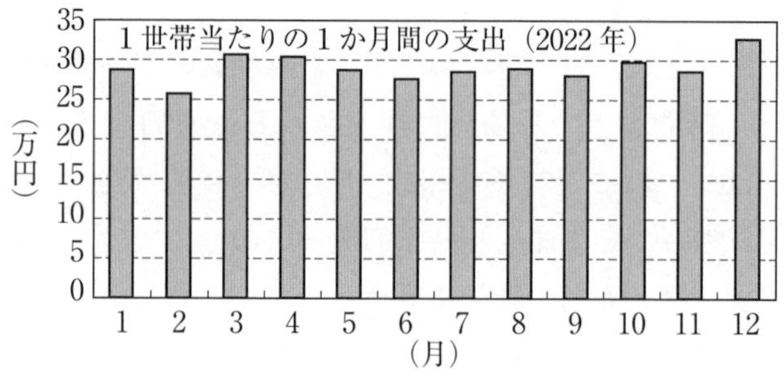

14.2　時系列データのグラフ化と構成要素

時系列データでは，変化の様子を見ることが分析の第一歩となるため，その変化を表現するグラフを用います。時間軸を伴った折れ線グラフや棒グラフがその代表例です。

グラフでは，横軸（X 軸）を時点変化を示す時間軸とし，縦軸（Y 軸）に分析対象としている変数の値を対応させ，生の変数値やその加工指標の値の時間軸上における変化のパターンを解釈します。グラフの種類としては，棒か折れ線のいずれかが使用されますが，時点数が少量で実数の比較が主であれば棒グラフ，成長率や為替の推移，長期時系列データの推移パターンを見て傾向をつかみたい場合は，折れ線グラフが多く使用されています。

対象となっている時系列データを**原系列データ**（original；O）とすると，一般に，原系列データは，次の４つの変動成分の合成であると考えることができます。

（１）**傾向変動**（**トレンド** trend；T）

上昇もしくは下降などの比較的単調な長期的傾向で，一般には時間軸上の単純な線形関数（直線など）で表現されます。

（２）**循環変動**（**サイクル** cyclical；C）

トレンドのまわりで上下する，周期が定まっていない循環的変動で，景気変動などがこれにあたり，次の季節変動とは区別します。

（３）**季節変動**（seasonal；S）

季節によって左右される１年を周期として規則的に繰り返される変動を言います。ただし，１年を周期としなくても，同じサイクルで繰り返される日変動のような固定的な変動があれば，季節変動と同様な処理手順が適用できます。

（４）**不規則変動**（irregular；I）

上記以外の説明がつかない突発的な変動や不規則かつ短期間の上下に起こる小変動で，ランダムノイズと言い，期待値（平均値）は０と仮定されます。

図表 14-3は，複雑な変動を示す原系列データ（O）が，4つの成分の合成であることを表しています。それぞれの成分の特徴を図から確認してください。

図表 14-3

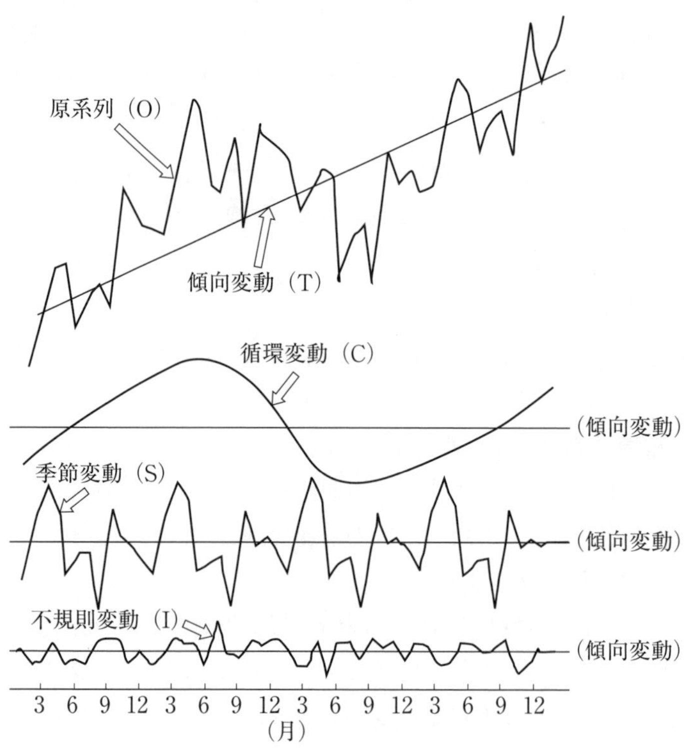

加法モデルと乗法モデル

一般に，時系列データを4つの基本成分の合成であると考えるとき，合成の仕方として，和であるとする**加法モデル**と積であるとする**乗法モデル**の2通りのタイプが考えられます。

ここで，原系列データを時間 t の関数として，$\mathrm{O}(t)$ で表し，傾向変動，循環変動，季節変動，不規則変動をそれぞれ，$\mathrm{T}(t)$，$\mathrm{C}(t)$，$\mathrm{S}(t)$，$\mathrm{I}(t)$ とすると，原系列データは，各変動の和であるとする加法モデルでは，

$$\mathrm{O}(t) = \mathrm{T}(t) + \mathrm{C}(t) + \mathrm{S}(t) + \mathrm{I}(t) \quad \{\text{加法モデル}\}$$

が成立します。

一方，各変動の関係を比率的に解釈し，原系列データは，4系列の積であるとする乗法モデルでは，

$$\mathrm{O}(t) = \mathrm{T}(t) \times \mathrm{C}(t) \times \mathrm{S}(t) \times \mathrm{I}(t) \quad \{\text{乗法モデル}\}$$

が成立します。

例えば，ある会社の月別売上データの変動に，系統的な成長（伸び）傾向（トレンド）と季節変動が見受けられる場合に，加法モデルでは，12月は，年間平均売上に500万円ほど上積みされた売上高が観測されるが，逆に，8月は，年間平均売上をいつも300万円ほど下回っている，というように，固定的な金額の高低で月別のパターンが解釈されます。一方，乗法モデルでは，年間売上の25%は，いつも12月に集中し，逆に，8月は，年間売上の4%にも満たないなど，比率の立場に分解して解釈されます。成長期の経済時系列では，この乗法モデルが適用されることが多いと言えます。

具体的な事例を見てみましょう。ある会社の売上高が月次データとしてグラフ化されています（図表14-4）。この会社の売上高の推移を見てみると，明らかな乗法モデルの例となっています。つまり，月・年の経過とともに売上が線形的に伸びている傾向（トレンド）や1年を周期とする特定の上下のパターンがあり，季節変動の存在も確認でき，とく

図表 14-4　ある会社の売上高

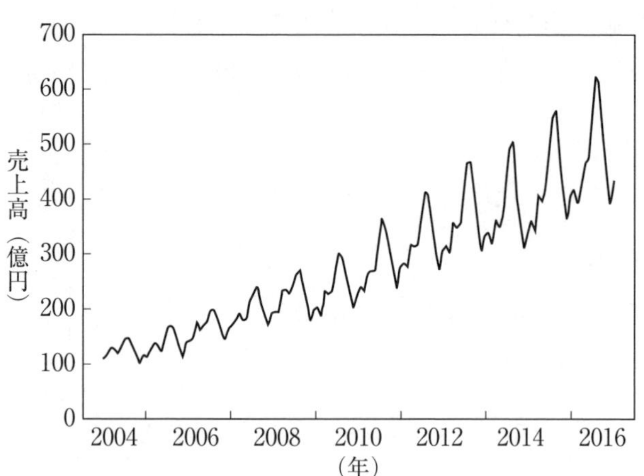

に，季節変動の振幅の大きさが全体のトレンドとともに増加していることが分かります。これが乗法型の時系列モデルの典型的な特徴です。乗法型モデルの季節変動は，見かけ上，年々変化しているように思われますが，見かけ上の変化は単にトレンドの影響であり，季節変動の時間軸上での相対的な大きさは変わりません。

このように，時系列データの分析の第一歩は，まず，時系列データを時間軸上にプロットし，変化のパターンを見て，原系列に関する仮説を立てることにあります。

14.3　指数化

時系列の原データから全体での水準の大きさの情報を除いて，時間軸上での変化のパターンや変化の大きさのみを分かり易く表示する方法に**指数化**があります。指数化を行うことで，水準や単位の違う系列間での変化の大きさの比較が容易になります。

指数化とは，基準時点の値を100とし，その他の時点の値をその相対値で表示することです。もとのデータ系列を指数系列に変換することで，基準年に対する実数の大きさの比較や増減率への推察が容易になります。指数化したデータ系列も時系列グラフにすることで，さらに変化の様子が分かり易くなります。

また，他の時系列データとの比較や関係性の探索に役立てることができます。水準の大きさが絶対的に異なる複数の時系列データをそのまま同時にプロットすると，相対的に小さい水準で変化する系列のパターンがつかみにくいことがあります。このような場合には，基準時点を等しくしたそれぞれの指数系列を作成し，それらの変化のパターンを比較する方が効果的です。

図表14-5は，1997年のアジア通貨危機に至るまでのアジア4カ国の実質GDPの推移と1994年を基準とした指数を示す表とグラフです。また，図表14-6は世界金融危機（2007年）前後の4ヵ国のGDPの動きを名目GDPで比較したものです。

このように指数化することで，4ヵ国のGDPの水準の大きさによらず，変化の大きさだけを比較することができます。

14.4　伸び率と成長率

（1）**伸び率（減少率）**　～基準時点からの変化の大きさ～

時系列データの変化に関して，指数と同様に基準時点からの変化の大きさを見るための指標が，伸び率（減少率）です。基準時点からの変化量を基準時点の値で割って求められます。

（2）**成長率**　～変化の勢い～

基準時点を常に1時点前として，伸び率の推移を見る指標が成長率です。とくに，GDP（国内総生産）の成長率を経済成長率と言っていま

図表 14-5　アジア４ヵ国の実質 GDP（1994〜1998 年）

(a) 原系列

（1990 年価格　単位　百万 US ドル）

年	韓国	シンガポール	インドネシア	タイ
1994	332,235	52,064	154,144	118,232
1995	361,869	56,568	166,814	128,759
1996	386,296	60,453	180,126	136,392
1997	405,653	65,145	188,500	134,023
1998	381,972	66,114	162,717	123,242

National Accounts Main Aggregates Database

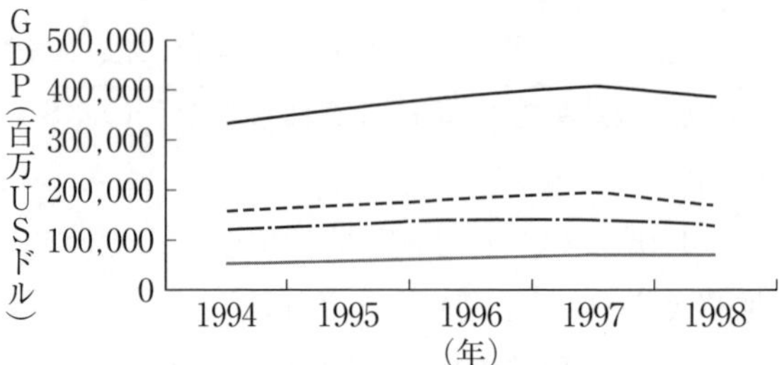

(b) 指数化系列

（1994 年基準）

年	韓国	シンガポール	インドネシア	タイ
1994	100	100	100	100
1995	108.9	108.7	108.2	108.9
1996	116.3	116.1	116.9	115.4
1997	122.1	125.1	122.3	113.4
1998	115.0	127.0	105.6	104.2

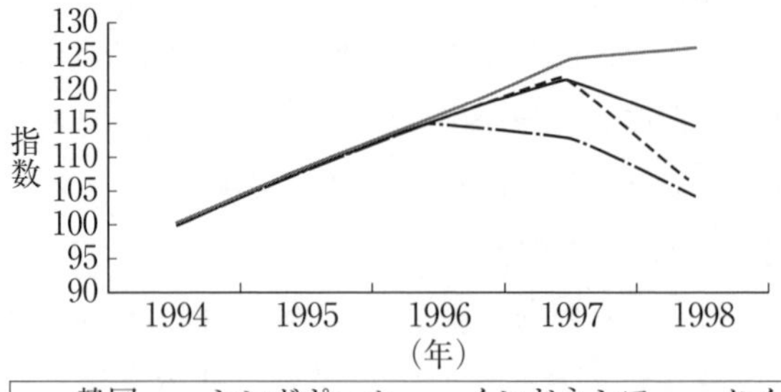

図表14-6　アジア4ヵ国の名目GDP（2005〜2009年）

(a)　原系列

（単位　百万USドル）

	韓国	シンガポール	インドネシア	タイ
2005	844,866	125,429	285,856	176,352
2006	951,773	145,332	364,350	207,089
2007	1,049,239	177,329	432,232	246,977
2008	931,405	189,384	511,213	272,578
2009	832,512	183,332	538,457	263,711

National Accounts Main Aggregates Database

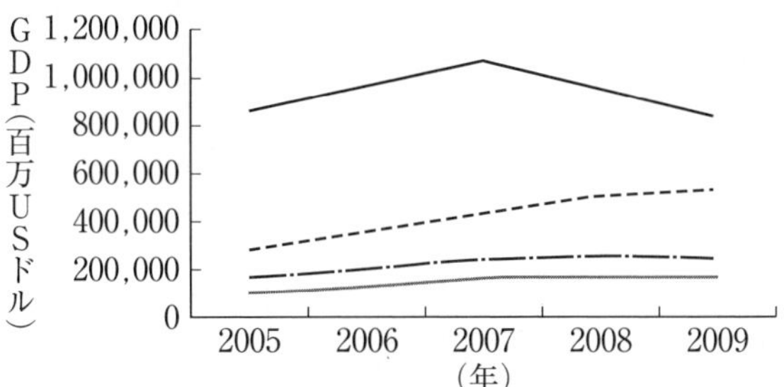

(b)　指数化系列

（2005年基準）

	韓国	シンガポール	インドネシア	タイ
2005	100	100	100	100
2006	112.7	115.9	127.5	117.4
2007	124.2	141.4	151.2	140.0
2008	110.2	151.0	178.8	154.6
2009	98.5	146.2	188.4	149.5

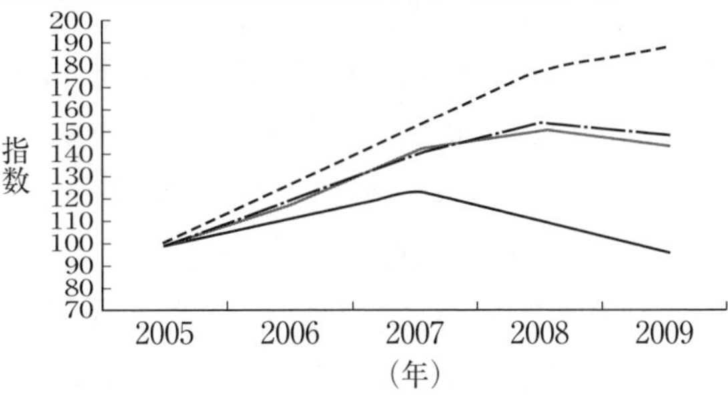

— 韓国 — シンガポール --- インドネシア -・- タイ

す。成長率を見ることで，変化の勢いが分かります。例えば，特定商品の売上高の成長率を見ると，その商品が市場において成長期にあるのか衰退期に入ったのかなどの判断のヒントになります。図表 14-7は，先に例示したアジア４カ国の経済成長率とその推移グラフです。経済が大きく減速していく様子が分かります。

図表 14-7　アジア４カ国の経済成長率とその推移図

年	韓国	シンガポール	インドネシア	タイ
1995	8.9	8.7	8.2	8.9
1996	6.8	6.9	8.0	5.9
1997	5.0	7.8	4.6	−1.7
1998	−5.8	1.5	−13.7	−8.0

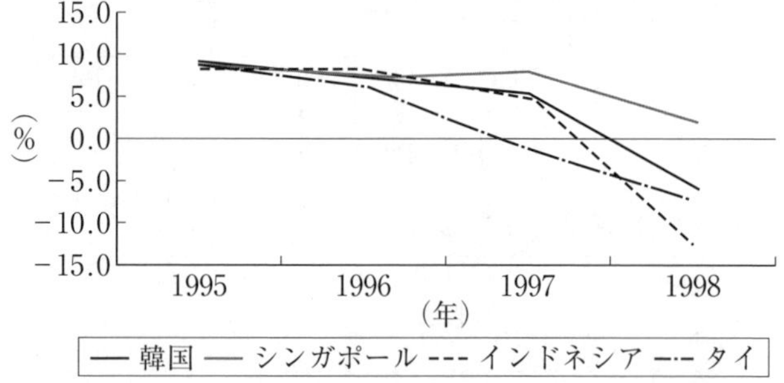

（3）**対前年同月比（対前年同期比）伸び率**　～季節変動がある場合～

時系列の原系列データに，季節変動に代表されるような特定周期の変動が見られる場合，そのまま成長率を計算すると，周期変動に攪乱されて本来のトレンドの勢いを見誤る結果となります。例えば，月別の時系列データに１年を周期とした季節パターンが存在する場合，12 月の売上が前月 11 月の売上よりも 10%伸びていたからといって，単純にこれが売上の上昇（成長）トレンドを意味していると考えることはできないということです。なぜなら，12月の売上が11月よりも大きいのは，トレンドの上昇ではなく毎年観測される単なる季節効果の影響を含んでいるからです。

このような季節変動がある場合にトレンドとしての変化の勢いを見るための成長率の指標としては，対前年同期比または対前年同月比が用いられます。図表14-8は，2015年第3四半期（7月～9月）から2017年第3四半期までの百貨店売上高の総額です。明らかに1年周期の季節変動パターンが見られます。このようなデータに対しては，対前期比で成長率を計算することは意味がないので，対前年同期比で成長率を計算します。この結果を見て，この期間にマイナス成長をしているが，マイ

図表14-8　百貨店売上高総額

年	四半期（月）	百貨店売上高（千円）	成長率（%）（対前年同期比）
2015	7～9	1,443,846,700	
	10～12	1,749,190,772	
2016	1～3	1,503,402,512	
	4～6	1,386,569,095	
	7～9	1,392,479,829	−3.6
	10～12	1,695,562,195	−3.1
2017	1～3	1,474,127,968	−1.9
	4～6	1,383,689,619	−0.2
	7～9	1,393,114,897	0.0

（日本百貨店協会）

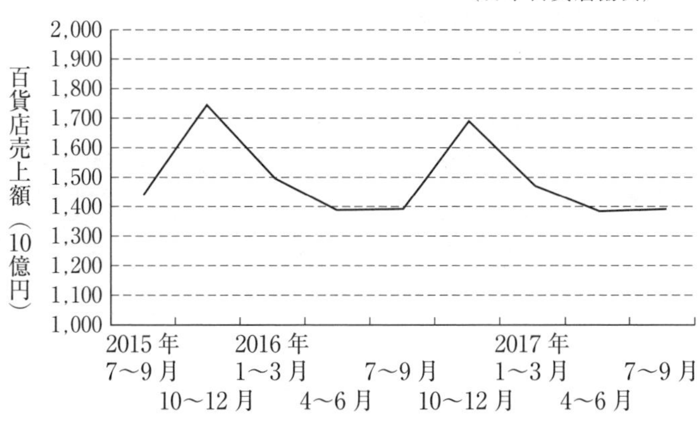

ナス幅は小さくなってきており，売上の回復局面も期待できる……というような解釈ができます。

14.5 寄与度

図表14-9は，2020年と2021年の1世帯当たりの月平均支出額を見たものです。支出の総額が若干減少していることが分かります。種別に支出額の推移を見ると，「総額」と同様に減少しているものもあれば，「食料」のように増加しているものもあります。ここでは，全体の成長の要因をそれぞれの種別の動きで説明する分析手法として，寄与度・寄与率の考え方と計算方法を紹介します。

図表14-9　世帯当たりの月平均支出額の推移

(円)

年次	消費支出合計	食料	住居	光熱・水道	家具・家事用品
2020	277,926	80,198	17,374	21,836	12,708
2021	279,024	79,401	18,338	21,531	12,101

年次	被服及び履物	保健医療	交通・通信	教育	教養娯楽	その他
2020	9,175	14,296	39,972	10,293	24,987	47,088
2021	9,063	14,314	39,778	11,905	25,252	47,342

図表14-9のようなデータは，一般には，全体系列とそれを構成する部分系列のデータがある場合に相当します。この場合，「合計」の系列が全体系列，各部門の支出額の系列が部分系列に対応します。

この表のように全体の時系列を構成する部分系列のデータが与えられている場合に，全体系列の伸び率に対して各部分系列の変化がどのように寄与しているのかを計量化する指標が，**寄与度**や**寄与率**です。寄与度とは，全体系列の伸び率を各部分系列の寄与に応じて分解した値です。また，寄与率は，寄与度が全体系列の伸び率に占める割合を示したものです。

消費支出のデータを例に説明すると，（$t-1$）時点からt時点にかけての総額の伸び率に対する部分系列Aの支出の寄与度は，以下の式で求められます。

$$\text{支出Aの寄与度（}t\text{年）}=\frac{\text{支出Aの金額(}t\text{年)}-\text{支出Aの金額(}t-1\text{年)}}{\text{支出の合計額（}t-1\text{年）}}$$

また，この式は，

$$\text{支出Aの寄与度（}t\text{年）}=\frac{\text{支出Aの金額(}t\text{年)}-\text{支出Aの金額(}t-1\text{年)}}{\text{支出Aの金額（}t-1\text{年）}}\times\frac{\text{支出Aの金額(}t-1\text{年)}}{\text{支出の合計額（}t-1\text{年）}}$$

$$=\text{支出Aの}t\text{年の伸び率}\times\text{支出Aの（}t-1\text{）年の構成比}$$

図表 14-10　支出内訳別に見た伸び率と寄与度

年次	消費支出合計	食料	住居	光熱・水道	家具・家事用品
2020	277,926	80,198	17,374	21,836	12,708
2021	279,024	79,401	18,338	21,531	12,101
構成比（2020）	1.000	0.289	0.063	0.079	0.046
伸び率（%）	0.40	− 0.99	5.55	− 1.40	− 4.78
寄与度（%）		− 0.29	0.35	− 0.11	− 0.22

年次	被服及び履物	保健医療	交通・通信	教育	教養娯楽	その他
2020	9,175	14,296	39,972	10,293	24,987	47,088
2021	9,063	14,314	39,778	11,905	25,252	47,342
構成比（2020）	0.033	0.051	0.144	0.037	0.090	0.169
伸び率（%）	− 1.22	0.13	− 0.49	15.66	1.06	0.54
寄与度（%）	− 0.04	0.01	− 0.07	0.58	0.10	0.09

と考えることもできます。上記の式から求めた寄与度が図表 14-10 に示されています。総務省統計局により実際に 2021 年 12 月に発表された支出の内訳別の寄与度の表も掲載しておきます（図表 14-11）。

図表 14-11　支出の内訳と寄与度（2021 年 12 月，全国・２人以上全世帯）

費目（品目分類）	金額（円）	対前年同月増減率（%）		実質増減率への寄与度（%）	摘要	備考
		名目	実質			
消費支出	317,206	0.7	−0.2	—		５か月連続の実質減少
食料	99,518	0.3	−1.8	−0.57	（減少）魚介類，野菜・海藻など	５か月連続の実質減少
住居	22,251	6.7	4.2	0.28	（増加）設備修繕・維持，家賃地代	３か月ぶりの実質増加
光熱・水道	22,260	4.1	−6.4	−0.44	（減少）他の光熱，電気代など	９か月連続の実質減少
家具・家事用品	13,540	−12.4	−11.7	−0.57	（減少）家庭用耐久財，家事雑貨など	８か月連続の実質減少
被服及び履物	11,493	2.0	1.7	0.06	（増加）洋服，シャツ・セーター類など	２か月連続の実質増加
保健医療	15,070	−0.5	−0.4	−0.02	（減少）医薬品，保健医療用品・器具	２か月ぶりの実質減少
交通・通信	40,275	4.9	13.4	1.63	（増加）通信，交通など	３か月連続の実質増加
教育	10,702	18.8	17.4	0.50	（増加）授業料等，補習教育など	２か月ぶりの実質増加
教養娯楽	30,372	1.1	−2.7	−0.25	（減少）教養娯楽用耐久財，教養娯楽用品など	５か月連続の実質減少
その他の消費支出	51,725	−4.5	(−5.4)	(−0.93)	（減少）諸雑費，交際費など	４か月ぶりの実質減少
消費支出（除く住居等）	278,164	1.1	0.2	—		７か月ぶりの実質増加

（注）「摘要」欄は，消費支出の実質増減率への寄与度の大きい項目を掲載した。ただし，「その他の消費支出」については名目増減率の大きい項目を掲載した。

総務省統計局「家計調査」（令和４年２月８日報道資料）より

14.6　移動平均と季節調整

14.6.1　移動平均とウィンドウ幅

時系列データには，トレンドや季節変動・循環変動などの解釈上の意味がある成分に加えて，その時点ごとに不規則に上下する誤差変動（ノイズ）が含まれています。この誤差変動が大きい場合，原系列データから意味のあるパターンを読み取ることが難しくなってきます。このような場合に，変化のパターンを読み易くするために，まず，時系列変動の**平滑化**（スムージング）が行われます。平滑化のためには，時系列データの非系統的な誤差部分を互いにキャンセルアウトするために局所的に平均を取る移動平均法が使われます。**移動平均**とは，各時点のデータをその周辺の n 個のデータの平均によって置き換えることで，平均を取る幅 n を“**ウィンドウ幅**”と呼んでいます（図表 14-12）。

図表 14-12　日別データの３日移動平均

	銘柄 2		3 日移動平均
1 日	55.63		
2 日	55.50	→	55.54
3 日	55.50	→	55.29
4 日	54.88		55.17
5 日	55.13	…	54.84
6 日	54.50		54.71
7 日	54.50		54.46
8 日	54.38		54.50
9 日	54.63	→	54.50
10 日	54.50		

実際に移動平均を求めたグラフを見てみましょう。図表 14-13 は，ある銘柄の株価の日別推移から 7 日移動平均系列，42 日移動平均系列を

図表 14-13　ある銘柄の株価の推移と移動平均

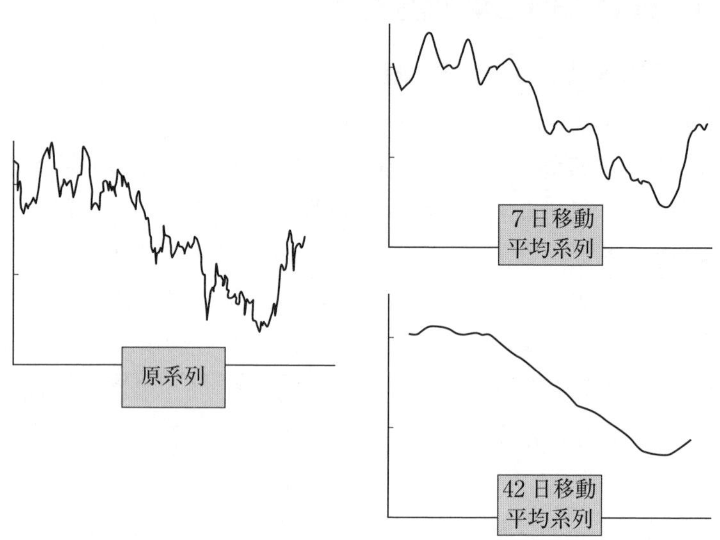

計算し図示したものです。移動平均を取ることで，小さな上下の変動部分が消し去られ，滑らかな流れ（傾向）を容易に読み取ることができる様子が分かります。また，平均を取るウィンドウの幅を大きくすることでより滑らかな曲線になることも分かります。大きなウィンドウ幅は，長期的な傾向を見るのに適しています。また，小さなウィンドウ幅によって，短期的な傾向がつかめます。一般に，どれくらいの幅がトレンドの長期や中期または短期傾向を示すかは，対象としているデータ系列によって異なります。

14.6.2　中心化移動平均と季節調整

移動平均を利用することで，季節変動を除去することも可能になります。季節変動を除去することを**季節調整**と呼び，季節調整が施されたデータは，**季節調整済み系列**と呼ばれ，調整前のデータと区別されます。

季節変動の周期 n がはっきりしていて，各周期にわたって各季節成分の値が一定であれば，その周期に対応する項数の移動平均を取れば，周期性を消すことができます。季節変動を伴う時系列データは月次データか四半期データですので，季節変動を消し去るためには，月次データで 12 時点，四半期データで 4 時点の移動平均を取ればよいことになります。いずれもウィンドウ幅が偶数なので，例えば，1 月から 12 月の移動平均値は，6.5 月に対応する値となり，次の 2 月から翌年の 1 月までの移動平均値は 7.5 月に対応し，各月からずれてしまい不都合があります。そこで，移動平均の中心化を行います。中心化とは，6.5 月に対応する移動平均値と 7.5 月に対応する移動平均値の平均を取ることで 7 月の平均値を作る作業を，各月で行うものです（図表 14-14）。

図表 14-14　移動平均の中心化

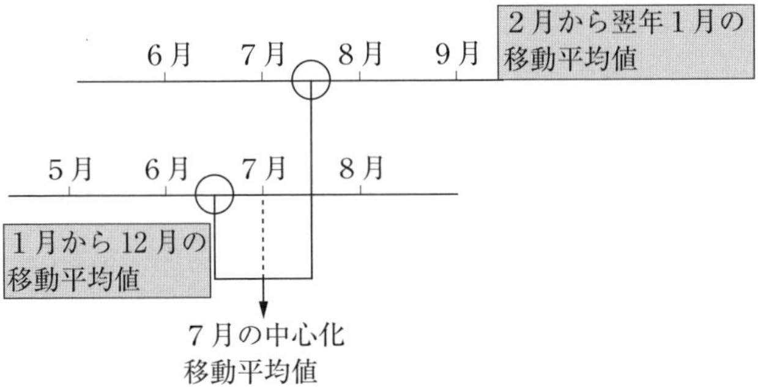

中心化移動平均を使って季節調整を行う方法の原理について説明します。図表 14-15 のデータは，ある遊園地における四半期別の入場者数のデータです。まず，1 年間にわたる 4 期の中心化移動平均系列（M）を

図表 14-15　入場者数の推移（千人）

	第１四半期	第２四半期	第３四半期	第４四半期
2015	362	385	432	341
2016	382	409	498	387
2017	473	513	582	474
2018	544	582	681	557

作成します。この系列では，もとのデータ系列（O）の季節変動（S）に加えて不規則変動（I）もが消去されています。つまり，中心化移動平均系列（M）は，傾向変動（T）と循環変動（C）によって構成されていると考えられます。乗法モデル型とすれば，M＝T×C ということになります。

次に，もとのデータ系列（O＝T×C×S×I）を中心化移動平均系列（M＝T×C）で割って 100 倍した S×I の系列を作ります。この系列データを対応する四半期ごとに集め平均を取ると，不規則変動 I が消去され，季節変動 S だけを示す数値ができます。この数値を四半期の合計がちょうど 400 となるように各四半期の数値を調整すると，各四半期の季節指数（S）が得られます。

最後に，もとのデータ系列（O＝T×C×S×I）をこの季節指数（S）で割って 100 倍すれば，季節調整済み系列（季調済み系列，T×C×I）ができます。

具体的な計算の経過は，以下のようになります。

（１）　中心化移動平均を各時点ごとに（2013 年第３四半期から 2016 年第２四半期まで）求めます（図表 14-16）。

（２）　原系列データを中心化移動平均で割って 100 倍した値を求めます。この値は各時点での季節成分と不規則成分の積になります

(図表14-17)。

図表14-16　中心化移動平均系列

	第１四半期	第２四半期	第３四半期	第４四半期
2015			382.5	388.0
2016	399.3	413.3	430.4	454.8
2017	478.3	499.6	519.4	536.9
2018	557.9	580.6		

図表14-17　(原系列/中心化移動平均)×100

	第１四半期	第２四半期	第３四半期	第４四半期
2015			112.9	87.9
2016	95.7	99.0	115.7	85.1
2017	98.9	102.7	112.1	88.3
2018	97.5	100.2		

（３）　四半期を固定して年度間で足しあわせ，その平均を求めることで，さらに不規則成分を除きます。この操作で，季節成分が抽出されます（図表14-18)。

図表14-18　季節成分

	第１四半期	第２四半期	第３四半期	第４四半期	合計
平均	97.37	100.63	113.57	87.1	398.67

（４）　合計がちょうど400となるように（季節指数の平均がちょうど100となるように)，図表14-18の各値を合計の398.67で割って400倍します。これが，各期の季節指数です（図表14-19)。

図表 14-19　各期の季節指数

	第１四半期	第２四半期	第３四半期	第４四半期	合計
平均	97.69	100.97	113.95	87.39	400.00

（５）　原系列データを季節指数で割って100倍すると，季節調整済み系列が求まります（図表 14-20）。季調済み系列は，傾向変動（T），循環変動（C），不規則変動（I）だけの成分からなる系列と言えます。

図表 14-20　季節調整済み系列（千人）＊

	第１四半期	第２四半期	第３四半期	第４四半期
2015	370.55	381.31	379.10	390.22
2016	391.02	405.08	437.02	442.86
2017	484.17	508.08	510.73	542.42
2018	556.85	576.42	597.61	637.40

図表 14-21 は，入場者数に対する元のデータ系列と季節調整済み系列を図示したものです。四半期別の変動が季節調整によって消失していることが分かります。

図表 14-21　入場者数に対する元のデータ系列と季節調整済み系列

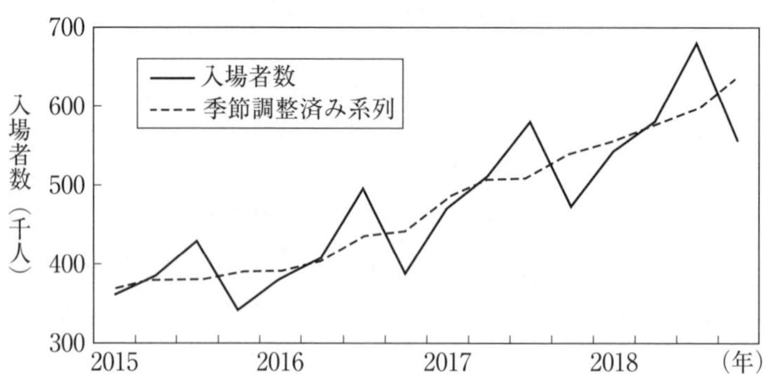

＊本章の計算は表計算ソフト Excel を使用して行っている。出力の桁表示の関係で，必ずしも末尾の数字が手計算とは合わないこともある。

図表14-22（上）は，1988年から1998年にかけての月別の全国百貨店の売上総額の推移を表した時系列グラフです。顕著な季節変動のパターンが見受けられます。一方，図表14-22（下）は，その季節調整済みの系列データです。季節変動だけを取り除くことで，季節変動に隠されていた消費税導入の前後，および消費税率引き上げの前後の駆け込み需要とその反動による落ち込みの様子が明らかになってきています。

図表14-22　全国百貨店の売上総額推移（上）とその季節調整済み系列（下）

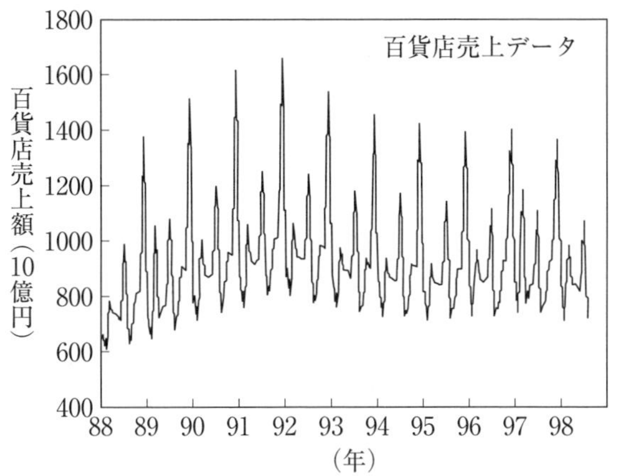

データベース出典：日本百貨店協会

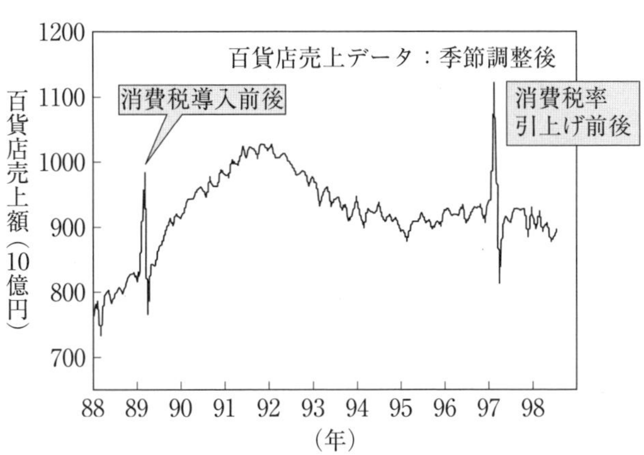

＜作成してみよう！＞

※「身近な統計」Web版補助教材（https://www.ouj.ac.jp/mijika/）内の「エクセル操作」で作成用Excelデータと作成手順を公開しています。

・指数化（百貨店商品別売上高推移データ）

データ: 百貨店商品別売上高推移データ　（単位：千円）

	A	B	C	D	E	F	G	H
4	年	総額	衣料品	身のまわり品	雑貨	家庭用品	食料品	食堂喫茶
5	2015	6,174,278,636	2,017,092,124	811,230,186	1,000,170,004	286,823,452	1,701,688,203	172,133,905
6	2016	5,978,013,631	1,893,306,493	779,934,052	1,006,064,818	271,246,823	1,678,829,177	162,891,031
7	2017	5,953,256,495	1,839,798,526	775,792,039	1,080,131,957	254,555,216	1,656,006,666	158,572,287
8	2018	5,887,002,591	1,772,568,199	785,950,064	1,134,464,817	238,551,873	1,622,922,048	152,611,723
9	2019	5,754,714,964	1,683,368,867	767,274,225	1,154,423,193	229,737,829	1,591,521,903	147,004,618

出典：日本百貨店協会

指数化

	A	B	C	D	E	F	G	H
12	年	総額	衣料品	身のまわり品	雑貨	家庭用品	食料品	食堂喫茶
13	2015	100%	100%	100%	100%	100%	100%	100%
14	2016	97%	94%	96%	101%	95%	99%	95%
15	2017	96%	91%	96%	108%	89%	97%	92%
16	2018	95%	88%	97%	113%	83%	95%	89%
17	2019	93%	83%	95%	115%	80%	94%	85%

・アジア 4 ヶ国の名目 GDP データ

＜伸び率＞

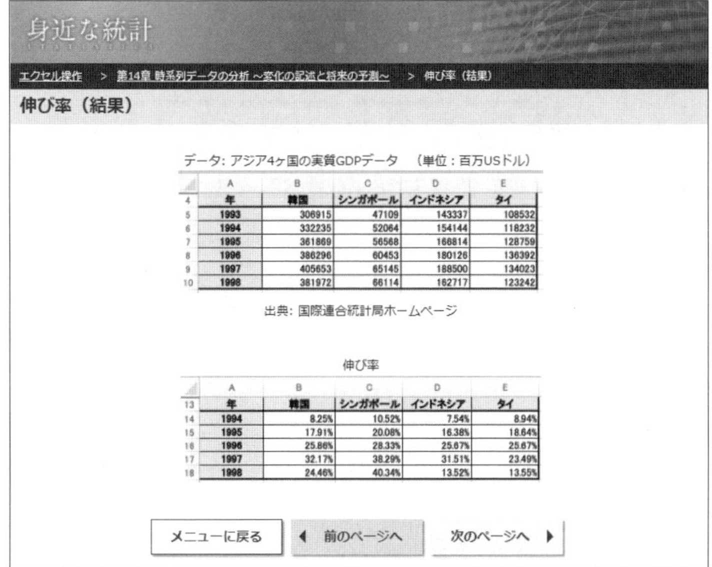

データ: アジア4ヶ国の実質GDPデータ　（単位：百万USドル）

年	韓国	シンガポール	インドネシア	タイ
1993	306915	47109	143337	108532
1994	332235	52064	154144	118232
1995	361869	56568	166814	128759
1996	386296	60453	180126	136392
1997	405653	65145	188500	134023
1998	381972	66114	162717	123242

出典: 国際連合統計局ホームページ

伸び率

年	韓国	シンガポール	インドネシア	タイ
1994	8.25%	10.52%	7.54%	8.94%
1995	17.91%	20.08%	16.38%	18.64%
1996	25.86%	28.33%	25.67%	25.67%
1997	32.17%	38.29%	31.51%	23.49%
1998	24.46%	40.34%	13.52%	13.55%

＜成長率＞

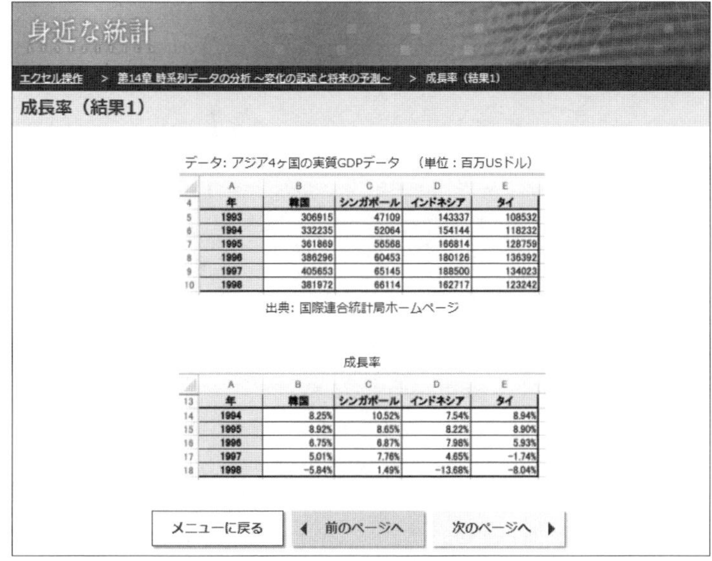

データ: アジア4ヶ国の実質GDPデータ　（単位：百万USドル）

年	韓国	シンガポール	インドネシア	タイ
1993	306915	47109	143337	108532
1994	332235	52064	154144	118232
1995	361869	56568	166814	128759
1996	386296	60453	180126	136392
1997	405653	65145	188500	134023
1998	381972	66114	162717	123242

出典: 国際連合統計局ホームページ

成長率

年	韓国	シンガポール	インドネシア	タイ
1994	8.25%	10.52%	7.54%	8.94%
1995	8.92%	8.65%	8.22%	8.90%
1996	6.75%	6.87%	7.98%	5.93%
1997	5.01%	7.76%	4.65%	−1.74%
1998	−5.84%	1.49%	−13.68%	−8.04%

・寄与度（1世帯当たりの月平均支出額データ）

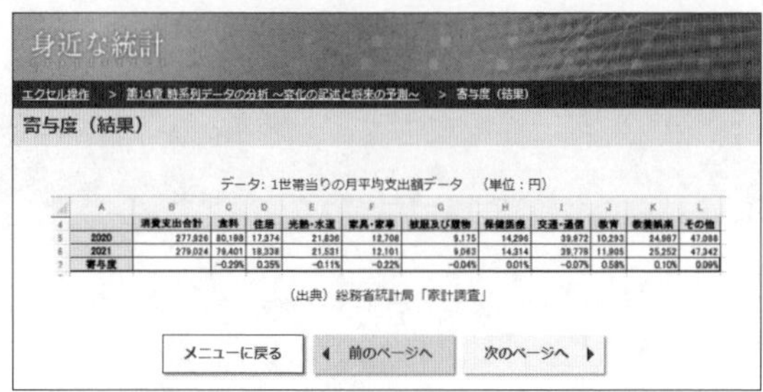

データ: 1世帯当りの月平均支出額データ　（単位：円）

	消費支出合計	食料	住居	光熱・水道	家具・家事	被服及び履物	保健医療	交通・通信	教育	教養娯楽	その他
2020	277,926	80,198	17,374	21,836	12,708	9,175	14,296	39,972	10,293	24,987	47,088
2021	279,024	79,401	18,338	21,531	12,101	9,063	14,314	39,778	11,905	25,252	47,342
寄与度		−0.29%	0.35%	−0.11%	−0.22%	−0.04%	0.01%	−0.07%	0.58%	0.10%	0.09%

（出典）総務省統計局「家計調査」

15 デジタル社会の意思決定を支える統計
～全体のまとめ～

この章では，練習問題を通して，第２章から第14章までの内容の要点を復習します。

第２章の要点と練習問題―質的データの記述―

ここでは，質的データと量的データという２つのデータのタイプの違いを理解し，とくに質的データに対するばらつきの記述の方法として，度数分布表やパレート図の作り方と結果の読み方を理解することが大切です。

練習問題１

図表15-1は，あるコンビニエンスストアで，肉類に分類される商品の販売状況を分析するためにマネージャーが調査した顧客30人のデータです。

以下の□に当てはまる用語または数値を入れなさい。下に選択肢がある場合は，そこから選択すること。

問１　“購入商品名”のデータは□であり，測定尺度は名義尺度である。“レシート合計額”のデータは□であり，測定尺度は□尺度である。

“性別”のデータは□であり，測定尺度は□尺度である。

選択肢｛質的データ，量的データ，名義，順序，間隔，比率｝

問２　どのような商品がどの程度購入されているのかを示すためのグラフは，□である。また，顧客が１回当たり，いくらくらいの買い物をするのか（レシート合計金額）のばらつきを表すグラフは，

□である。

選択肢 {パレート図，ヒストグラム}

図表 15-1　肉類に分類される商品を購入した顧客データ

顧客番号	購入商品（肉類）	レシート合計額（円）	性別
1	冷凍チキン	400	男性
2	冷凍チキン	340	男性
3	ハンバーガー	350	女性
4	惣菜・肉類	410	男性
5	冷凍チキン	600	男性
6	惣菜・肉類	260	男性
7	冷凍チキン	470	男性
8	冷凍チキン	560	女性
9	惣菜・肉類	580	女性
10	ホットドッグ	370	女性
11	ハンバーガー	460	男性
12	ボローニャソーセージ	570	男性
13	惣菜・肉類	500	女性
14	ホットドッグ	500	女性
15	惣菜・肉類	630	男性
16	惣菜・肉類	130	男性
17	ハンバーガー	320	男性
18	冷凍チキン	330	女性
19	惣菜・肉類	710	女性
20	ボローニャソーセージ	480	女性
21	惣菜・肉類	540	女性
22	ハンバーガー	350	男性
23	ホットドッグ	400	男性
24	ボローニャソーセージ	550	女性
25	フレッシュチキン	430	女性
26	ボローニャソーセージ	390	男性
27	ハンバーガー	940	女性
28	ボローニャソーセージ	150	女性
29	惣菜・肉類	480	女性
30	惣菜・肉類	280	男性

問 3　図表 15- 2 を完成させなさい。

図表 15-2　購入商品の度数分布表（パレート表として作成）

購入商品名	度数 （人数）	相対度数 （構成比率％）	累積度数 （累積人数）	累積相対度数 （累積比率％）
総計				

問 4　購入商品のパレート図は，図表 15- 3 の□のグラフである。

図表 15-3

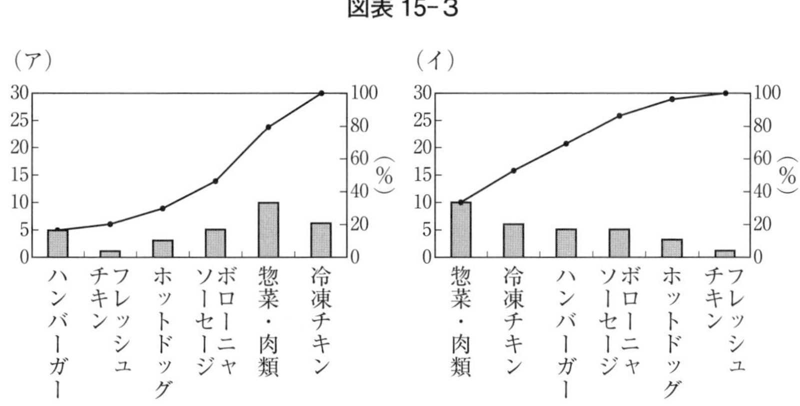

第 3 章の要点と練習問題―量的データの記述―

ここでは，量的データのばらつき（分布）を記述する方法として，度数分布表とヒストグラムの作成方法，結果として得られる図表の読み取り方を理解することが大切です。

練習問題２

下の□に当てはまるヒストグラムを図表15-４の（a)～(e）から選択しなさい。

図表15-４　いろいろな形状のヒストグラム

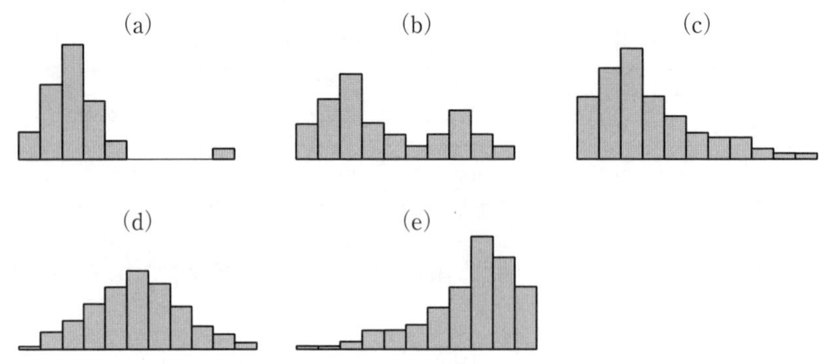

（ア）単峰性を示すヒストグラムは，□，□，□，□である。

（イ）単峰性で左右対称なばらつき（分布）を示すヒストグラムは，□である。

（ウ）右方向に歪んでいるヒストグラムは，□である。

（エ）左方向に歪んでいるヒストグラムは，□である。

（オ）外れ値があるヒストグラムは，□である。

（カ）多峰性を示すヒストグラムは，□である。

練習問題３

問１　図表15-１のレシート合計金額のデータに対して，以下の度数分布表（図表15-５）を完成させなさい。

問２　レシート合計金額のばらつきを示すヒストグラムは，練習問題２の（a）から（e）の中では，□に近い形状を示す。

図表15-5　レシート合計金額の度数分布表

階級	度数（人数）	相対度数（構成比率%）	累積度数（累積人数）	累積相対度数（累積比率%）
100円～199円				
200円～299円				
300円～399円				
400円～499円				
500円～599円				
600円～699円				
700円～799円				
800円～899円				
900円～999円				
総計				

第4章の要点と練習問題―平均値・中央値と箱ひげ図―

ここでは，データの分布の特徴を表す指標（基本統計量）の中で，中心の位置を表す最頻値（モード）や平均値，中央値（メディアン）の意味と特徴を理解することが大切です。また，簡単に分布全体を要約する指標として，四分位数による5数要約と箱ひげ図というグラフを復習しておきましょう。

練習問題4

図表15-1のデータに関して，男性客と女性客の購買傾向の違いを分析する立場で，以下の設問に答えよ。

問1　購入商品に関するモード（最頻値）は，男性客は□で，女性客は□である。

問2　レシート合計金額の男女別のばらつきを比較するため，5数要約表を作成したい。図表15-6の男性客に関する値を埋めなさい。

問3　レシート合計金額の範囲（データ全体のばらつきをカバーする幅の大きさ）は，男性客で□円，女性客で□円である。また，四分

図表 15-6　レシート合計金額の男女別５数要約

	女性	男性
最小値	150	
第１四分位点（25％点）	370	
第２四分位点（中央値）（50％点）	500	
第３四分位点（75％点）	560	
最大値	940	

位範囲は，男性客で□円，女性客で□円である。

問４　図表 15-7 の男女別５数要約を表す箱ひげ図として適当なものは，図表（ア）から（ウ）の中の，□である。

問５　図表 15-8 の（１）～（４）の箱ひげ図の説明として適当なものを下の説明（a）～（d）から選びなさい。箱ひげ図の縦軸は，すべて同じ目盛りで上側ほど値が大きい。

図表 15-7　箱ひげ図

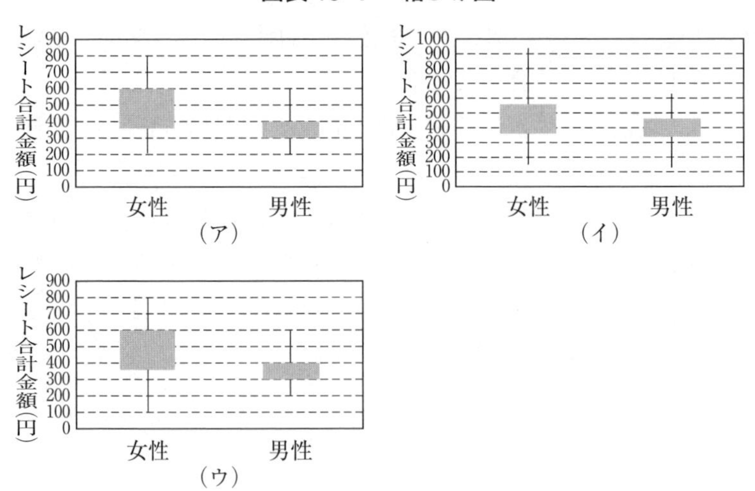

図表 15-8　箱ひげ図

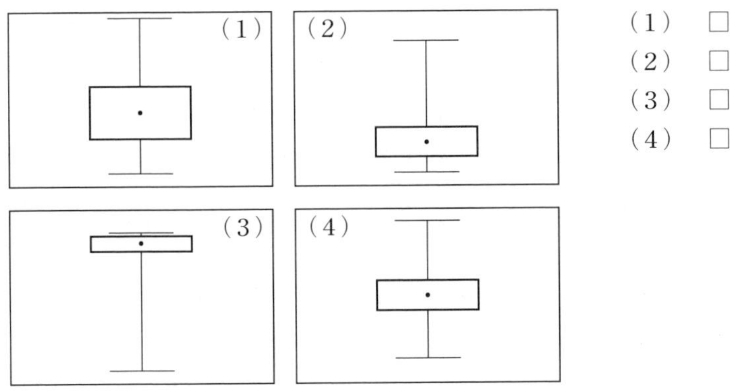

(a) 小さい値の方向に歪んでいる分布

(b) 4つの中で最も対称に近いと思われる分布

(c) 平均値が中央値よりも明らかに大きくなる分布

(d) 平均値が中央値よりも明らかに小さくなる分布

第5章の要点と練習問題—ばらつきの大きさを測る—

ここでは，データの分布の広がりの大きさを測る指標として，分散と標準偏差の意味と計算の仕方を理解し，とくに，標準偏差にかかわる話題として，偏差値，1シグマ2シグマ3シグマの法則を理解することが大切です。

練習問題5

図表 15-1 のレシート合計金額のデータに関して，以下の□を埋めなさい。

問1　男女別の平均値は，男性客で 400.7 円，女性客で□円である。

問2　顧客番号 13 番の女性客のレシート合計金額 500 円に関して，女性客の平均からの偏差の大きさは，□円である。

問３　顧客番号 13 番のレシート合計金額 500 円を女性客のグループの中で見たとき，標準得点（z スコア）は□点，偏差値は□点となる。また，同じ 500 円を男性客のグループで見ると，標準得点（z スコア）は□点，偏差値は□点となる（標本標準偏差の値：男性客 133.6 円，女性客 178.9 円を使用して計算せよ。また，答えは小数第２位まで求めよ）。

練習問題６

次の①から⑤のデータの中で，分散や標準偏差の値が最も大きくなるものは，□である。

① −2，−2，0，2，2　　② 1，2，3，4，5

③ 10，10，11，12，12　　④ 100，100，100，100，100

⑤ 1000，1001，1002，1003，1004

第６章の要点と練習問題―格差を測る―

ここでは，標準偏差をばらつきの管理に活用したグラフとして，管理図や成長曲線グラフの読み方，また，ばらつきの大きさを相対的に捉える指標として変動係数，分布の形状を測る指標として歪度と尖度の意味を理解することが大切です。さらに，データのばらつきを“分配の格差”という視点で見るローレンツ曲線とジニ係数もその特徴と読み方を理解しましょう。

練習問題７

以下の記述で，正しいものは○を，誤っているものは×を付けよ。

（１）ジニ係数は，−1 から +1 までの値を取り，マイナスであれば格差が小さく，プラスであれば格差が大きいと解釈する。

（２）標準偏差，変動係数，ジニ係数は，すべてデータのばらつきの大きさを測る指標であり，データが計測された単位によって値が変わることはない。

（3）データに外れ値があると，尖度の値は小さくなる。

（4）ローレンツ曲線は上に凸なグラフで，均等分配線から離れるほど，データの間の格差が大きいと判断される。

（5）変動係数は，データによってはいくらでも大きな値を取りうる。

練習問題 8

図表 15-9 は，A 村の全 2,000 世帯の貯蓄額を調査した結果で，図表 15-10 は，この結果から得られた貯蓄格差を表すローレンツ曲線である。以下の□に当てはまる数字を表から読み取りなさい。

図表 15-9　A 村の貯蓄階級別世帯度数表

貯蓄階級（万円）	世帯			貯蓄			
	度数	構成比率（%）	累積比率（%）	階級平均値	階級貯蓄総額	構成比率（%）	累積比率（%）
			0.0				0.0
100 未満	600	30.0	30.0	30	18,000	4.2	4.2
100〜200	370	18.5	48.5	150	55,500	13.1	17.3
200〜300	350	17.5	66.0	250	87,500	20.6	37.9
300〜400	350	17.5	83.5	340	119,000	28.0	65.9
400〜500	330	16.5	100.0	440	145,200	34.1	100.0
合計	2,000	100.0			425,200	100.0	

図表 15-10　貯蓄格差を表すローレンツ曲線

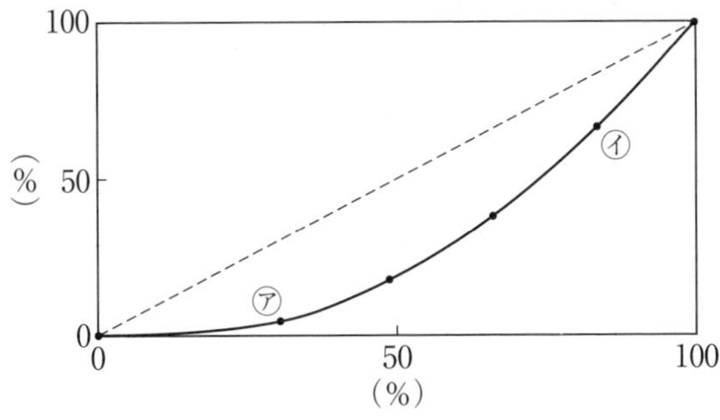

問１　ローレンツ曲線上の㋐の座標は（□，□）で，㋑の座標は（□，□）である。

問２　貯蓄額の大きな上位34％の世帯の貯蓄額の合計は，A村の全世帯の貯蓄総額の□％を占める。

第７章の要点と練習問題―２項分布―

ここでは，離散型の確率変数に対する期待値や分散の計算方法と２項分布に関する確率計算を理解しましょう。

練習問題９

ジョーカーを含まないトランプのカードを１回めくって，ハートが出たらそのカードの数字の10倍，スペードが出たら，カードの数字の５倍の賞金を支払うゲームを思いつき，ゲームの参加料金を１回20円とすることにした。ジャック，クイーン，キングはそれぞれ11，12，13の数字のカードと見なす。参加者が大勢きた場合，胴元がもうけることができるかどうか判断せよ。

練習問題10

成功率が20％の手術を20人の患者に行った場合，手術が成功する患者数が３人以下となる確率を求めよ。また，手術が成功する患者の人数の期待値（平均）と分散，標準偏差を求めよ。

第８章の要点と練習問題―正規分布―

ここでは，量的データの分布の代表的モデルとして正規分布の特徴を理解し，確率計算ができることが目標です。

練習問題11

正規分布についての以下の記述の正誤を○，×で答えよ。

（１）正規分布は，標準偏差が決まれば分布が決まる。

（2）正規分布は対称な分布である。

（3）正規分布の場合，平均値と中央値は異なる。

（4）平均値の周りで標準偏差の 2 倍の区間を取った範囲に値が起こる確率は，正規分布の場合，分散の大きさによって変化する。

（5）正規分布の場合，平均値から標準偏差の 3 倍を超えるような値が起こることはまったくない。

練習問題 12

いま，20 代の成人男性の血圧が，平均 120 mmHg，標準偏差 13 mmHg の正規分布をすると仮定できるとする。このとき，血圧が 146 mmHg を超える人は，どの程度の割合でいるか考えよ。

第 9 章の要点と練習問題―標本調査―

ここでは，母集団と標本の違いや標本調査の基本的な考え方と仕組みを理解しましょう。

練習問題 13

標本調査についての以下の記述の正誤を○，×で答えよ。

（1）標本の特徴を明らかにするために，標本調査を行う。

（2）集団をすべて調べるより，その一部である標本を調べるほうが手間や費用がかからない。

（3）母集団から標本を形成する際に，無作為抽出することによって標本誤差の大きさを見積もることができる。

（4）標本調査では標本の形成の仕方によらず，標本の大きさを大きくすることで標本誤差を小さくすることができる。

（5）母集団のリスト（サンプリングフレーム）をランダムに並べ替えて，上位から 1,000 件を標本として選んだ場合も無作為標本となる。

練習問題 14

図表 15-11 は，あるクラスの全学生 30 人の試験の得点表である。図表 15-12 の乱数列を左上から横に順に使って，5 人の学生をランダム（無作為）に抽出してサイズ 5 の標本を作った。

図表 15-11　あるクラスの学生の試験成績リスト

学生番号	得点	学生番号	得点	学生番号	得点
1	46	11	41	21	46
2	33	12	28	22	45
3	53	13	26	23	67
4	67	14	37	24	49
5	66	15	40	25	48
6	73	16	22	26	43
7	22	17	43	27	76
8	47	18	45	28	61
9	64	19	52	29	81
10	36	20	45	30	41

図表 15-12　乱数表

6 3 8 3 9 8 7 6 4 4
6 5 7 2 3 8 2 7 6 9
5 4 6 4 2 5 0 8 1 5
0 1 1 7 1 2 4 6 4 1
5 7 5 2 2 2 5 2 1 9

問 1　標本に選ばれた学生の番号は，乱数表で出てくる順に，□，□，□，□，□である。

問 2　この場合，母平均の値は□，標本平均の値は□である。

問 3　母平均の値を標本平均で推定する場合，推定誤差は□となる。

第 10 章の要点と練習問題―標本誤差―

ここでは，標本調査の結果から母平均や母比率を推定する場合の標本誤差の具体的な評価方法を理解し，信頼区間を計算できるようにしましょう。

練習問題 15

１世帯当たりの１ヵ月の支出金額を調べたいとする。大きさ 2,000 の無作為標本をとり調査をした結果，標本平均が 23 万円，標本標準偏差が４万円であった。このとき，母平均の信頼区間を信頼度 95％で求めなさい。答えは小数第１位まで求めよ。

練習問題 16

個人視聴率について調査を行うことにした。

問１　母集団での視聴率を 30％前後であると想定し，視聴率を 95％の信頼度の信頼区間で推定する。信頼区間の全体の幅を３％ポイント以下にするために必要となる調査回答者の人数を求めよ。

問２　母集団での視聴率がいくらくらいになるかまったく分からない場合は，何％の視聴率を想定して計算すればよいか答えよ。

第 11 章の要点と練習問題―仮説検定―

ここでは，母集団に関する仮説の真偽を結論づけるための，統計的仮説検定の基本的な考え方や使用される用語の意味を正しく理解することが大切です。

練習問題 17

統計的仮説検定に関する以下の記述の正誤を○，×で答えよ。

（１）仮説検定では，標本の情報を使って母集団に関する仮説の真偽を判断する。

（２）仮説検定の結果，帰無仮説が棄却されなかった場合，帰無仮説は正しいと判断する。

（３）仮説検定における有意水準（危険率）は，得たい結論を得るために検定の途中で変更しなければならない。

（４）有意水準（危険率）は，帰無仮説が正しくないとした場合の検定統計量の標本分布に基づいて想定される確率である。

（5）検定の結果，計算される検定統計量の値が棄却域に入ることと，p 値が有意水準（危険率）を超えることは同じである。

練習問題 18

図表 15-13 は，母平均 $\mu = 30$ から得られる標本平均 x の標本分布である。いま，標本平均の値が 48 であるような標本は，この母集団からの標本と考えられるかどうか，有意水準 5 ％で判断せよ。

図表 15-13

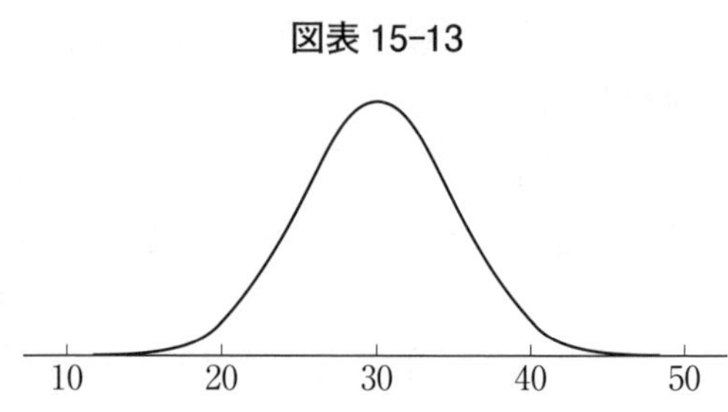

第 12 章の要点と練習問題―クロス集計表―

ここでは，2つの質的データの間の関連性を調べる道具として，クロス集計表の見方，行（列）比率やセル比率の見方，特化係数や χ^2 値を利用した連関係数の計算方法と結果の読み方を理解することが大切です。

練習問題 19

図表 15-14 のクロス集計表は，スキー場の利用客 150 人に対して，併設の温泉施設の利用（利用しない，利用する）と，年代（若年，実年）を調査した結果をまとめたものである。

問 1　このようなクロス集計表を，□×□のクロス集計表と言う。

問 2　若年の温泉利用率は□%，実年者の温泉利用率は□%，全体での温泉利用率は□%である。答えは小数第 1 位まで求めよ。

図表 15-14　クロス集計表

	温泉		
年代	利用する	利用しない	計
若年	17	35	52
実年	72	26	98
計	89	61	150

問3　温泉利用と年代は関係がないとした場合，若年で温泉を利用する期待度数は□となる。答えは小数第2位まで求めよ。

問4　このクロス集計表のχ^2値は23.41で，クラメールの連関係数は□となり，年代と温泉利用は関連性が高いと言える。答えは小数第2位まで求めよ。

第13章の要点と練習問題―相関関係と傾向線―

ここでは，散布図によって2つの量的データの関連性を調べる方法，とくに相関関係と相関係数の意味と使い方を理解しましょう。

練習問題20

図表15-15の食品メーカー8社の情報発生の件数と売上を示す表に対して，以下の問いに答えよ。

問1　新聞記事の件数をX軸，売上高をY軸に取った散布図は，□である。図表15-15の（A）～（C）から選択しなさい。

問2　新聞記事の件数と売上高の相関係数に最も近い値は，{−0.8, −0.4, 0.4, 0.8} であり，{正，負} の相関関係がある。すなわち，新聞記事の件数が多い企業は，売上が {大きく，小さく}，逆に，新聞記事の件数が少ない企業は，売上が {大きい，小さい} 傾向がある。

図表15-15　主要食品メーカーの情報発生量（件）と売上高（金額の単位：10億円）

項目／会社名	特許公開	特許広告	新聞記事	売上高
A社	81	8	533	1199
B社	91	26	485	777
C社	29	4	322	463
D社	111	35	196	496
E社	186	61	328	477
F社	6	2	53	488
G社	11	5	47	401
H社	27	26	143	392

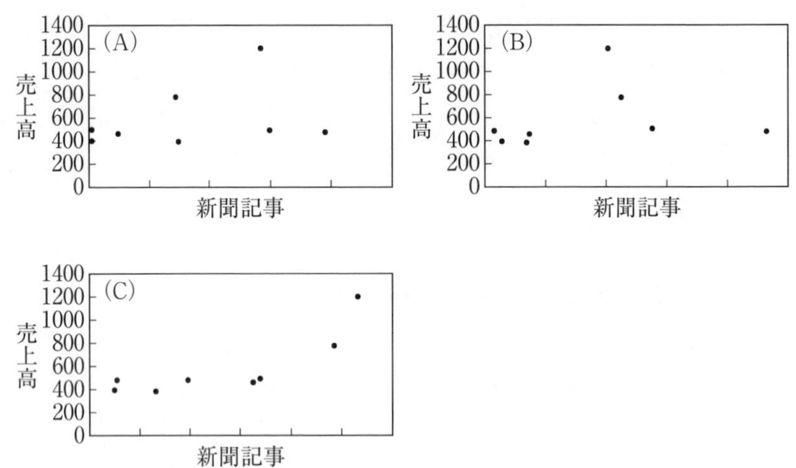

問３　新聞記事の件数をすべて２倍にした場合，新聞記事の件数と売上高の相関係数に最も近い値は {−0.8, −0.4, 0.4, 0.8} である。

第 14 章の要点と練習問題—時系列データの分析—

ここでは，時系列グラフの描き方や指数，成長率，寄与度・寄与率，移動平均などの基本的な加工系列の作り方や意味を理解することが大切です。

練習問題 21

図表 15-16 は，平成 22 年４月と平成 23 年４月の１世帯当たりの支出金額（単位は円）である。答えは小数第１位まで示せ。

図表 15-16

	全体	食料	住居
H22.4	299,996	64,771	19,506
H23.4	292,559	64,021	18,047

出典：総務省統計局　家計調査

問1　平成22年から23年にかけて，支出金額全体の伸び率（前年同月比）は□%で，住居費の伸び率（前年同月比）は□%である。

問2　全体の伸び率に対する食料費の寄与度は□%ポイント，住居費の寄与度は□%ポイントである。

練習問題22

図表15-17は，百貨店売上高の推移を表している。また，図は，2008年を基準とした指数グラフである。

問1　図の破線（---）は，{紳士服，婦人服，子供服}の推移である。また，実線（——）は，{紳士服，婦人服，子供服}の推移である。

問2　2009年から2010年にかけて最も減少率が大きかったのは，{紳士服，婦人服，子供服}である。

図表15-17　百貨店売上高の推移と指数グラフ

年度	紳士服	婦人服	子供服
2008	541,215,474	1,764,781,288	194,744,828
2009	458,045,513	1,524,602,785	170,985,144
2010	431,958,119	1,434,652,900	161,853,717

日本百貨店協会（単位：千円）

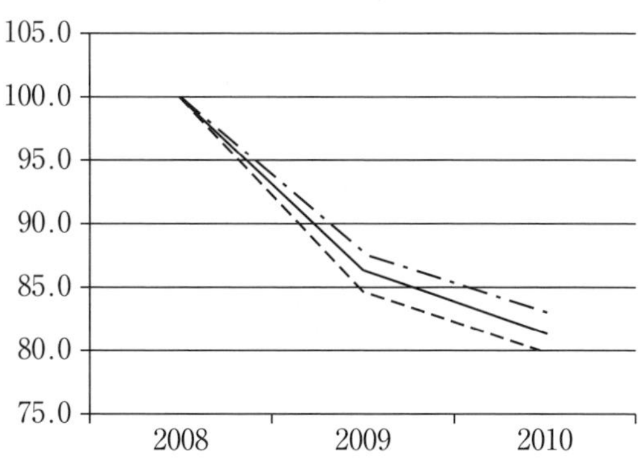

略　解

練習問題1

問1　質的データ，量的データ，比率，質的データ，名目

問2　パレート図，ヒストグラム

問3　図表 15-18 ←本文の 2.3 節を参照

図表 15-18　購入商品の度数分布表

購入商品名	度数（人数）	相対度数（構成比率%）	累積度数（累積人数）	累積相対度数（累積比率%）
惣菜・肉類	10	33.3	10	33.3
冷凍チキン	6	20.0	16	53.3
ハンバーガー	5	16.7	21	70.0
ボローニャソーセージ	5	16.7	26	86.7
ホットドッグ	3	10.0	29	96.7
フレッシュチキン	1	3.3	30	100.0
総計	30	100.0		

問4　（イ）←本文の 2.3.3 項を参照

練習問題2←本文の 3.3 節を参照

（ア）a，c，d，e　（イ）d　（ウ）c　（エ）e　（オ）a　（カ）b

練習問題3

問1　図表 15-19 ←本文の 3.1 節を参照

問2　d←図表 15-19 の度数の列から判断

図表 15-19　レシート合計金額の度数分布表

階級	度数（人数）	相対度数（構成比率%）	累積度数（累積人数）	累積相対度数（累積比率%）
100円～199円	2	6.7	2	6.7
200円～299円	2	6.7	4	13.3
300円～399円	7	23.3	11	36.7
400円～499円	8	26.7	19	63.3
500円～599円	7	23.3	26	86.7
600円～699円	2	6.7	28	93.3
700円～799円	1	3.3	29	96.7
800円～899円	0	0.0	29	96.7
900円～999円	1	3.3	30	100.0
総計	30	100.0		

練習問題４

問１　惣菜・肉類，惣菜・肉類←最頻値は最も度数の大きなものに対応

問２　５数要約（130，320，400，470，630）←本文の図表４-10 を参照

問３　500，790，150，190←範囲＝最大値－最小値，本文の 4.5 節を参照

問４　（イ）←本文の 4.5.3 項を参照

問５　（１）（ｃ）（２）（ｃ）（３）（ａ），（ｄ）（４）（ｂ）

ヒント：縦軸は下のほうが値が小さい。（１）大きな値のほうにやや歪んだ分布，（２）大きな値のほうに歪んだ分布，（３）小さな値のほうに歪んだ分布，（４）ほぼ対称な分布

練習問題５

問１　498

問２　２←　500－498＝2

問３　0.01，50.1，0.74，57.4←$標準得点 = \frac{偏差}{標本標準偏差}$

$偏差値 = 標準得点 \times 10 + 50$

練習問題６　①　ヒント：分散や標準偏差は，平均からの偏差をもとに計算される。５つのデータをそれぞれ偏差に変換すると，①－2，－2，０，２，２，②－2，－1，０，１，２，③－1，－1，０，１，１，④０，０，０，０，０，⑤－2，－1，０，１，２であり，偏差の２乗和が最も大きくなるのは，①である。よって，分散や標準偏差が最も大きくなるのも①である。

練習問題７　（１）×　（２）×　（３）×　（４）×　（５）○

（１）ジニ係数は０から１の間の値をとる指標である。

（２）標準偏差は，単位を変えると値が変わる指標である。変動係数とジニ係数は変わらない。

（3）外れ値があると尖度は大きくなる。

（4）ローレンツ曲線は下に凸な曲線である。

（5）正しい。

練習問題 8

問 1　㋐（30.0，4.2），㋑（83.5，65.9）←本文中の図表 6 -13 を参照

問 2　62.1%←図表 15- 9 の貯蓄階級 200～300 の行までの貯蓄の累積比率が 37.9%なので，100－37.9＝62.1%となる

練習問題 9　賞金の期待値を計算する。カードの数の平均は 7 である。ハートが出れば，平均して 70 円（＝7.0×10）を支払う。また，スペードの場合は，35 円（＝7×5）である。それぞれが，確率 1/4 で起こるので，期待値は 70×(1/4)＋35×(1/4)＋0×(1/2)＝26.25 円。期待値が参加料金より大きく，胴元は損をする。

練習問題 10　成功する患者数を X とすると，X は成功率 $p=0.2$，試行回数 $n=20$ の 2 項分布に従う確率変数なので，2 項確率の計算式から

$$p(X \leqq 3) = \sum_{k=0}^{3} {}_{20}C_k 0.2^k (1-0.2)^{20-k} \fallingdotseq 0.41$$，解答は 0.41。

また，X の平均は np なので，0.2×20＝4 人。分散は $np(1-p)$ なので，0.2×0.8×20＝3.2。標準偏差は$\sqrt{3.2} \fallingdotseq 1.79$（人）。

練習問題 11

（1）正規分布は平均と標準偏差で分布が決まるので，×

（2）○

（3）対称な分布なので平均値と中央値は同じ値になる。×

（4）分散の値に関係なく一定。×

（5）起こる可能性が約 0.3%はある。×

練習問題 12　約 2.3%←146 は z スコアで 2 点。標準正規分布で 2 を超える確率は約 2.3%

練習問題 13

（1）母集団の特徴を明らかにすることが目的，×

（2）○

（3）○

（4）標本の作り方で誤差は大きくなることがあるので，×

（5）○

練習問題 14

問 1　27，25，8，15，1←乱数を 2 桁ずつ読み，30 を超える数字は捨てる

問 2　48.1 点，51.4 点

問 3　3.3 点←標本平均と母平均の差

練習問題 15　信頼区間は［22.8，23.2］

信頼下限　$23-1.96\dfrac{4}{\sqrt{2000}}\fallingdotseq 22.8$

信頼上限　$23+1.96\dfrac{4}{\sqrt{2000}}\fallingdotseq 23.2$ ←本文の 10.3.2 項を参照

練習問題 16

問 1　信頼区間の幅は，$2\times 1.96\sqrt{\dfrac{p(1-p)}{n}}$，$p=0.30$ として以下を計算する。

$$2\times 1.96\sqrt{\frac{p(1-p)}{n}}\leqq 0.03$$

$$\begin{aligned}\sqrt{n} &\geqq (2\times 1.96/0.03)\sqrt{p(1-p)}\\ &= (2\times 1.96/0.03)\sqrt{0.3(1-0.3)}\\ &= 59.88\end{aligned}$$

$n\geqq 3585.614$　答えは 3586 人

問２　50％←信頼区間の幅は$\sqrt{p(1-p)}$に比例し，これは$p=0.5$で最大となるので。

練習問題 17

（１）○

（２）帰無仮説を棄却できないだけで，正しいという判断はできない。×

（３）有意水準は検定の途中で変更するものではない。×

（４）帰無仮説の下で計算される数字である。×

（５）p値が有意水準より小さくなることと同じ。×

練習問題 18

母集団からの標本とは考えられない。なぜなら，図表 15-13 に示されている分布から，標本平均が 12 以下または 48 以上になるような確率は明らかに 0.05 以下であると考えられるので。

練習問題 19

問１　2×2

問２　32.7，73.5，59.3←例えば，若者では 17 人/52 人≒0.327，…

問３　52×0.593≒30.84←本文の 12.5 節の期待度数の求め方を参照

問４　クラメールの連関係数$=\sqrt{\chi^2/150}\fallingdotseq 0.40$

練習問題 20

問１　（C）

問２　0.8，正，大きく，小さい

問３　0.8←相関係数は変化しない

練習問題 21

問１　支出金額全体の前年同月比：

$(292{,}559-299{,}996)/299{,}996\fallingdotseq -0.025$，$-2.5\%$

住居費の前年同月比：

(18,047－19,506)/19,506≒－0.075,　－7.5%

問 2　食料費の寄与度：

(64,021－64,771)/299,996≒－0.003,　－0.3%ポイント

住居費の寄与度：

(18,047－19,506)/299,996≒－0.005,　－0.5%ポイント

練習問題 22

問 1　紳士服，婦人服

問 2　婦人服

指数化した結果は，次の通り。

年度	紳士服	婦人服	子供服
2008	100.0	100.0	100.0
2009	84.6	86.4	87.8
2010	79.8	81.3	83.1

2009 年度から 2010 年度にかけての減少率を計算すると，紳士服，婦人服，子供服の順に，－5.7%，－5.9%，－5.4%で婦人服がもっとも減少率が大きい。

統計数値表　標準正規分布 $N(0, 1)$

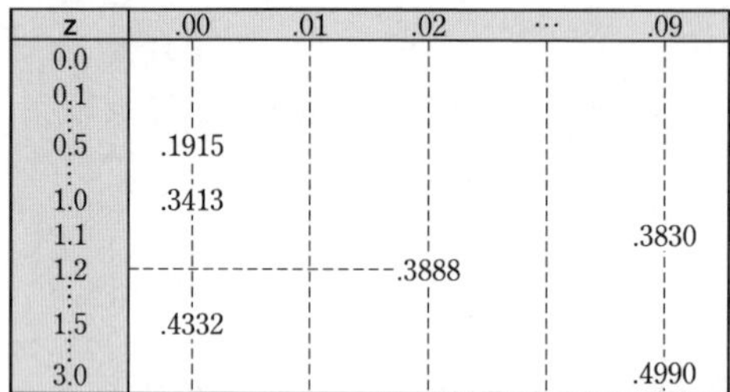

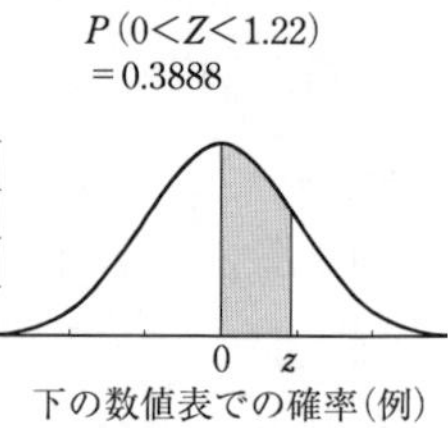

下の数値表での確率(例)

z	0.00	0.01	0.02	0.03	0.04	0.05	0.06	0.07	0.08	0.09
0.00	0.0000	0.0040	0.0080	0.0120	0.0160	0.0199	0.0239	0.0279	0.0319	0.0359
0.10	0.0398	0.0438	0.0478	0.0517	0.0557	0.0596	0.0636	0.0675	0.0714	0.0753
0.20	0.0793	0.0832	0.0871	0.0910	0.0948	0.0987	0.1026	0.1064	0.1103	0.1141
0.30	0.1179	0.1217	0.1255	0.1293	0.1331	0.1368	0.1406	0.1443	0.1480	0.1517
0.40	0.1554	0.1591	0.1628	0.1664	0.1700	0.1736	0.1772	0.1808	0.1844	0.1879
0.50	0.1915	0.1950	0.1985	0.2019	0.2054	0.2088	0.2123	0.2157	0.2190	0.2224
0.60	0.2257	0.2291	0.2324	0.2357	0.2389	0.2422	0.2454	0.2486	0.2517	0.2549
0.70	0.2580	0.2611	0.2642	0.2673	0.2704	0.2734	0.2764	0.2794	0.2823	0.2852
0.80	0.2881	0.2910	0.2939	0.2967	0.2995	0.3023	0.3051	0.3078	0.3106	0.3133
0.90	0.3159	0.3186	0.3212	0.3238	0.3264	0.3289	0.3315	0.3340	0.3365	0.3389
1.00	0.3413	0.3438	0.3461	0.3485	0.3508	0.3531	0.3554	0.3577	0.3599	0.3621
1.10	0.3643	0.3665	0.3686	0.3708	0.3729	0.3749	0.3770	0.3790	0.3810	0.3830
1.20	0.3849	0.3869	0.3888	0.3907	0.3925	0.3944	0.3962	0.3980	0.3997	0.4015
1.30	0.4032	0.4049	0.4066	0.4082	0.4099	0.4115	0.4131	0.4147	0.4162	0.4177
1.40	0.4192	0.4207	0.4222	0.4236	0.4251	0.4265	0.4279	0.4292	0.4306	0.4319
1.50	0.4332	0.4345	0.4357	0.4370	0.4382	0.4394	0.4406	0.4418	0.4429	0.4441
1.60	0.4452	0.4463	0.4474	0.4484	0.4495	0.4505	0.4515	0.4525	0.4535	0.4545
1.70	0.4554	0.4564	0.4573	0.4582	0.4591	0.4599	0.4608	0.4616	0.4625	0.4633
1.80	0.4641	0.4649	0.4656	0.4664	0.4671	0.4678	0.4686	0.4693	0.4699	0.4706
1.90	0.4713	0.4719	0.4726	0.4732	0.4738	0.4744	0.4750	0.4756	0.4761	0.4767
2.00	0.4772	0.4778	0.4783	0.4788	0.4793	0.4798	0.4803	0.4808	0.4812	0.4817
2.10	0.4821	0.4826	0.4830	0.4834	0.4838	0.4842	0.4846	0.4850	0.4854	0.4857
2.20	0.4861	0.4864	0.4868	0.4871	0.4875	0.4878	0.4881	0.4884	0.4887	0.4890
2.30	0.4893	0.4896	0.4898	0.4901	0.4904	0.4906	0.4909	0.4911	0.4913	0.4916
2.40	0.4918	0.4920	0.4922	0.4925	0.4927	0.4929	0.4931	0.4932	0.4934	0.4936
2.50	0.4938	0.4940	0.4941	0.4943	0.4945	0.4946	0.4948	0.4949	0.4951	0.4952
2.60	0.4953	0.4955	0.4956	0.4957	0.4959	0.4960	0.4961	0.4962	0.4963	0.4964
2.70	0.4965	0.4966	0.4967	0.4968	0.4969	0.4970	0.4971	0.4972	0.4973	0.4974
2.80	0.4974	0.4975	0.4976	0.4977	0.4977	0.4978	0.4979	0.4979	0.4980	0.4981
2.90	0.4981	0.4982	0.4982	0.4983	0.4984	0.4984	0.4985	0.4985	0.4986	0.4986
3.00	0.4987	0.4987	0.4987	0.4988	0.4988	0.4989	0.4989	0.4989	0.4990	0.4990
3.10	0.4990	0.4991	0.4991	0.4991	0.4992	0.4992	0.4992	0.4992	0.4993	0.4993
3.20	0.4993	0.4993	0.4994	0.4994	0.4994	0.4994	0.4994	0.4995	0.4995	0.4995
3.30	0.4995	0.4995	0.4995	0.4996	0.4996	0.4996	0.4996	0.4996	0.4996	0.4997
3.40	0.4997	0.4997	0.4997	0.4997	0.4997	0.4997	0.4997	0.4997	0.4997	0.4998

ダウンロード教材

本書では，統計的なデータ分析の基本が解説されていますが，この内容を理解し，実際に自分で表やグラフを作成したりすることに興味のある読者に向けて，本書や映像教材で取り扱ったデータと分析の手順のいくつかを印刷教材購入者用にダウンロード教材として提供しています。

ダウンロード教材は「身近な統計」Web 版補助教材（https://www.ouj.ac.jp/mijika/）のリンクから入手することができます（図表１－３を参照）。パスワードは「mijika2024」です。

ここでは単に分析用のデータを提供するだけでなく，本文に沿って実際にデータ分析が行えるよう，データ，分析手順，分析結果の３段階で構成されたExcelのファイルがあります。分析の手順をたどりながら，さらにその結果を確認しながら学習を進めることが可能です。講義や本文の学習とあわせて実際にこれらのデータに触れることをお勧めします。

Excelファイルは，全て読み取り専用です。そのため，学習の過程でファイルの内容を変更する場合には，ダウンロードしたファイルを以下の手順でファイル属性を変更して下さい。

（１）ファイルをハードディスク等の適当なフォルダにコピーします。
（２）コピーしたファイルを右クリックし，表示されるポップアップメニューから「プロパティ（R）」を選択します（付図－１）。
（３）「属性」の「読み取り専用（R）」に付けられているチェックマークを外し，「OK」をクリックします（付図－２）。

以上の操作を行うことで，ファイルの変更をすることが可能となります。

付図－1　プロパティ（R）の選択

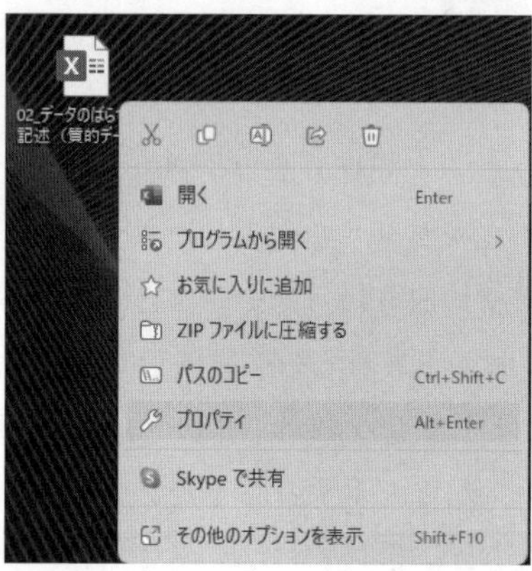

付図－2　ファイルの属性の変更

Excel ファイルの中には，Excel の「分析ツール」が必要なファイルがあります。Excel 2007 以降のバージョンでデータ分析を使用するためには，Excel 2003 以前の方法とは異なり，設定により組み込む必要があります。

1．Excel 2019 の画面左上の［ファイル］をクリックします（付図－3）。

付図－3　ファイルをクリック

2．表示されたメニューの中から［オプション］を実行します（付図－4）。

付図－4　オプションを実行

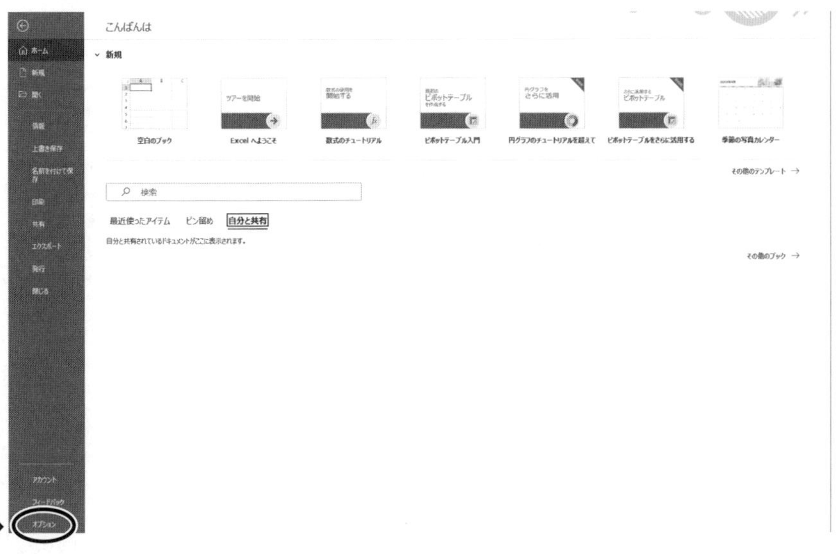

3．［アドイン］を選び，管理ボックスで［Excel アドイン］を選択し，［設定］をクリックします（付図 - 5）。

付図 - 5　設定をクリック

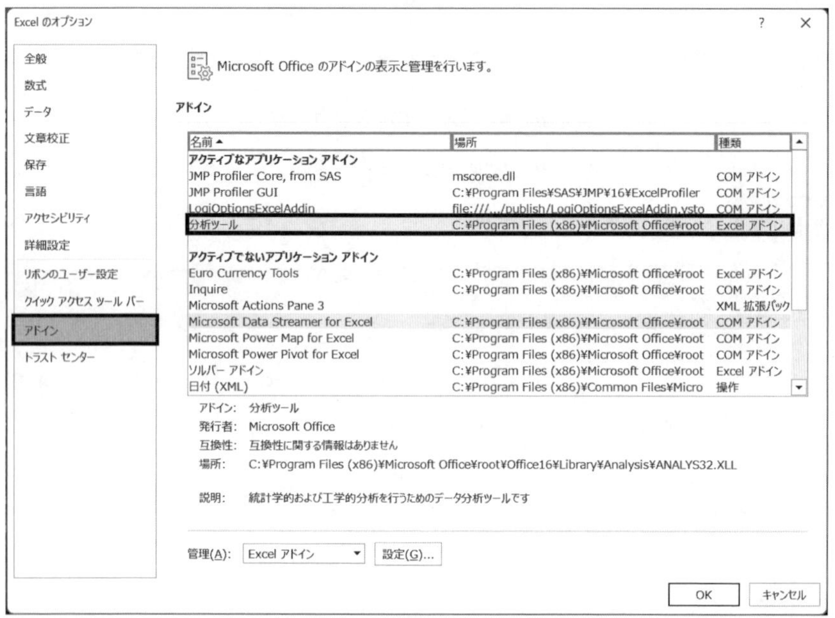

4.［分析ツール］にチェックを入れ，OK をクリックします（付図 -6）。

付図 -6　分析ツールにチェックを入れる

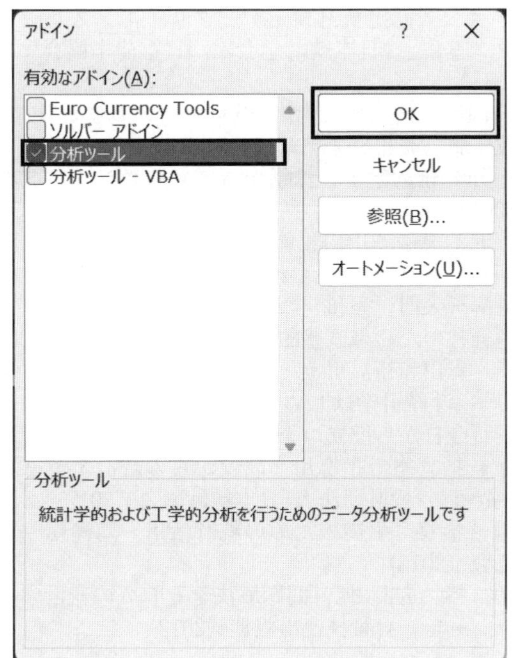

以上で，［データ］メニューのボックス内に［データ分析］が表示され，使用できるようになります。

「身近な統計」Web 版補助教材およびダウンロード教材の制作にあたり，廣澤聖士氏（慶應義塾大学大学院）にご協力をいただきました。

注意事項

運用及びデータの解析結果について，著者，出版社は一切責任を負いません。Web ページに含まれているファイル及びデータの使用は，個人的学習の用途に限られます。2 次配布は禁じられています。これらは，使用者の責任において運用して下さい。

参考図書

「身近な統計」を学ぶ上で参考となる本のリスト

［1］日本統計学会公式認定統計検定データサイエンス基礎対応「データアナリティクス基礎」，日本統計学会編，日本能率協会マネジメントセンター（2023）

［2］山口和範『図解入門 よくわかる統計解析の基本と仕組み 統計データ分析入門改定版』秀和システム（2004）

［3］福井幸男『知の統計学１　株価からアメリカンフットボールまで』共立出版（2001）

［4］竹内光悦，元治恵子，山口和範『図解入門ビジネス アンケート調査とデータ解析の仕組みがよーくわかる本―社会調査のためのデータの集め方と統計解析入門』秀和システム（2005）

［5］吉田耕作『経営のための直感的統計学』日経 BP 社（2005）

［6］渡辺美智子，青山和裕，川上　貴，山口和範『レッツ！データサイエンス　親子で学ぶ！統計学はじめて図鑑』日本図書センター（2017）

［7］渡辺美智子『今日から役立つ 統計学の教科書』ナツメ社（2016）

［8］総務省政策統括官室『指導用　高校からの統計・データサイエンス活用 ～上級編～』一般財団法人 日本統計協会（2017）

［9］総務省政策統括官『生徒のための統計活用～基礎編～』一般財団法人 日本統計協会（2016）

［10］渡辺美智子，椿　広計 他『問題解決学としての統計学―すべての人に統計リテラシーを』日科技連出版社（2012）

統計学習

・総務省統計局ホームページ

「統計学習サイト」

http://www.stat.go.jp/edu/index.htm

「データサイエンス・スクール」

http://www.stat.go.jp/dss/index.htm

・総務省統計局「データサイエンス・オンライン講座」e-learning

http://www.stat.go.jp/dss/online_index.htm

１）社会人のためのデータサイエンス入門（入門編講座）

２）社会人のためのデータサイエンス演習（実践編講座）

３）誰でも使える統計オープンデータ（活用編講座）

※リンク先アドレスは，変更される可能性があります。

索引

●配列は五十音順

●さ　行

●た 行

●な 行

●は 行

●ま　行

●や　行

●ら　行

●わ　行

著者紹介

石崎　克也（いしざき・かつや）

1961年	千葉県生まれ
1985年	千葉大学理学部数学科卒業
1987年	千葉大学大学院理学研究科修士課程数学専攻修了
現在	放送大学教授・博士（理学）
専攻	函数論，函数方程式論
主な著書	数理科学　―数理モデル―（放送大学教育振興会）
	入門微分積分（放送大学教育振興会）
	微分方程式（放送大学教育振興会）

渡辺美智子（わたなべ・みちこ）

1956 年　福岡県生まれ
1979 年　九州大学理学部数学科卒業
1981 年　九州大学大学院総合理工学研究科情報システム学専攻修士課程修了
1981 年　九州大学理学部附属基礎情報学研究施設文部教官助手
1986 年　理学博士（九州大学）
1987 年　関西大学経済学部講師，1988 年　同　助教授
1991 年　東洋大学経済学部助教授，1996 年～2012 年 3 月　同　教授
2012 年　慶應義塾大学大学院健康マネジメント研究科教授（2012 年 4 月～ 2021 年 3 月）
現　在　立正大学データサイエンス学部教授（2021 年 4 月～）
放送大学客員教授，統計数理研究所客員教授，総務省統計研究研修所本科課程講師
日本学術会議連携会員，国際統計教育学会（IASE）副会長（2005～2007）など
専攻　多変量解析，とくに潜在変数モデルと不完全データ処理法
主な著書　『マルチメディア統計百科事典』CD-ROM，(2004)（制作コンソーシアム委員長）
『The EM Algorithm and Related Statistical Models』, Marcel Dekker Inc. New York (2003)
『ビジネスをひろげる実践ワークショップ　Excel 徹底活用　統計データ分析（改訂新版）』(2008) 秀和システム
『Excel で始める経済統計データの分析』（財）日本統計協会 (2003)
『経営科学のニューフロンティア－マーケティングの数理モデル』分担執筆，朝倉書店 (2001)
『EM アルゴリズムと不完全データの諸問題』，多賀出版 (2000)
『インターネット時代の数量経済分析法―基礎からニューフロンティアまで―』，多賀出版 (1999)
『データアナリティクス基礎』，日本統計学会編 (2023)

放送大学教材　1160036-1-2411（テレビ）

新版　身近な統計

発　行　　2024年3月20日　第1刷
著　者　　石崎克也・渡辺美智子
発行所　　一般財団法人　放送大学教育振興会
〒105-0001　東京都港区虎ノ門1-14-1　郵政福祉琴平ビル
電話　03（3502）2750

市販用は放送大学教材と同じ内容です。定価はカバーに表示してあります。
落丁本・乱丁本はお取り替えいたします。

Printed in Japan　ISBN978-4-595-32487-1　C1333